U0382458

中国社会科学院
“登峰战略”优势学科“气候变化经济学”
成果

气候变化经济学系列教材

总主编　潘家华

低碳城市的理论、方法与实践

Theory, Method and Practice of Low Carbon City

主编　庄贵阳

中国社会科学出版社

图书在版编目(CIP)数据

低碳城市的理论、方法与实践/庄贵阳主编.—北京：中国社会科学出版社，2021.10
ISBN 978-7-5203-8196-3

Ⅰ.①低… Ⅱ.①庄… Ⅲ.①低碳经济—城市建设—研究—中国 Ⅳ.①X321.2
②F299.21

中国版本图书馆 CIP 数据核字（2021）第060109号

出版人 赵剑英
项目统筹 王 茵
责任编辑 马 明
责任校对 王福仓
责任印制 王 超

出 版 中国社会科学出版社
社 址 北京鼓楼西大街甲158号
邮 编 100720
网 址 http://www.csspw.cn
发行部 010-84083685
门市部 010-84029450
经 销 新华书店及其他书店

印刷装订 北京君升印刷有限公司
版 次 2021年10月第1版
印 次 2021年10月第1次印刷

开 本 710×1000 1/16
印 张 17
字 数 292千字
定 价 95.00元

凡购买中国社会科学出版社图书，如有质量问题请与本社营销中心联系调换
电话：010-84083683
版权所有 侵权必究

气候变化经济学系列教材
编 委 会

主　　　编： 潘家华

副　主　编： 赵忠秀　齐绍洲　庄贵阳

执行副主编： 禹　湘

编委会成员：（按姓氏笔画排序）

王　丹　王　谋　王　遥　关大博

杨　庆　张　莹　张晓玲　陈　迎

欧训民　郑　艳　蒋旭东　解　伟

低碳城市的理论、方法与实践
编 委 会

主　　　编： 庄贵阳

副　主　编： 禹　湘

编委会成员：（按姓氏笔画排序）

王　克　李　庆　李惠民　朱守先
杨　秀　陈　楠　周伟铎　周枕戈
黄　宁　蒋小谦　薄　凡

总　序

气候变化一般被认为是一种自然现象，一个科学问题。以各种自然气象灾害为表征的气候异常影响人类正常社会经济活动自古有之，虽然具有“黑天鹅”属性，但灾害防范与应对似乎也司空见惯，见怪不怪。但20世纪80年代国际社会关于人类社会经济活动排放二氧化碳引致全球长期增温态势的气候变化新认知，显然超出了“自然”范畴。这一意义上的气候变化，经过国际学术界近半个世纪的观测研究辨析，有别于自然异变，主要归咎于人类活动，尤其是工业革命以来的化石能源燃烧排放的二氧化碳和持续大规模土地利用变化致使自然界的碳减汇增源，大气中二氧化碳浓度大幅快速攀升、全球地表增温、冰川融化、海平面升高、极端天气事件频次增加强度增大、生物多样性锐减，气候安全问题严重威胁人类未来生存与发展。

“解铃还须系铃人”。既然因之于人类活动，防范、中止，抑或逆转气候变化，就需要人类改变行为，采取行动。而人类活动的指向性十分明确：趋利避害。不论是企业资产负债表编制，还是国民经济财富核算，目标函数都是当期收益的最大化，例如企业利润增加多少，经济增长率有多高。减少温室气体排放最直接有效的就是减少化石能源消费，在给定的技术及经济条件下，会负向影响工业生产和居民生活品质，企业减少盈利，经济增长降速，以货币收入计算的国民福祉不增反降。而减排的收益是未来气候风险的减少和弱化。也就是说，减排成本是当期的、确定的、具有明确行动主体的；减排的收益是未来的、不确定的、全球或全人类的。这样，工业革命后发端于功利主义伦理原则而发展、演进的常规或西方经济学理论体系，对于气候变化“病症”，头痛医头，脚痛医脚，开出一个处方，触发更多毛病。正是在这样一种情况下，欧美一些主流经济学家试图将“当期的、确定的、具有明确主体的”成本和“未来的、不确定的、全球的”收益综合一体分析，从而一门新兴的学科，即气候变化经济学也就萌生了。

由此可见，气候变化经济学所要解决的温室气体减排成本与收益在主体与时间上的错位问题是一个悖论，在工业文明功利主义的价值观下，求解显然是困难的。从1990年联合国气候变化谈判以来，只是部分的、有限的进展；正解在现行经济学学科体系下，可能不存在。不仅如此，温室气体排放与发展权益关联。工业革命以来的统计数据表明，收入水平高者，二氧化碳排放量也大。发达国家与发展中国家之间、发展中国家或发达国家内部富人与穷人之间，当前谁该减、减多少，成为了一个规范经济学的国际和人际公平问题。更有甚者，气候已经而且正在变化，那些历史排放多、当前排放高的发达国家由于资金充裕、技术能力强，可以有效应对气候变化的不利影响，而那些历史排放少、当前排放低的发展中国家，资金短缺、技术落后，受气候变化不利影响的损失多、损害大。这又成为一个伦理层面的气候公正问题。不论是减排，还是减少损失损害，均需要资金与技术。钱从哪儿来？如果筹到钱，又该如何用？由于比较优势的存在，国际贸易是双赢选择，但是如果产品和服务中所含的碳纳入成本核算，不仅比较优势发生改变，而且也出现隐含于产品的碳排放，呈现生产与消费的空间错位。经济学理论表明市场是最有效的。如果有限的碳排放配额能够通过市场配置，碳效率是最高的。应对气候变化的行动，涉及社会的方方面面，需要全方位的行动。如果一个社区、一座城市能够实现低碳或近零碳，其集合体国家，也就可能走向近零碳。然而，温室气体不仅仅是二氧化碳，不仅仅是化石能源燃烧。碳市场建立、零碳社会建设，碳的核算方法必须科学准确。气候安全是人类的共同挑战，在没有世界政府的情况下，全球气候治理就是一个艰巨的国际政治经济学问题，需要国际社会采取共同行动。

作为新兴交叉学科，气候变化经济学已然成为一个庞大的学科体系。欧美高校不仅在研究生而且在本科生教学中纳入了气候变化经济学的内容，但在教材建设上尚没有加以系统构建。2017年，中国社会科学院将气候变化经济学作为学科建设登峰计划·哲学社会科学的优势学科，依托生态文明研究所

（原城市发展与环境研究所）气候变化经济学研究团队开展建设。2018 年，中国社会科学院大学经批准自主设立气候变化经济学专业，开展气候变化经济学教学。国内一些高校也开设了气候变化经济学相关课程内容的教学。学科建设需要学术创新，学术创新可构建话语体系，而话语体系需要教材体系作为载体，并加以固化和传授。为展现学科体系、学术体系和话语体系建设的成果，中国社会科学院气候变化经济学优势学科建设团队协同国内近 50 所高校和科研机构，启动《气候变化经济学系列教材》的编撰工作，开展气候变化经济学教材体系建设。此项工作，还得到了中国社会科学出版社的大力支持。经过多年的努力，最终形成了《气候变化经济学导论》《适应气候变化经济学》《减缓气候变化经济学》《全球气候治理》《碳核算方法学》《气候金融》《贸易与气候变化》《碳市场经济学》《低碳城市的理论、方法与实践》9 本 252 万字的成果，供气候变化经济学教学、研究和培训选用。

令人欣喜的是，2020 年 9 月 22 日，国家主席习近平在第七十五届联合国大会一般性辩论上的讲话中庄重宣示，中国二氧化碳排放力争于 2030 年前达到峰值，努力争取 2060 年前实现碳中和。随后又表示中国将坚定不移地履行承诺。在饱受新冠肺炎疫情困扰的 2020 年岁末的 12 月 12 日，习近平主席在联合国气候雄心峰会上的讲话中宣布中国进一步提振雄心，在 2030 年，单位 GDP 二氧化碳排放量比 2005 年水平下降 65% 以上，非化石能源占一次能源消费的比例达到 25% 左右，风电、太阳能发电总装机容量达到 12 亿千瓦以上，森林蓄积量比 2005 年增加 60 亿立方米。2021 年 9 月 21 日，习近平主席在第七十六届联合国大会一般性辩论上，再次强调积极应对气候变化，构建人与自然生命共同体。中国的担当和奉献放大和激发了国际社会的积极反响。目前，一些发达国家明确表示在 2050 年前后实现净零排放，发展中国家也纷纷提出净零排放的目标；美国也在正式退出《巴黎协定》后于 2021 年 2 月 19 日重新加入。保障气候安全，构建人类命运共同体，气候变化经济学研究步入新的境界。这些内容尽管尚未纳入第一版系列教材，但在后续的修订和再版中，必将得到充分的体现。

人类活动引致的气候变化，是工业文明的产物，随工业化进程而加剧；基于工业文明发展范式的经济学原理，可以在局部或单个问题上提供解决方案，但在根本上是不可能彻底解决气候变化问题的。这就需要在生态文明的发展范式下，开拓创新，寻求人与自然和谐的新气候变化经济学。从这一意义上讲，目前的系列教材只是一种尝试，采用的素材也多源自联合国政府间气候变化专门委员会的科学评估和国内外现有文献。教材的学术性、规范性和系统性等方面还有待进一步改进和完善。本系列教材的编撰团队，恳望学生、教师、科研人员和决策实践人员，指正错误，提出改进建议。

潘家华

2021 年 10 月

前　　言

低碳发展以碳排放控制为约束条件，推动产业、能源、建筑和交通等领域转变发展方式，为应对气候变化提出了可供量化的实现路径。中国低碳工作经历了由强度控制、总量控制到细化标准的“质的跃升”：2009 年哥本哈根大会召开前夕中国提出到 2020 年单位国内生产总值二氧化碳排放比 2005 年下降 40%—45%；2015 年中国提交的国家自主贡献中提出二氧化碳排放在 2030 年左右达峰并争取尽早达峰，单位国内生产总值二氧化碳排放比 2005 年下降 60%—65%；2020 年中国进一步明确在 2030 年前二氧化碳排放达到峰值，努力争取 2060 年前实现碳中和，到 2030 年单位国内生产总值二氧化碳排放比 2005 年下降 65% 以上，低碳力度不断加大、要求逐渐提高。

城市作为能源消耗和碳排放的主要来源，是落实低碳发展理念的“主阵地”。中国推出低碳城市、低碳社区、低碳工业园区等试点，推动国家自主贡献目标落实到省市级层面，以点到面逐步探索低碳发展路径。经过全国各地多年实践探索，积累了宝贵经验，也依然面临严峻挑战，比如对低碳的认识不到位、缺乏明确的达峰路线图等，有必要深化低碳发展理念，夯实低碳城市建设的学理基础，形成对低碳城市建设的系统性认知，使其成为应对气候变化的重要支撑，这正是本书的写作初衷。本书是气候变化经济学系列教材之一，于 2018 年开始组织团队，共同推进框架梳理和内容编写的过程，迄今三年多时间终于面世。

本书共分为十章，从经济学内涵、理论基础和实践路径方面为低碳城市建设提供依据。第一章基于宏观视角阐述低碳城市的内涵，并对相关概念做出辨析，针对低碳城市建设的主要研究内容和未来发展趋势作出总结。第二章进一步聚焦经济学视角剖析低碳城市建设的核心要素，重点分析了城镇化与碳排放的关系。第三章到第七章为理论篇，分别介绍低碳城市建设的规划制定、达峰路径、低碳适用技术、绩效评价和政策工具等具体领域。第八章、第九章为实践篇，比较中外低碳城市建设，总结经验与启示。第十章结合我国当前高质量发展的现实背景，对我国低碳城市创新发展的重要领域和路径提出建议。

本书的特色在于将理论和实践相结合，综合国内外前沿学术研究和先进经验，为读者全方位搭建起低碳城市的系统性学习框架。本教材适用于高等学校经济学、气候治理等专业的本科生或研究生，根据学习需要开展选择性教学和阅读；也可作为相关专业的培训教材用于指导实践；还可供致力于应对气候变化研究的专业读者作参考。首先，作者团队集合了高校、科研院所、政府研究机构等人员，具有交叉学科背景，长期参与应对全球气候变化相关问题研究，既有长期跟踪低碳发展前沿动态的扎实学术基础，又有扎根于实践着手推动低碳工作的丰富经验。其次，国内外不乏低碳城市建设的理论研究和实践探索，本书从经济学视角切入，立足于发展的实质，对低碳城市的相关概念做出辨析，对各类研究进展做出甄别、总结和分析，以期对低碳城市的认识更为全面、更切合中国发展的实际需求。最后，本教材给出了低碳城市建设方法学的详尽介绍，包括规划设计、达峰路径、低碳技术和评价方法等，力求理论深度和实操性相统一。

本书由来自高校和研究机构的作者共同编写完成。主编为中国社会科学院生态文明研究所研究员庄贵阳。其中，庄贵阳研究员承担本书的整体框架设计，与中共北京市委党校经济学部讲师薄凡共同执笔完成第一章；中国社会科学院生态文明研究所副研究员朱守先执笔第二章；中国人民大学环境学院副教授王克执笔第三章；世界资源研究所研究员蒋小谦执笔第四章；北京建筑大学环境与能源工程学院副教授李惠民执笔第五章；北京市社会科学院经济所副研究员陈楠执笔第六章；中国社会科学院生态文明研究所副研究员禹湘和上海社会科学院生态与可持续发展研究所周伟铎助理研究员共同执笔第七章；清华大学气候变化与可持续发展研究院副研究员杨秀执笔第八章；中国社会科学院生态文明研究所副研究员李庆、中国建筑技术中心绿色建造中心高级工程师黄宁共同执笔第九章；中国社会科学院生态文明研究所周枕戈博士执笔第十章。本书特别感谢国家发展和改革委员会能源研究所的胡秀莲研究员为本书提供的宝贵意见。

目　　录

第一章　绪论 ……………………………………………………………… (1)
　第一节　低碳城市建设的背景 …………………………………………… (1)
　第二节　低碳城市的内涵与特征 ………………………………………… (6)
　第三节　低碳城市的主要研究范畴 ……………………………………… (11)
　第四节　框架与安排 ……………………………………………………… (18)

第二章　城市低碳发展的经济学内涵 …………………………………… (20)
　第一节　城市低碳发展的核心要素 ……………………………………… (20)
　第二节　低碳发展的核心要素评价 ……………………………………… (28)
　第三节　城市绿色低碳循环发展的关联、锁定效应 …………………… (40)

第三章　低碳城市发展规划设计 ………………………………………… (44)
　第一节　低碳城市发展规划概念与内涵 ………………………………… (45)
　第二节　低碳城市发展规划的定位与编制步骤 ………………………… (52)
　第三节　低碳城市发展规划的整体思路与支撑方法学 ………………… (57)
　第四节　低碳城市发展规划的实施保障 ………………………………… (69)
　第五节　低碳城市发展规划的未来发展方向 …………………………… (71)

第四章　城市碳排放峰值与减排路径 …………………………………… (73)
　第一节　城市碳排放峰值目标 …………………………………………… (73)
　第二节　城市碳排放峰值研究方法和工具 ……………………………… (84)

第三节　减排路径 ………………………………………………………… (102)

第五章　城市低碳适用技术需求评估 ………………………………… (112)
第一节　低碳技术的类别划分 ………………………………………… (112)
第二节　低碳技术的发展和创新 ……………………………………… (113)
第三节　技术的需求评估 ……………………………………………… (117)

第六章　低碳城市建设的经济学评价 ………………………………… (129)
第一节　低碳城市建设评价目的 ……………………………………… (129)
第二节　低碳城市建设评价的理论基础 ……………………………… (130)
第三节　指标体系的概念模型 ………………………………………… (137)
第四节　遵循原则和主要指标的选取 ………………………………… (138)
第五节　主要评价方法 ………………………………………………… (144)
第六节　政策启示 ……………………………………………………… (153)

第七章　低碳城市建设的政策工具 …………………………………… (158)
第一节　政策促进低碳城市建设的理论基础 ………………………… (158)
第二节　中国低碳城市建设政策工具的内涵及分类 ………………… (162)
第三节　低碳城市建设的多目标协同 ………………………………… (171)
第四节　中国低碳城市试点的政策工具 ……………………………… (173)

第八章　中国低碳城市试点的政策与实践 …………………………… (179)
第一节　中国低碳城市的背景 ………………………………………… (179)
第二节　中国低碳省市试点政策概况 ………………………………… (182)
第三节　中国低碳省市试点进展与成效 ……………………………… (189)

第九章　中外低碳城市建设对比 ……………………………………… (200)
第一节　中外低碳城市建设的思想轨迹 ……………………………… (200)
第二节　中外低碳城市建设处于不同的发展阶段 …………………… (202)
第三节　发达国家低碳城市建设案例 ………………………………… (204)

第四节　中外低碳城市建设的主要途径和重点领域 …………………（210）
第五节　中外低碳城市建设的组织形式 ………………………………（213）
第六节　中外低碳城市建设的制度建设 ………………………………（217）
第七节　主要评价指标和方法 …………………………………………（221）
第八节　中外低碳城市合作 ……………………………………………（225）

第十章　发展创新与低碳城市的未来 ………………………………（228）
第一节　低碳城市引领新型城镇化建设新阶段 ………………………（228）
第二节　低碳城市发展的历史节点与特征事实 ………………………（230）
第三节　低碳城市的形态演进与理论内涵 ……………………………（238）
第四节　低碳城市的发展政策导向和路径 ……………………………（243）
第五节　人民对美好生活的向往与低碳城市的未来 …………………（251）

附录　英文缩写对照表 ………………………………………………（256）

第一章

绪　　论

城市是落实低碳转型的主体，这是因为：一方面，城市作为经济活动的枢纽，消耗了全球大部分能源，是温室气体排放的主要来源；另一方面，城市以人口、产业和基础设施高度聚集为特征，风险暴露程度高，极易受到气候变化的威胁。因此，控制城市的碳排放，是实现全球减碳的关键环节。建设低碳城市，不仅有助于提高城市韧性，应对气候变化风险，还有助于破解资源环境约束，协同解决无序扩张、生态系统破碎化等"城市病"，实现城市高质量发展。

第一节　低碳城市建设的背景

一　低碳城市建设与节能减排

《IPCC 第五次评估报告》指出，自 20 世纪 50 年代以来观测到的许多变化是前所未有的，温室气体排放及其他人为驱动因子已成为全球气候变暖的主要原因，[①] 因此，减少温室气体排放，尤其是二氧化碳排放是应对气候变化的根本出路。城市作为人类社会经济活动的聚集地，消耗了大部分的能源和资源，经济合作与发展组织（OECD）的研究表明，大约 75% 的能源消耗和 80% 的温室气体排放都来自城市。[②] 联合国环境规划署（UNEP）的研究数据显示，全球超过一半人口居住在城市，预计到 2050 年，城市人口比例

① IPCC，*Climate Change* 2014 *Synthesis Report*，Geneva，Switzerland，2014.

② OECD，*Cities and Climate Change*：*National Governments Enabling Local Action*，2014，http：//www. oec - d. org/env/cc/Cities - and - climate - change - 2014 - Policy - Perspectives - Final - web. pdf.

将高达80%，[①] 由此可见，未来全球与能源相关的二氧化碳排放增加主要来自城市，城市理应肩负起减少温室气体排放、应对气候变化的重大责任。随着发展中国家进入大规模城镇化阶段，基础设施投资逐步增长、工业化进程持续推进、中产阶级增加所引致的消费需求不断攀高，都使城市面临着较高的能源消耗需求和较大的减排压力。

2018年中国占全球能源消费的23.6%，能源消费量位居全球第一，其中煤炭在能源消费结构中占到58.2%，[②] 以化石能源为主的能源消费结构造成社会经济活动呈现高能耗和高排放特征。“十一五”规划期间中国提出“单位GDP能耗降低20%”的能耗强度控制目标；“十二五”规划期间中国将绿色低碳发展作为重要政策导向，提出“单位GDP二氧化碳排放降低17%”的碳排放强度控制目标；“十三五”规划纲要中提出能源消费总量控制在50亿吨标准煤以内；[③] 巴黎气候大会后，中国向《联合国气候变化框架公约》秘书处提交的《国家自主贡献》中提出“将于2030年左右使二氧化碳排放达到峰值”的碳排放总量控制目标，节能减排已成为国民经济发展的约束性指标，倒逼城市转变发展方式，逐步摆脱能源依赖，最大限度减少碳排放。(见表1-1)

表1-1　　五年规划节能减排约束目标及实现情况

	“十一五”规划期间（2006—2010年）		“十二五”规划期间（2011—2015年）		“十三五”规划期间（2016—2020年）	
	规划目标	实现情况	规划目标	实现情况	规划目标	实现情况
单位GDP能耗降低（%）	20	19.2	16	18.4	15	
单位GDP二氧化碳排放降低（%）			17	20	18	
二氧化碳排放降低（%）					2030年达峰	
非化石能源占一次能源消费比重（%）	10	8.6	11.4	12	15	

资料来源：薄凡、庄贵阳：《中国气候变化政策演进及阶段性特征》，《阅江学刊》2018年第6期。

① UNEP, *Global Initiative for Resource Efficient Cities*, 2012, http://gallery.mailchimp.com/ca9c1fdc492e0cd-f6766c8a26/files/GI_REC_flyer_4pager_EN_CF.pdf.

② 《BP世界能源统计年鉴2018》，2018年。

③ 《中华人民共和国国民经济和社会发展第十三个五年规划纲要》，《人民日报》2016年3月18日第1版。

二 低碳城市建设与全球气候治理

自20世纪90年代初以来，跨国城市气候网络在全球开始涌现，成为全球气候治理体系中的重要参与力量。2005年中国、美国、加拿大、英国等国的40个大城市响应碳减排诉求，发起“C40城市气候领导联盟（C40 Cities Climate Leadership Group）”，致力于利用清洁能源，降低城市碳排放；2010年，来自数十个欧洲国家的500多名市长和代表共同签署《市长盟约》（*Covenant of Mayors*），承诺减少温室气体排放，增强城市对气候变化的适应性；2015年成立的“中国达峰先锋城市联盟”成员均公布了率先于国家的二氧化碳排放达峰目标，推广最佳低碳实践。在巴黎气候大会期间的“地方领袖气候峰会”上，440个城市市长和次国家领导者呼吁，到2030年城市温室气体排放应年均减少37亿吨，相当于目前各国自主承诺与2℃减排路径之间的缺口总额的30%。这些城市气候网络超越了传统意义上的垂直型全球多层治理，使城市间的合作更加自主和多元化，为全球气候治理提供了横向网络治理结构和交流平台。[①] 特别是在美国宣布退出《巴黎协定》后，美国60多个城市的市长发布了一份共同声明，表达了继续应对气候变化的决心。城市间在政策、制度、技术、项目和最佳实践等方面的交流与合作，将有力地促进国际气候谈判从零和博弈转变为互利共赢的合作模式。

三 低碳城市建设与可持续发展

2015年联合国可持续发展峰会通过成果文件《改变我们的世界：2030可持续发展议程》，提出包含17项目标和169项行动领域的可持续发展目标体系。其中目标11指出“建设包容、安全、韧性、可持续的城市和人类聚居地”。2016年第三届联合国住房和城市可持续发展大会通过《新城市议程》[②]，强调改进城市规划、改善城市治理模式，从社会、环境、经济、治理结构和空间规划五个方面提出转变城市发展范式，构建“全人类的可持续城市和住所”。城市生态环境保护作为本次大会讨论的重点领域之一，

① 李昕蕾、宋天阳：《跨国城市网络的实验主义治理研究——以欧洲跨国城市网络中的气候治理为例》，《欧洲研究》2014年第6期。

② 《新城市议程（*New Urban Agenda*）草案》，2016年10月13日，中国城市规划网（http://www.planning.org.cn/news/view?id=5270）。

涉及城市适应性、城市生态系统、资源管理、应对气候变化和城市危机管理等议题，提出了可持续交通、健康的生态系统、构建绿色公共空间、制定环境友好的土地规划、促进自然资源的可持续管理等有效的治理手段，这些准则均为城市可持续发展指明了方向。低碳城市建设以控制碳排放为突破口，协同解决能源消耗、经济发展、气候变化和生态安全等可持续发展的关键议题，将成为全球可持续发展进程中的重要组成部分。

四　低碳城市建设与中国新型城镇化

1978—2018 年，中国常住人口城镇化率由 17.9% 持续上升到 59.58%；城镇化率持续递增的同时碳排放总量不断增加，2008 年至今我国碳排放总量始终位于世界第一，碳排放总量经历了 2016 年、2017 年连续两年下降后再度呈现上升趋势，城市发展尚未“绿色”，已经“高碳”（见图1－1）。伴随着城镇化的飞速发展，一方面作为碳汇的农田和林地被大规模的建设用地挤占，另一方面机动车、重工业和居民生活消费等领域用电用能需求飙升，碳排放不断累积，使城镇化进程中充斥着资源约束趋紧、环境污染严重、城市用地紧张、区域和城乡发展不平衡等问题。

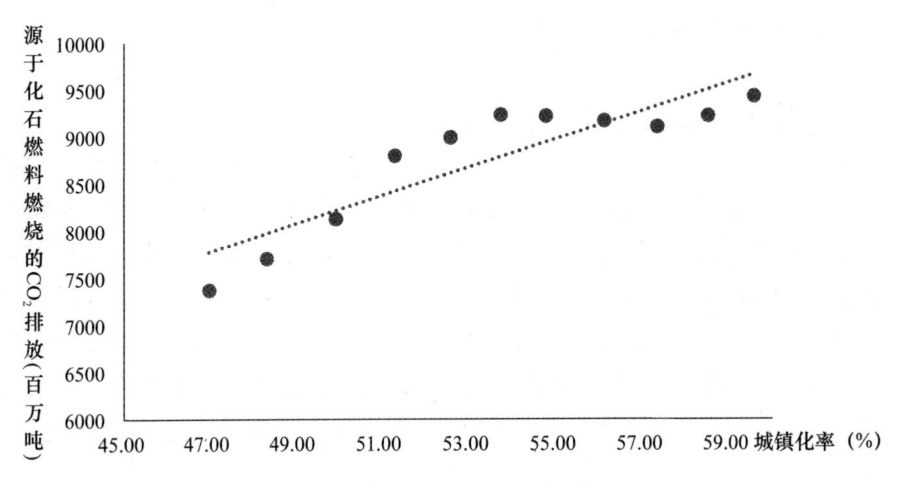

图1－1　2008—2018 年中国城镇化率与碳排放总量变化趋势

资料来源：笔者根据《BP 世界能源统计年鉴 2019》《国民经济和社会发展统计公报（2008—2018）》相关数据制作。

《国家新型城镇化规划（2014—2020 年）》指出“生态文明，绿色低碳——把生态文明理念全面融入城镇化进程，着力推进绿色发展、循环发展、低碳发展”“推动形成绿色低碳的生产生活方式和城市建设运营模式”，低碳发展成为中国未来城镇化建设长期遵循的一项基本原则。如今中国经济社会进入由高速增长阶段向高质量发展阶段迈进的转型期，城市以低碳为发展方向，优化资源配置、调整产业结构和能源结构，利用新经济模式提高能效、实现经济转型，才可能摆脱发达国家经历的高碳城镇化路径依赖。此外，城市的低碳发展还涉及交通、建筑和居民消费等领域的改革，以低碳为“纽带”，有助于将新型城镇化建设、新能源发展、环境治理工程等政策相连接，形成政策合力，提高城镇化质量。

五　中国低碳城市试点实践

自 2010 年到 2017 年间，国家发展改革委先后设立三批低碳城市试点，开启了国家顶层设计与试点示范相结合的低碳城市建设工作模式。根据试点工作要求，试点城市应提出温控目标、编制低碳发展规划、加快技术创新、建立低碳产业体系、加强能力建设、倡导低碳生活方式和消费模式。三批试点由“点”向“面”逐渐在全国范围内铺开，在国家不给试点城市设定统一目标、不给予财政金融特殊倾斜的情况下，[①] 不同类型城市起点不一样，所处的工业化和城镇化阶段不同，需要寻找适合本地的低碳发展路径，这有助于积累对不同地区和行业分类指导的工作经验。

此外，中国住房和城乡建设部（住建部）还于 2011 年提出在新建的城（镇）和既有城市的新区开展低碳生态试点城（镇）工作，北京市密云区古北口镇、天津市静海区大邱庄镇和江苏省苏州市常熟市海虞镇等被确定为第一批试点示范绿色低碳重点小城镇。2015 年，国家发展改革委发布了《关于建设低碳试点社区的指导意见》，从低碳文化、低碳消费、低碳室内装饰等方面，强调城市新建社区、城市既有社区和农村社区的低碳生活。这些试点与中国低碳城市试点形成补充，为探索多层次的低碳发展模式提供了实践路径。

① 蒋兆理：《低碳城市“路线图”未来还需落得更实》，《中国经济导报》2017 年 2 月 24 日第 B05 版。

第二节 低碳城市的内涵与特征

“低碳”这一概念最早源于2003年英国政府能源白皮书《我们的能源未来：创建低碳经济》，强调低碳经济的本质是“通过更少的自然资源消耗和环境污染排放，获得更多的经济产出”，创造实现更高生活标准和更好生活质量的途径和机会，也为发展、应用和输出先进技术创造新的商机和更多的就业机会。概而言之，低碳经济是在一定碳排放的约束下，碳生产力和人文发展均达到一定水平的一种经济形态，[①] 通过绿色、循环、低碳生产技术及碳中和技术等，提高能源效率，推动能源结构清洁化，以最少量的温室气体排放换取最大化的社会产出。

一 低碳城市的内涵

城市作为能源消耗和碳排放的主要来源，构成了应对气候变化的基本行政单元；城市也是自然生态系统和社会经济活动的空间载体，寻求经济发展、生态环境保护、居民生活水平提高等多元目标间的共赢。

从转型过程来看，低碳城市涉及产业结构、能源结构、基础设施和消费方式等低碳化转型和生态环境的质量提升。

从支撑体系来看，低碳城市是由低碳生产、低碳消费、低碳能源、低碳交通、低碳建筑和低碳社区等构成的低碳综合体，[②] 需要绿色、循环、低碳等技术支撑，以及碳交易市场、减碳目标考核评价体系、碳金融等配套制度支撑。

综合而言，低碳城市是用低碳思维、低碳技术来改造城市生产方式和生活方式，通过低碳技术创新、完善制度建设、转变消费理念，使城市经济、市民生活和政府管理等都以低碳为特征，最大限度地减少温室气体的排放，甚至实现零碳排放，同时保持城市高人文发展水平。

---

① 潘家华、庄贵阳、朱守先：《低碳城市：经济学方法、应用与案例研究》，社会科学文献出版社2015年版，第25—29页。

② 李云燕、赵国龙：《中国低碳城市建设研究综述》，《生态经济》2015年第2期。

按照低碳城市发展驱动力划分，低碳城市可分为四类：（1）技术创新型低碳城市。技术进步推动下的低碳，一是利用绿色、循环、低碳技术提高城市生产过程中的能源利用效率；二是利用绿色、循环、低碳技术推动基础设施的生态化改造，降低生活领域能耗，例如北方城市比南方城市在冬季取暖的能耗需求上更大，更需要加快低碳技术创新，推动低碳建筑、智能电网等设施建设；三是清洁能源利用技术日趋成熟，替代化石能源的使用，例如瑞典的马尔默、美国得克萨斯州奥斯汀市等均已成为100%可再生能源城市。① （2）产业演进型低碳城市。伴随着城市主导产业由重工业向服务业演进，来自城市生产领域的碳排放大幅减少，自发转向低碳。可进一步按照主导产业，划分为生态型、工业型、服务型、综合型等实践模式。例如美国的休斯敦从石油开采业单一型城市转变为航天、医疗多元发展型城市。（3）政策引导型低碳城市。以优惠政策、约束目标、考核机制等措施推动低碳城市建设，最典型的是四川省广元市等灾后重建城市，以低碳为方向重新规划城市建设，通过兴建基础设施、转变产业结构和生态系统修复等提高城市韧性。（4）资源内生型低碳城市。低碳城市实践模式中还应充分考虑城市人口规模、土地面积、地理位置、气候类型、资源禀赋等区位性特征，结合自身需求选择低碳发展方向。对于生态本底条件优越、自然景观或人文景观丰富的城市，更有优势发展低碳旅游、现代化农业等产业，利用可再生能源，实现低碳或零碳排放。

按照低碳城市不同的发展阶段划分：（1）以脱钩理论和工业化周期为理论基础，根据城市经济发展的能源消费弹性和碳排放强度，可将低碳城市划分为相对脱钩、绝对脱钩等阶段，为探究城市的达峰路线和转型方向提供指导。相对脱钩即二氧化碳排放增长速度和经济增长速度均为正数，但二氧化碳排放的增长速度慢于经济增长速度；绝对脱钩即二氧化碳排放呈现负增长而经济增长速度为正向增长。（2）基于能源消耗周期视角，根据城市的能源消费结构、类型，以及碳源和碳汇的动态平衡，将低碳城市划分为清洁能源型、能源消耗型、碳汇型、混合型等模式。②

---

① 娄伟：《100%可再生能源城市的建设模式》，《城市问题》2014年第2期。

② 赵涛、于晨霞、潘辉：《基于能源消耗周期的中国低碳城市发展模式研究》，《干旱区资源与环境》2017年第9期。

二　低碳城市相关概念辨析

与低碳城市相关的概念还有零碳城市、近零碳城市、碳中和城市、碳汇城市、新能源或可再生能源城市，其差别体现在目标、实现途径和发展阶段等方面（见表1－2）。

表1－2　　　　低碳城市相关概念辨析

（广义）低碳城市类型	目标	实现途径	发展阶段
（狭义）低碳城市	相对脱钩、绝对脱钩	减源、增汇、替代、碳抵消	初期
近零碳城市	绝对（净碳排放量接近0）	减源、增汇、替代、碳抵消	中期
零碳—零排放城市	绝对（源头上碳排放总量为0）	减源、替代	终期
零碳—碳中和城市	完全使用可再生能源	减源、增汇、替代、碳抵消	终期
100%可再生能源城市	增加碳汇、减少排放	开发、替代、增汇、碳抵消	终期

资料来源：笔者总结。

零碳城市。“零碳城市”即碳排放总量为零的城市。对零碳城市的理解有两类：第一类是城市通过完全利用可再生能源，以及产业、建筑、交通等系统的转型，从源头上实现零碳排放，这是低碳城市发展的终极目标。第二类也被称为“碳中和城市”，根据英国标准协会（BSI）的碳中和标准（PAS2060），碳中和是指以标的物相关的温室气体排放并未造成全球排放到大气中的温室气体产生净增加量，[①] 因此碳中和城市允许采用碳抵消机制，只要碳源与碳汇平衡，由人类活动产生的进入大气的净碳排放为零即可。直接的碳抵消机制是通过植树造林、修复农田等，由自然百分之百去除排放到大气中的二氧化碳；间接的碳抵消机制是购买碳信用，由他方的减排抵消付费方的碳排放。[②]

近零碳城市。“近零碳城市”是指城市的碳源减去碳汇后净碳排放趋近于零。中国“十三五”规划首次提出实施近零碳排放区示范工程。《“十三五”

---

① 邓明君、罗文兵、尹立娟：《国外碳中和理论研究与实践发展述评》，《资源科学》2013年第5期。

② 曹淑艳、霍婷婷、王璐等：《农村家庭能源消费碳中和能力评价》，《中国人口·资源与环境》2014年第11期。

控制温室气体排放工作方案》进一步指出选择条件成熟的限制开发区域和禁止开发区域、生态功能区、工矿区、城镇等开展及近零碳排放区示范工程，到2020年建设50个示范项目。因此，近零碳城市是低碳城市建设中接近于零碳城市的重要阶段。通常有四类实现途径：一是减源，优化产业结构和能源结构，从源头上减少碳排放。二是增汇，提高森林、草地等天然生态系统固碳能力，同时增加人工林、城市绿地、农田等人造生态系统的碳汇能力。三是替代，以水电、风能、太阳能、生物质能及地热能等可再生能源替代化石能源。四是碳抵消，利用碳捕集和封存技术、购买碳信用等抵消大气中无法减少的碳排放。

碳汇城市。“碳汇”来源于《京都议定书》，指的是自然界中碳的寄存体，从空气中清除二氧化碳的过程、活动和机制，一般用于描述森林等吸收并储存二氧化碳的能力。[①] 2015年中国绿色碳汇基金会提出碳汇城市指标体系，对申报城市的环境保护、节能减碳、绿色发展、林业增汇减排、碳汇碳源管理和宣传教育与文化建设等进行独立审定评估，[②] 达到考核标准的城市（县）被授予“碳汇城市”称号。根据考核标准，碳汇城市可被概括为森林覆盖率高、生态服务功能强、工矿企业较少、二氧化碳排放低的城市（县），目的在于引导这类城市保护森林生态系统、增强气候变化适应能力。

新能源与可再生能源城市。“可再生能源城市”是指电力、交通、供热与制冷等方面能源消费以可再生能源为主的城市。“新能源城市”包括可再生能源城市，新能源城市不仅使用可再生能源，也使用核能、氢能等清洁能源。“100%可再生能源”是指城市所有消费领域零化石燃料及零核能燃料，是可再生能源城市的最高级形态；也可以是某一领域完全使用可再生能源，如100%可再生能源电力城市、100%可再生能源建筑城市等。[③] 这类城市强调的是能源消费结构、能源品质，尽管新能源或可再生能源开发有助于实现低碳，但即使100%可再生能源城市也未必能完全零碳。

近零碳城市、零碳城市是一个绝对量的概念。近零碳城市为接近于零碳城

---

① 张颖、吴丽莉、苏帆、杨志耕：《森林碳汇研究与碳汇经济》，《中国人口·资源与环境》2010年第S1期。

② 李怒云、郑小贤、李金良、崔嵬：《碳汇城市评价指标体系研究》，《林业资源管理》2016年第4期。

③ 娄伟：《100%可再生能源城市的建设模式》，《城市问题》2014年第2期。

市的阶段；碳中和城市、碳汇城市、新能源或可再生能源城市均为实现零碳城市的重要途径。与上述概念相比，低碳城市维度更广，以低碳经济为核心特征，强调经济发展与碳排放由相对脱钩向绝对脱钩演进，以及消费、文化和制度全方位向低碳转型，实现碳排放总量、碳排放强度和人均碳排放量的下降。狭义的低碳城市指城市低碳发展的初级阶段；广义的低碳城市涵盖城市低碳发展全过程，以零碳城市为终极目标。哥本哈根市计划在2025年建设成为世界上首个零碳排放城市，该计划分两个阶段实施：第一阶段是2009年到2015年，把二氧化碳排放量在2005年的基础上减少20%；第二阶段是到2025年使哥本哈根的二氧化碳排放量降低到零，为此该市采取了大力发展风能等可再生资源、发展绿色交通、推广绿色建筑等措施。2012年第一阶段目标已提前实现，哥本哈根市正雄心勃勃地向第二阶段零碳目标迈进。

三　低碳城市的特征

集聚经济是城市形成的本源，经济发展模式决定着城市的发展规模、演进方向和布局形态等。“低碳”的提出解决的是城市社会经济活动中的高能耗问题，因此，低碳城市以低碳经济为核心内容，具有“低能耗、低排放、低污染”“高碳生产力”“阶段性”和“高人文发展水平”四个核心特征。①

（一）低碳城市以碳排放目标为约束条件

受经济发展水平、技术或资金等约束，城市低碳排放不可能短期实现绝对零碳排放，通常是立足于城市自身条件，遵循国际气候谈判或国内发展规划目标，即“达到一定目标的低碳”，最终实现低能耗、低排放、低污染。例如《巴黎协定》强调的“将本世纪全球平均气温上升幅度控制在前工业化时期水平之上2℃以内”目标，通常是指完成国际气候谈判中拟定的量化减排目标，以便为划分全球减排责任提供依据。

（二）低碳城市以高碳生产力为核心

高碳生产力意味着高经济效率，低碳既为人文发展施加了碳排放约束，又不能损害人文发展目标，解决途径在于提高碳生产力，以更少的能源消耗产出更多的社会财富，最根本的是要通过能源技术创新和制度创新，提高能源效率

---

① 潘家华、庄贵阳、郑艳等：《低碳经济的概念辨识及核心要素分析》，《国际经济评论》2010年第4期。

和构建清洁能源结构,[①] 实现可再生能源替代化石能源，同时凭借碳捕集和碳储存等技术手段吸收经济活动所排放的二氧化碳，使城市成为一个良性循环的能源体系。

（三）低碳城市的阶段性、动态性

低碳城市建设初期表现为碳排放与经济增长“相对脱钩”，也被视为实现了“相对低碳”。低碳城市发展的最终目标是实现“绝对脱钩”，也被视为实现了“绝对低碳”。受社会经济条件限制，绝对低碳难以在短期内实现，需要一个渐进的转型过程。由于发展中国家面临着经济增长和保护生态环境的双重压力，可行的转型途径是在保持经济增长速度为正的前提下，碳排放相对于经济增长的弹性不断降低。碳排放强度脱钩、人均碳排放量脱钩、碳排放总量脱钩等具体指标为衡量低碳城市发展阶段提供了依据。

（四）低碳城市的多元化目标

低碳城市首要关注的是改变城市的碳排放轨迹，摆脱资源能源依赖，在严格控制碳排放的同时，不损害经济发展和城市宜居性，因此低碳城市建设还包括从消费结构和品质方面推动社会生活方式和消费模式向低碳转型，通过低碳产品和服务的推广、低碳建筑和交通的革新、低碳文化的普及，提升城市人文发展水平。

第三节 低碳城市的主要研究范畴

大多数研究把发展低碳经济作为解析低碳城市理论内涵的逻辑起点,[②] 开展低碳城市建设的理论内涵研究，以此作为编制城市温室气体清单的理论基础，识别城市主要的能耗领域和排放领域，进而从能源、资源、交通、技术和消费等方面制定系统的低碳城市发展规划。立法、标准化体系和市场机制建设等多样化手段为低碳目标的实现提供了制度保障，国际绿色产能、低碳技术和人才等交流合作将为城市带来新的发展机遇（见图 1－2）。

---

① 庄贵阳：《中国经济低碳发展的途径与潜力分析》，《国际技术经济研究》2005 年第 3 期。

② 周枕戈、庄贵阳、陈迎：《低碳城市建设评价：理论基础、分析框架与政策启示》，《中国人口·资源与环境》2018 年第 6 期。

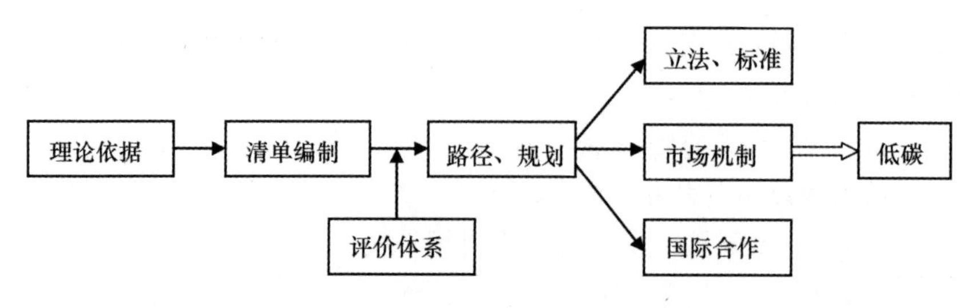

图1-2　低碳城市主要研究范畴关系

资料来源：笔者自制。

一　低碳城市建设的理论依据

从经济学角度而言，当前研究主要从城市碳足迹、可持续发展系统、产业生命周期和技术创新等方面探寻低碳城市研究的理论基础。

（一）碳循环、碳足迹

碳循环是物质流动中的重要要素，具有不确定性、空间异质性等特征。碳足迹是人类活动过程中直接和间接的温室气体排放量，① 包括生产侧和消费侧碳排放。碳足迹分析需量化产品和服务全生命周期的碳汇和能耗，主要通过生命周期法、投入产出法或混合方法计算而得。② Folke C. 等学者认为城市碳循环系统所涵盖的城市蔓延区和城市碳足迹区不一定毗邻，③ 因此城市间商品和服务贸易引起的间接碳排放加剧了减排责任分担等难题。

（二）碳排放库兹涅茨曲线

随着工业化进程的推进，经济增长对资源能源的依赖度呈现递增、递减或非线性等变化趋势。在新能源开发、绿色技术应用、人们对产品和服务质量要求提高等因素的驱动下，城市经济可能由数量扩张型转向注重质量和效益的提升，逐步打破高碳锁定。学者们基于不同区域特征，对二者间可能呈现出不同的倒“U”形、倒“N”形等关系展开深入剖析，探究城市发展的能耗拐点，进而分阶段制定城市低碳发展规划。

① Wiedmann T., Minx J., “A Definition of ‘Carbon Footprint’”, ISAUK Research Report, Durham: ISAUK Research Consulting, 2007, pp. 5-6.

② 方恺：《足迹家族研究综述》，《生态学报》2015年第24期。

③ Folke C., Jansson A., Larsson J., et al., “Ecosystem Appropriation by Cities”, *AMBIO*, Vol. 26, 1997, pp. 167-172.

（三）可持续发展系统论

城市是一个由经济、环境和社会子系统组成的复合系统，子系统相协同才能保持复合系统整体功能最大化，实现城市可持续发展的目标。低碳以碳排放为可量化的约束性目标，倒逼城市生产方式和生活方式转型，为城市协同生态保护和经济发展目标提供实现途径。

（四）公共物品理论

大气具有公共物品属性，一方面大气空间的非排他性表明，如果对温室气体排放不加以管控，大气这块“永久公地”将被过度消费，上演“公地悲剧”，对生态系统造成难以逆转的破坏；另一方面气候治理的非竞争性容易引起投入不足及对治理成果的“免费搭便车”现象。因此，控制碳排放需要政府、企业和社会公民等多元主体共同参与。

二　城市碳排放清单编制

温室气体排放清单是常用的温室气体核算方法，能够清晰地反映温室气体排放水平、排放结构和排放特征，[①] 为城市的低碳发展提供了标尺。目前主要参照IPCC温室气体清单编制的指南和方法论、ICLEI方法学以及《城市温室气体排放测算国际标准》等进行编制。具体而言，编制碳排放清单一是要剖析关键排放源，从排放结构看，中国城市地区的碳排放多集中于能源、工业过程、建筑、交通、废弃物处理等领域；二是选取基于生产或消费侧的编制模式；三是选取方法体系，碳排放通常有直接排放法、间接排放法和混合排放法三类测算法；四是健全碳排放基础数据统计体系。

北京、天津、山西、山东、海南、重庆、云南、甘肃、新疆9省（区、市）在其发布的省级“十三五”控制温室气体排放的相关实施方案或规划中提出了明确的整体碳排放达峰时间，其中，北京提出力争实现二氧化碳排放在2020年达到峰值、天津提出2025年左右二氧化碳排放量达峰等；上海在《上海市城市总体规划（2017—2035年）》中提出碳排放量在2025年前达到峰值。低碳城市建设着眼于细化各部门、各领域的达峰路线，城市碳排放清单是明确减排领域、减排目标分担的基础。然而，中国城市碳排放清单编制工作刚刚起

---

① 李晴、唐立娜、石龙宇：《城市温室气体排放清单编制研究进展》，《生态学报》2013年第2期。

步，在基础数据、编制方法上仍不成熟，部分低碳试点尚未建立起碳排放清单编制制度。为此，应加快健全温室气体排放基础统计制度，推动地方建立应对气候变化统计制度建设和工作体系，[①] 推进各省（区、市）年度温室气体清单编制和排放核算。

三　低碳城市建设路径和规划体系

当前中国的低碳城市规划多数为“自上而下”的模式，[②] 以碳排放总量和强度控制为核心目标，包括经济、建筑、交通、能源、空间形态等专项规划。此外，低碳城市发展规划，通常与应对气候变化专项规划相结合，或融入更加综合、更长远发展战略目标体系中，与实现减缓、适应、结构转型、民生建设等政策协同。

具体而言，城市低碳发展涉及产业、能源、人口、交通等领域，可从五个角度探寻低碳实现路径：（1）基底低碳。从基底上改变能源供给，提高城市能源效率，形成清洁能源消费结构。一是传统能源的清洁化利用，如煤改气、煤改电；二是加快水能、风能、太阳能、潮汐能等新能源开发和应用，提高新能源在能源消费结构中的比重。（2）结构低碳。在生产侧体现为加快城市产业结构转型，淘汰落后产能，严格限制高耗能产业市场准入，鼓励服务业、电子信息、生物医药等新兴低碳产业发展，打造低碳产业链、产业集群，形成低碳生产方式。在消费侧体现为提高低碳产品和服务的消费比重，以政府绿色采购、碳标识产品、低碳交通出行等方式引导社会公众形成低碳消费方式。（3）形态低碳。优化城市空间布局，保护生态系统、增加碳汇。例如小街区、紧凑式布局形态，节约土地空间，密切人与自然联系；促进适度混合的土地利用，减少资源浪费；增加城市绿地面积，调节城市微气候，降低制冷制热的能耗依赖。（4）支撑固碳。借助绿色生产技术、碳捕集和封存技术、绿色基础设施等手段，实现碳排放源头和末端的双向控制。在资金层面上，主要通过碳金融、财政专项拨款等形式，鼓励绿色技术创新、推进生态补偿。（5）行为低碳。宣传低碳理念，在碳排放约束下企业形成低碳生产方式，居民自觉形成

① 国家发展和改革委员会：《中国应对气候变化的政策与行动 2018 年度报告》，2018 年 11 月，第 41 页。

② 王胜、孙贵艳：《中国低碳城市规划存在的问题及对策探析》，《科技管理研究》2017 年第 20 期。

节约集约的低碳消费方式。

长期来看，低碳城市建设更应着重于达峰后转型方向，使碳排放总量达峰后逐步实现碳排放总量的下降，由相对脱钩走向绝对脱钩。“十三五”时期，中国低碳城市试点将进入“示范阶段”，需要总结前两批试点城市经验，逐步形成可复制、可推广的模式。一方面，结合低碳城镇、低碳社区和可再生能源示范区、近零碳排放区示范工程等试点，提炼不同类型、不同层次城市的低碳发展模式，以低碳城市实践修正、充实低碳城市建设理论，指导全国范围内的经济发展方式转型和新型城镇化建设。另一方面，与国外花园城市、绿色基础设施、“基于自然的解决方案”（Natured-based Solution）等实践相结合，探寻低碳发展在改善人居环境、提高城市发展质量等方面的重要作用。

四　低碳城市评价体系

目前对低碳城市建设评价的研究，集中于低碳试点城市建设的工作绩效评价、低碳城市建设重点领域评价、城市间碳减排效率的比较、碳减排驱动因素的贡献评价。常见的评价方法是低碳城市建设评价指标体系，包括明确评价目标、评价标准和技术导则、样本城市选择分类、数据收集与利用、重点领域、指标选取和权重确定、情景分析、适用技术减排潜力等方面。[①] 此外还有合成控制法、双重差分等方法专门应用于试点政策绩效评价，有助于克服内生性问题。

（一）城市低碳发展影响因素的识别方法

KAYA 识别方法。KAYA 恒等式主要按照城市能耗排放构成部门识别低碳发展影响因素，将城市的排放特征分解为能源结构、能源强度、经济产出、产业结构和人口，通过分析这五种特征在不同演化过程中的表现，识别城市减排的关键影响因素。

德尔菲调查研究法。从低碳城市的内涵和特点出发选取低碳城市发展的影响因素，具体包括经济增长、产业结构、能源结构、能源利用效率、交通体系、建筑、土地利用方式、消费方式、碳汇和低碳管理等。在此基础上以问卷调查、会议等形式向高校、科研机构和行业专家征询意见，对各类影响因素进

---

① 周枕戈、庄贵阳、陈迎：《低碳城市建设评价：理论基础、分析框架与政策启示》，《中国人口·资源与环境》2018 年第 6 期。

行打分和重要性排序，确定代表性指标。

多数低碳城市评价是从社会经济运行视角出发筛选影响因素指标；此外，还有研究从减碳和固碳角度、气候影响因素和非气候影响因素等自然科学视角构建低碳城市建设评价指标体系。[①]

（二）基于DPRIS框架低碳城市建设综合评价

1993年OECD提出压力—状态—响应分析框架（PSR）用于描述经济活动与生态系统之间的复杂关系。[②] 欧洲环境局（EEA）加入新的维度“影响”表示生态系统功能破坏程度以及健康损害程度等，构建起新的驱动力—压力—状态—影响—响应框架（DPSIR）。[③] 在低碳城市评价中，“驱动力”是指造成资源环境变化的潜在原因，可通过“GDP”和“城市建设用地面积”等表示；“压力”是指人类活动或自然灾害对生态系统的影响，以“能耗强度”等表示；“状态”是指生态系统和社会经济系统在上述压力下所处的状况，例如“碳排放强度”等；“影响”是指系统所处的状态对资源环境及社会经济发展质量的影响，以“环境质量指数”等表示；“响应”表明低碳政策措施，如“财政投入资金”“绿色建筑”等。例如中国社会科学院低碳城市评价指标体系课题组从宏观目标、低碳产业、低碳生活、低碳交通、资源环境、低碳政策六个维度构建起低碳城市评价指标体系，综合评价低碳城市的实践进展、努力程度和政策效率。

（三）其他低碳试点城市绩效评估方法

传统回归分析难以克服变量遗漏等内生性问题，只能反映变量的相关关系而难以准确识别因果关系，无法判断政策实施的有效性。双重差分法通过引入政策虚拟变量，将政策落实的当年和此后各年取值为1，否则为0，从而区分出“实验组”和“对照组”，以及“实施前”和“实施后”的双重差异，可有效反映政策效果。合成控制法利用其他未受政策影响的地区进行加权后拟合成一个控制组，根据控制组的数据特征构造“反事实”样本，通过比较真实

---

① 黄艳雁、冯时：《基于气候特征的低碳城市评价指标体系构建》，《地域研究与开发》2016年第6期。

② Segnestam, L., “Indicators of Environment and Sustainable Development-Theories and Practical Experience”, The World Bank Environment Department, Washington, D.C., 2002, pp. 4–12.

③ 杨俊、李雪铭、李永化、孙才志等：《基于DPSIRM模型的社区人居环境安全空间分异——以大连市为例》，《地理研究》2012年第1期。

的“处理组”和拟合的“控制组”所具有的不同特征，来评估政策效果。

五　低碳城市立法和标准化研究

在国家《应对气候变化法》和《碳排放权交易管理条例》等相关立法进程下，借鉴山西、青海、石家庄和南昌等地的实践经验，探索地方应对气候变化和低碳发展的专门立法，将城市温控目标、污染防治、碳交易等工作纳入法制轨道，逐步以立法形式落实碳排放峰值目标。同时加快低碳城市建设的标准化进程，积极对标《标准化法》修订后的新要求，一是推进国家碳排放标准、能耗标准、低碳产品标识和认证工作等低碳管理标准制定，尽快与国际标准接轨，促进国际低碳投资和低碳发展经验交流；二是完善标准化体系建设，特别是通用的低碳城市评价标准，以保证政策执行力度和政策持续性。依托现有环境管理制度，构建司法监督机制，强化对减排目标落实的监督考核。

六　推动低碳城市发展的市场化手段

当前中国低碳城市建设主要由政府主导，企业和社会公众减排的市场激励不足。而低碳发展根本上取决于建立现代绿色经济体系，从生产侧和消费侧双向降低能耗、减少碳排放，突破经济发展的高耗能路径依赖。因此，探索市场化手段是未来引导城市低碳发展的核心要义，包括建立碳普惠行为的量化方法和交易机制；借鉴国际经验比较碳税与碳交易市场的效率；完善碳交易市场顶层设计，逐步扩大中国碳交易市场的行业覆盖范围；发挥碳金融与财政引导资金的协同作用等。

（一）碳排放权交易市场

2013 年起设立的北京、天津、上海、重庆、广东、湖北、深圳 7 个试点碳市场覆盖了电力、钢铁、水泥等行业近 3000 家重点排放单位，以市场化手段约束行业生产经营行为，达到减排有收益的目的，在引导城市产业转型、落实各部门减排目标方面具有重要意义。相关理论研究涉及：产权界定、碳减排指标分解；碳排放权定价和碳交易成本；碳税和碳交易机制的有效性比较分析；碳市场在碳排放、碳生产力、技术创新等方面的绩效；碳市场准入制度、管理制度、信息报告制度和监督制度等制度建设等。

（二）碳金融研究

碳金融为低碳城市转型提供了资金支撑，根据世界银行归纳的含义，碳金融泛指以购买减排量的方式为能够产生温室气体减排量的项目提供资源。相关理论研究一方面着眼于碳金融本身的水平测度、影响因素分析、碳金融产品定价机制、碳基金和债券等产品创新；另一方面探究碳金融与城市的低碳经济、技术创新、碳市场等方面的关联机制和影响程度。

七　低碳城市建设的国际合作

低碳城市的国际合作是增强中国国际影响力、推动全球气候治理进程的重要内容。借助“一带一路”发展机遇，发挥陆上中心城市、沿线城市的创新作用，加强国际绿色产能合作，提高中国在全球绿色价值链中的地位，发挥低碳城市在应对气候变化中的主体作用，分享绿色低碳发展最佳实践，开展低碳产业、技术、资金和人才等方面的交流合作。将低碳城市与韧性城市、智慧城市建设等相结合，综合运用信息技术、绿色低碳生产技术，引导城市实现基础设施建设、生态系统保护和产业转型升级等方面的协同。

第四节　框架与安排

本书共分为十章，从经济学内涵、理论基础和实践路径方面为低碳城市建设提供依据。第一章绪论主要阐述低碳城市的内涵和辨析相关概念，并对低碳城市建设的研究内容和发展趋势进行总结。第二章进一步聚焦经济学视角分析低碳城市建设的内涵，提炼低碳城市建设的核心要素，分析城镇化与碳排放的关系。第三章到第七章为理论篇，介绍低碳城市建设的规划制定、达峰路径、低碳适用技术、绩效评价和政策工具等具体领域。第八章、第九章为实践篇，比较中外低碳城市建设，总结经验与启示。第十章结合我国当前高质量发展的现实背景，对我国低碳城市创新发展的重要领域和路径提出建议。

延伸阅读

1. 林姚宇、吴佳明：《低碳城市的国际实践解析》，《国际城市规划》2010 年第 1 期。

2. 杨威杉、蔡博峰、王金南、曹丽斌、李栋：《中国低碳城市关注度研究》，《中国人口・资源与环境》2017 年第 2 期。

3. Yang L.，Li Y.，"Low-carbon City in China"，*Sustainable Cities and Society*，Vol. 9，2013.

练习题

1. 低碳城市的内涵是什么?
2. 从几方面把握低碳城市的研究范畴?
3. 低碳城市的理论依据有哪些?
4. 针对低碳城市的实施成效有哪些评价方法?

第二章

城市低碳发展的经济学内涵

衡量城市向低碳经济转型的基础要重点分析经济发展阶段、资源禀赋、消费模式和技术水平四大要素，通过开展城市低碳发展的核心要素评价，把握城市低碳发展的经济学内涵，破解阻碍城市低碳发展的锁定效应，为城市碳达峰和碳中和“双碳”目标提供经济学理论支撑，使得低碳经济成为新时代城市高质量发展与生态文明建设的重要动力。

第一节　城市低碳发展的核心要素

低碳发展水平与经济发展阶段、资源禀赋、消费模式和技术水平等驱动因素密切相关，并通过低碳化（decarbonization）进程得以实现。最初对低碳化概念的解读主要基于能源技术发展的角度，认为低碳化指的是减少化石能源生产或消费过程中导致的 CO_2 排放；或单位能源生产过程中每千焦耳热量产生的碳（克数）下降。因此，从技术进步的长期进程来看，低碳化就意味着能源消费与碳排放的比值，即初级能源的 CO_2 强度不断降低的过程。也就是说，当未来某个时期的碳排放小于基期值时，则可称之为低碳化。也有学者提出如果单位 GDP 的碳排放强度在未来某一时期小于基期值，则可视之为低碳化。该指标与碳生产力互为倒数，是从社会经济角度探讨低碳化的含义，暗含了新科技的发展趋势将是更高的生产力和更少的环境压力，由于将物质生产过程与社会经济过程连接起来，使得该指标更能反映社会经济的发展，也更容易应用。可见，低碳经济指的是一种经济形态，这种经济形态需要借助低碳化的发展模式来实现。低碳化具有两方面含义：一是能源消费的碳排放的比重不断下降，即能源结构的清洁化，这取决于资源禀赋，也取决于资金和技术能力；二是单位产出所需要的能源消耗不断下降，即能源利用效率不断提高。从社会经济发展的长期趋势来看，由于技术进步、能源结构优化和采取节能措施，碳生产力也在不断提高。因此，低碳化进程也就是碳生产力不断提高的过程。

据麦肯锡全球研究所（MGI）与麦肯锡公司全球变化特别计划的研究表明，要实现到2050年将大气中CO_2控制在500ppmv浓度范围内的目标，碳生产力（carbon productivity）必须从目前每吨CO_2e产出约740美元GDP增长到2050年每吨CO_2e能产出7300美元的GDP产值，这个值大约是要增长9倍。为了提高碳生产力，必须确定并抓住经济发展中以最小的成本代价来实现碳减排的机遇。[①]《布莱尔报告》[②] 引用麦肯锡全球研究所的结果，给出全球向低碳经济转型的六个途径，[③] 并指出碳生产力提高9倍要求全球经济增长模式有根本性的转变，要求有新技术的发展与部署、产生新的投资、新的基础设施以及人们决策观念、实践以及行为的变化等。技术的革新在生产力提高中起着关键的作用，但政治、制度、文化环境等对技术发展起着保障与推动作用的因素也十分重要。但是，碳生产力高并不表明其必然是一种低碳经济。这是因为，奢侈和浪费性的消费，完全可以抵消碳生产力的改进，使得社会总排放居高不下。一个显然的例子是，发达国家的碳生产力远高于发展中国家，但其排放水平也数倍于发展中国家的人均水平。这就表明我们讨论低碳经济时绝不可忽略消费因素的影响。

根据对前述概念的解析，低碳发展应该包含四个核心要素：发展阶段、低碳技术、消费模式、资源禀赋。其中生产过程的低碳化、能源结构的低碳化和消费模式的低碳化都与发展阶段密切相关。低碳经济可用如下概念模型进行所示：$LCE = \mathrm{f}(E, R, T, C)$。

其中，E代表经济发展阶段，主要体现在产业结构、人均收入和城市化等方面；R代表资源禀赋，包括传统化石能源、可再生能源、核能、碳汇资源

---

① Beinhocker et al.，"The Carbon Productivity Challenge：Curbing Climate Change and Sustainable Economic Growth"，*Mckinsey Global Institute*，June 2008，www. mckinsey. com/mgi.

② ［英］托尼·布莱尔（Tony Blair）：《打破气候变化僵局——构建低碳未来的全球协议》（*Breaking the Climate Deadlock：A Global Deal for our Low-carbon Future*），2008年6月呈送给北海道八国集团首脑会议的报告。

③ 一是终端能源效率机遇；二是能源供给的清洁化（decarbonization）；三是促进新技术的发展与应用；四是减少交通领域的排放；五是改变管理者与决策者的态度与行为；六是保护并不断扩大全球碳汇。

等。显然，此处的资源不仅是自然资源，也包含人力资源，没有人力和资本的投入，可再生能源、核能等不可能得到高效利用；T代表技术因素，指主要能耗产品和工艺的碳效率水平，通常情况下，技术水平是发展阶段的产物，但对低碳经济来说不一定如此，一些国家可以利用先进的低碳技术，超越许多发达国家经历过的先污染后治理的传统发展阶段，实现跨越式的低碳发展；C代表消费模式，主要指不同消费习惯和生活质量对碳的需求或排放。

一　资源禀赋

资源禀赋是实现低碳发展的物质基础。资源禀赋涉及广泛的内容，包括：矿产资源、可再生能源、土地资源、劳动力资源，以及资金和技术资源等，都是发展低碳经济的重要投入要素。其中，与低碳发展关系最为密切的是低碳资源，包括太阳能、风能、水力资源及核能等零排放的清洁能源；能够提供碳汇[①]的森林资源、湿地、农田等。此外，还应当包括能够调节大气和水文循环、影响人居环境的气候资源和生态资源。自然地理条件是否宜居，会影响到居民衣食住行及社会经济对能源的依赖程度。可见，低碳资源是否丰富，对于低碳发展具有非常积极的促进作用。

二　技术进步

技术进步因素对低碳发展的影响至关重要。技术进步能够从不同角度推动低碳化的进程，包括：能源效率、低碳技术发展水平（如碳捕获技术等）、管理效率、能源结构等。一般所说的低碳技术主要针对电力、交通、建筑、冶金、化工、石化、汽车等重点能耗部门，既包括对现有技术的应用，近期可商业化的技术，也包括远期可能应用的技术。例如，从现阶段来看，能源部门的低碳技术涉及节能、煤的清洁高效利用、油气资源和煤层气的勘探开发、可再生能源及新能源利用技术、二氧化碳捕获与埋存等领域的减排新技术。

以中国为例，近年来中国风电发展迅速，一方面得益于《可再生能源法》和《中国可再生能源发展中长期规划》的实施，另一方面也得益于清洁发展

① 根据IPCC的定义，碳汇一般是指从空气中清除二氧化碳的过程、活动、机制。在林业中主要是指植物吸收大气中的二氧化碳并将其固定在植被或土壤中，从而减少该气体在大气中的浓度。森林是陆地生态系统中最大的碳储库，在全球碳循环过程中起着重要作用。研究表明，每增加1%的森林覆盖率，便可以从大气中吸收固定0.6亿—7.1亿吨碳。

机制（CDM）项目实施带来了国外先进的风电技术引进。此外，碳捕获技术（CCS）也被认为是中国实现技术蛙跳效应，促进发展和减排目标协同实现的一个捷径。《斯特恩报告》预测，到2050年，CCS可为降低全球二氧化碳排放做出20%的贡献，而能效提高技术对减排的贡献可能达到50%以上。基于发达国家低碳发展经验，合理配置国家或区域的低碳科技资源，有效地选择本国或区域低碳科技发展战略和确定低碳重点发展领域，开展技术预见的低碳关键技术选择是解决问题的核心手段。因此，必须加快研究制定国家低碳经济发展战略，大力发展低碳经济，注重提高低碳技术与产品开发的自主创新能力。重大社会问题所反映出的技术的影响、资源节约和循环利用、人口健康和生活质量的提高、人与自然环境的友好相处等，这些都是开展技术预见、遴选关键技术和提供政策建议的重要视角。通过技术预见，低碳的关键技术战略选择主要包括：低碳产品创新，即开发各种能节约原材料和能源、少用昂贵和稀缺资源的产品，并且在使用过程中以及在使用后不危害或少危害人体健康和生态环境的产品，以及易于回收、复用和再生的产品；低碳工艺创新，包括减少生产过程中污染产生的清洁工艺技术和减少已产生污染物排放的末端治理技术两方面。低碳的关键技术选择与创新，也是一种新的生产方式选择，既包括清洁生产、无公害生产等生产活动，也包括低碳工艺和低碳生产与制造等创新内容。

三　消费模式

一切社会经济活动最终都要体现为现实或未来的消费活动，因而一切能源消耗及其排放在根本上都是受到全社会各种消费活动的驱动。研究表明，由于发展水平，自然条件，生活方式等多方面的差异，不同国家居民消费产生的能源消耗和碳排放具有较大的差异。根据对20世纪90年代以来各国消费排放的测算，美国家庭部门的消费排放占到总排放的80%以上；[①] 韩国家庭部门总能耗占到全国初级能源消费的52%；[②] 印度家庭部门的直接与间接能耗平均占到全国能源消耗的75%；[③] 中国城市居民消耗的能源占到全部能

① Shui Bin, Hadi Dowlatabadi, "Consumer Lifestyle Approach to US Energy Use and the Related CO_2 Emissions", *Energy Policy*, Vol. 33, 2005, pp. 197 - 208.

② Hi-Chun Parka, Eunnyeong Heob, "The Direct and Indirect Household Energy Requirements in the Republic of Korea from 1980 to 2000 - An Input-output Analysis", *Energy Policy*, Vol. 35, 2007, pp. 2839 - 2851.

③ Shonali Pachauri, Daniel Spreng, "Direct and Indirect Energy Requirements of Households in India", *Energy Policy*, Vol. 30, 2002, pp. 511 - 523.

耗的71%。[①] 实际上，消费排放除了受到自然气候条件、人均收入水平、文化习俗、资源禀赋的影响之外，消费模式和行为习惯对于排放的影响不可小估。例如，美国和英国等欧盟国家人均GDP均超过了3万美元，在消费排放上却存在较大差距。以家庭部门的交通排放为例，由于对私人汽车的依赖，美国家庭人均出行排放为4吨左右，是其他国家的2倍。[②] 此外，全球化导致的生产与消费活动的分离，使得一国真实的消费排放被国际贸易中的转移排放问题所掩盖。[③] 假定各国碳排放强度相同，则一国消费的对外依赖度越高，消费导致的碳排放也越多。因此，从消费侧而非生产侧角度，探讨一国国民实际消费导致的碳排放，有助于采取更加公平的视角从源头上推动低碳发展。

消费决定生活质量和福利水平，包括消费水平和消费模式两个方面。一般说来，消费水平是由收入水平或购买力确定的。例如耐用消费品的购买和使用。由于中国农村居民的收入水平偏低，只有城市居民的1/3，农村家庭的家用电器如冰箱、空调机只有城市的1/5—1/20。这不仅是因为这些电器的初期投入成本高，而且其使用也需要消耗能源，也涉及费用。所以一般收入低的家庭，即使是在城市，多没有经济能力购买和使用中高档家用电器。农村能源的商品化进程也说明了这一问题，对于收入低的贫困地区，农村居民多依赖农作物秸秆和薪柴等生物质能来做饭取暖，而在农业生产水平较高的农村地区，农民则购买非碳能源，采用电照明。而在经济较为发达的城近郊区和农业工业化程度较高的农村地区，液化气等商品能源的使用较为普遍。一定的生活质量保证，需要一定的消费水平。

消费模式也与购买力水平有关，只有收入高者才可能有奢侈性消费，收入偏低预算约束大者等选择经济消费。经济学中的价格歧视，便是要区分不同的购买力水平。例如同是高档的耐用消费品汽车，可以有较低价位的经济型，中等价位的舒适型和高价位的豪华型。除收入水平外，决定消费模式的因素还包括宗教文化和消费者行为偏好。伊斯兰教地区的食品是清真的，在印度教徒集

---

① Qiao-Mei Liang, Ying Fan, Yi-Ming Wei, "Multi-regional Input-output Model for Regional Energy Requirements and CO_2 Emissions in China", *Energy Policy*, Vol. 35, 2007, pp. 1685 – 1700.

② OECD/IEA, Worldwide Trends in Energy Use and Efficiency-Key Insights from IEA Indicator Analysis, 2008.

③ 陈迎、潘家华、谢来辉：《中国外贸进出口商品中的内涵能源及其政策含义》，《经济研究》2008年第7期。

中的地方，没有牛肉供给。环境保护主义者拒绝和反对食用野生和濒危动物食品，绿色运动的倡导者多选择绿色食品。有的消费行为与个人意识有关。例如在美国，消费者追求自由个性，因而公共交通不发达，而私人汽车则为主要交通工具。中国的收入水平远不如欧洲和日本，但中国市场上的小汽车多为大排放量的，而且体形偏大。其中一个主要原因，就是在中国，汽车是一种身份地位的标志，要买就买好的，高档的。因而欧洲和日本盛行的排气量适中的小型车在中国的市场销售情况并不好。绿色消费追求自由与个性特征等，显然与市场价格关系不是十分密切。绿色食品比常规食品的价格要高，大排放量的汽车不仅价位高，而且油消耗高，从经济上讲并不合算。

然而，不论是消费水平的提高，还是消费模式的选择偏好，均代表生活质量的改进与经济发展和社会进步在现阶段的目的是相吻合的。我们需要增加消费改进社会偏好水平，这目标与人口、经济因子一样，不宜加以调控减少碳排放。但对于消费偏好，社会是可以有所作为的，通过改变消费者行为偏好来降低能耗，从而减少温室气体排放。

四　经济发展阶段

经济发展到一定程度，社会财富的累积效应能够在两个方面促进低碳经济的发展：一是知识和技术的积累导致的低碳技术进步；二是对经济资本存量累积的需要大大减小，可以将较多的能源消耗用于服务业，提升国民的消费水平。尽管各国碳排放的驱动因素有所差异，但是就发展阶段而言，不外乎是由消费和生产两种因素决定的。简言之，发达国家主要是后工业化时代的消费型社会所带动的碳排放，而发展中国家主要是生产投资和基础设施投入带动的资本存量累积的碳排放。例如，英国、美国、德国等发达国家的经济存量比较大，数百年经济增长所带来的物质存量（表现为店堂馆所、堤坝、公路、房屋等一些公共设施）仍然为现在的民众所享用。因此，这些国家能够以2%左右的经济年均增长率，维持国民较高的生活消费水平，其原因就在于，国民财富的增长中用于存量投资的部分很少，大部分的能源投入都用于服务业和居民消费领域。但是中国这样的发展中国家，正处于经济发展的存量积累阶段，经济持续高增长是为了弥补基础设施等资本存量的不足，只有在实物资本存量累积到一定程度，人文发展水平才能随之提升，而在此之前，维持经济快速增长的资源和能源消耗都难以在短时间内得以降低。

因此，经济发展阶段是一个国家向低碳经济转型的起点和背景。发达国家已经实现了高人文发展的目标，而发展中国家必须实现低碳转型和人文发展的双重目标，这必将增加发展中国家实现低碳转型的难度。目前，欧盟国家由于人口增长缓慢，加之采取了积极的措施进行减排，排放略呈下降趋势；美国、澳大利亚、加拿大等国的人口和经济仍在增长，经济对外扩张趋势较为明显，排放还在持续增加。发展中国家人口增长较快，基本需求仍未满足，未来排放必然要继续增长。由于处于不同历史阶段，使得各国在走向低碳经济时面临的问题也有所不同，相应的政策措施、路径选择和减排成本也会有所不同。

全球气候变化是一个内容非常广泛的研究领域。国际学术界对气候变化问题的广泛关注可以说是从 1988 年世界气象组织（WMO）和联合国环境规划署（UNEP）共同成立政府间气候变化专门委员会（IPCC）开始的。作为气候变化问题的科学评估和咨询机构，IPCC 分别于 1990 年、1995 年、2001 年、2007 年和 2013 年发表五次评估报告。这些报告已经成为国际社会认识和了解气候变化问题的主要科学依据，为国际气候保护进程，尤其是《联合国气候变化框架公约》《京都议定书》和《巴黎协定》的签署和生效起到重要的推动作用。

2003 年英国发表《能源白皮书》以后，低碳经济概念逐渐受到国际社会的广泛关注。低碳经济（Low Carbon Economy）是英国政府为实现能源环境可持续发展而提出的一种新的发展观，其实质是通过提高能源效率和改善能源消费结构减少碳排放，核心是通过能源技术创新和制度创新构建一个低碳经济发展体。在国际层面上，2005 年英国利用其作为八国首脑会议的东道国和欧盟轮值主席国之机，把气候变化问题列为八国首脑峰会的两主题之一，并于 2005 年 11 月召开了以“向低碳经济迈进”为主题的由 20 个温室气体排放大国环境和能源部长参加的高层会议。英国是全球气候变化行动的领导者，积极利用各种平台推动后京都谈判进展，呼吁全球向低碳经济转型。

2006 年 10 月 30 日，英国发布了由前世界银行首席经济学家尼古拉斯·斯特恩牵头完成的《气候变化的经济学》（简称《斯特恩报告》），对于全球变暖可能造成的经济影响做出了具有里程碑意义的评估。《斯特恩报告》以气候科学为基础，以“成本—效益分析”方法对欧盟明确提出的全球 2℃升温上限加以论证，呼吁各国迅速采取切实可行的行动，尽早向低碳经济转型。报告认为，在全球范围内，“如果没有政策的干预，收入增长和人均排量的长期正比关系将持续下去。打破这种联系需要人们在选择上的巨大转变，对碳密集型商品和服务定价，或者科技发展的重大突破”。只有采取“适当的政策”，改变这种联系才可以实现。以每年全球 GDP 1% 投资，就可以避免将来 5%—20% 的 GDP 损失。

2007 年 IPCC 第四次科学评估报告发表以后，人类必须迅速行动应对气候变化成为国际社会的主流话语，而低碳经济成为气候变化背景下人类的必然选择。联合国环境规划署把 2008 年世界环境日的主题定为“转变传统观念，面向低碳经济”，希望低碳经济理念能够迅速成为各级决策者的共识。欧盟为实现 2008—2012 年 8% 的温室气体减排目标，要求所有成员国采取更为严格的措施转变高碳经济发展模式，实施包括碳税和碳排放许可等在内的政策通过低碳经济发展模式提高以交通和建筑为主的能源效率，从而切实减缓温室气体排放。美国虽然拒绝加入《京都议定书》，但 2007 年提交到美国国会的法律草案中就包括一项“低碳经济法案”，表明低碳经济的发展道路有望成为美国未来的重要战略选择。2004 年 4 月，日本联手英国提出“2050 年日本低碳社会”研究项目，提出要把日本打造成全球第一个低碳社会。该项目已于 2008 年 7 月完成，其主要结论是“在满足社会经济需求与发展的同时，2050 年日本的碳排放比 1990 年有 70% 的减排潜力”。

2014 年 11 月，IPCC 第五次评估报告《综合报告》指出人类对气候系统的影响是明确的，而且这种影响在不断增强，在世界各个大洲都已观测到种种影响。如果任其发展，气候变化将会增强对人类和生态系统造成严重、普遍和不可逆转影响的可能性。然而，当前有适应气候变化的办法，而实施严格的减缓活动可确保将气候变化的影响保持在可管理的范围内，从而可创造更美好、更可持续的未来。2016 年 4 月，IPCC 第六次评估报告决定编写三个主题的特别报告，即全球升温幅度达到 1.5℃ 的影响及温室气体排放途径，气候变化、沙漠化、土地退化、可持续土地管理、粮食安全和陆地生态系统温室气体通量，气候变化、海洋与冰冻圈相关研究，其中，针对《巴黎协定》提出的“在温度上升控制在 2℃ 的基础上向 1.5℃ 努力”，在 2018 年完成全球升温幅度达到 1.5℃ 的影响及温室气体排放途径特别报告。2018 年 4 月，中国科学院“应对气候变化的碳收支认证及相关问题”专项通过对中国各类生态系统的碳储量和固碳能力进行系统调查和观测，来揭示中国陆地生态系统碳收支特征、时空分布规律以及国家政策的固碳效应，调研显示，在 2001 年至 2010 年间，陆地生态系统年均固碳 201Tg（百万吨），相当于抵消了同期中国化石燃料碳排放量的14.1%；中国森林生态系统是固碳主体，贡献了约80%的固碳量，农田和灌丛生态系统分别贡献了12%和8%的固碳量，草地生态系统的碳收支基本处于平衡状态。

第二节 低碳发展的核心要素评价

目前，对低碳经济发展水平的评价缺乏统一的评价标准，在国家层面，英国率先提出低碳经济的概念，目标是到2050年建设一个低碳经济体。日本提出到2050年在全球率先打造一个低碳社会。无论是英国的低碳经济体还是日本的低碳社会，都以大量绝对减排温室气体为前提，与控制温室气体排放的国际约束联系在一起。在城市层面，国际上的一些大城市如伦敦和纽约，都以建设低碳城市为荣，并建立了C40城市气候领袖群（C40 Cities）。中国的保定和上海也在世界自然基金会（WWF）的支持下开展低碳城市发展项目。这些自发地、自下而上开展起来的低碳城市建设倡议虽然如火如荼，但最大的缺陷就是缺乏一套国际可比较的评价指标体系。

衡量一个国家或经济体低碳经济发展状况的指标应该能够测量向低碳经济发展的整个进程，不仅要包括其自身直接排放的相关指标，也要包括通过产品/服务的输入输出活动与世界其他部分产生联系、相互作用的其他指标。以《低碳城市发展指标之哥本哈根宣言》[①] 为例，除了需要考虑评估城市中直接碳排放的指标外，还需要在输入输出方面评估碳足迹（Carbon Footprint）的指标。考虑到我们对低碳经济的概念界定及其实现途径，衡量一个国家或经济体低碳经济发展状态的指标体系，至少应该把以下指标或因素考虑在内。下面是对人均碳排放水平、碳生产力水平、技术标准、能源消费结构、碳排放弹性以及进出口贸易、产品生命周期、森林碳汇、人类发展指数9个指标的评价。

一 人均碳排放水平

人均碳排放指标具有公平的含义。人均碳排放水平不仅与经济发展阶段密

---

① 参见《低碳城市发展指标之哥本哈根宣言》（*Copenhagen Declaration for a Low Carbon City Development Index*），http：//www. copenmind. com/copenmind/mindflow/wwf - denmark - session。

切相关，而且与生产和消费模式密切相关。根据世界银行人口统计和 BP 能源统计数据，[①] 2018 年美国人均排放 15.73 吨 CO_2，加拿大 14.85 吨，澳大利亚 16.67 吨，日本 9.08 吨，欧盟 28 国平均 6.78 吨，德国 8.75 吨，英国 5.93 吨。发展中国家中，中国人均排放 6.77 吨 CO_2，印度为 1.83 吨，巴西 2.11 吨（见表 2－1）。

表 2－1　世界主要经济体人均碳排放（吨 CO_2/人）（1965—2018 年）

区域＼年份	1965	1970	1980	1990	2000	2010	2018
美国	18.69	21.89	21.87	20.68	21.18	18.60	15.73
加拿大	13.43	16.45	18.06	16.54	17.59	16.01	14.85
墨西哥	1.38	1.59	2.87	3.15	3.62	3.92	3.66
阿根廷	3.51	3.39	3.53	3.22	3.57	4.19	4.05
巴西	0.62	0.88	1.46	1.32	1.73	2.03	2.11
法国	6.56	8.30	8.75	6.29	6.27	5.55	4.65
德国	11.98	13.33	13.76	12.63	10.33	9.54	8.75
意大利	3.93	5.95	6.81	7.05	7.64	6.91	5.57
俄罗斯	—	—	—	15.23	10.06	10.57	10.73
土耳其	0.81	1.13	1.70	2.54	3.30	3.99	4.74
英国	12.66	12.85	10.78	10.36	9.57	8.44	5.93
沙特	12.93	11.54	10.24	12.77	13.83	18.29	16.94
南非	5.82	5.95	6.97	8.31	7.65	8.81	7.29
澳大利亚	10.00	12.41	15.19	16.49	18.13	17.94	16.67
中国	0.68	0.92	1.50	2.05	2.66	6.07	6.77
印度	0.34	0.34	0.45	0.69	0.92	1.35	1.83
印尼	0.20	0.20	0.47	0.75	1.27	1.77	2.03
日本	4.52	7.77	7.98	8.83	9.60	9.23	9.08
韩国	0.87	1.52	3.24	5.58	9.84	12.31	13.51
欧盟	7.73	9.16	9.76	9.07	8.37	7.80	6.78
世界	3.42	3.93	4.19	4.09	3.92	4.55	4.46

资料来源：世界银行数据库、《BP 世界能源统计年鉴 2019》。

① 《BP 世界能源统计年鉴 2019》，https：//data. worldbank. org/data－catalog/，访问日期：2019 年 7 月 12 日。

数据表明，人均碳排放与人均 GDP 之间存在近似倒 U 形的曲线关系，包括中国在内的广大发展中国家正处于这一曲线的爬坡阶段。[①] 一方面，发展中国家工业化、城市化、现代化进程远未完成，发展经济、改善民生的任务艰巨。为了实现发展目标，发展中国家的能源需求将有所增长，这是发展中国家发展的基本条件。[②] 另一方面，《斯特恩报告》也指出，从全球来看，如果没有足够的政策干预，人均收入增长和人均排放之间的正相关关系将长期存在。必须通过适当的政策措施，才能打破这种联系。[③] 由此可见，人均碳排放是衡量低碳经济的一个非常重要的指标。

数据表明，人均碳排放和城市化水平存在密切的相关关系（R^2 = 0.7818），1971—2016 年，世界城市化率由 36.75% 增长到 54.37%，同期世界人均碳排放介于 3.71 吨 CO_2/人和 4.50 吨 CO_2/人之间，尤其在 2000—2013 年期间，人均碳排放城市化水平和城市化水平存在更为密切的相关关系（R^2 =0.9442），2014 年起世界人均碳排放呈现下降趋势，这充分说明世界各国开展应对气候变化工作取得了积极进展。

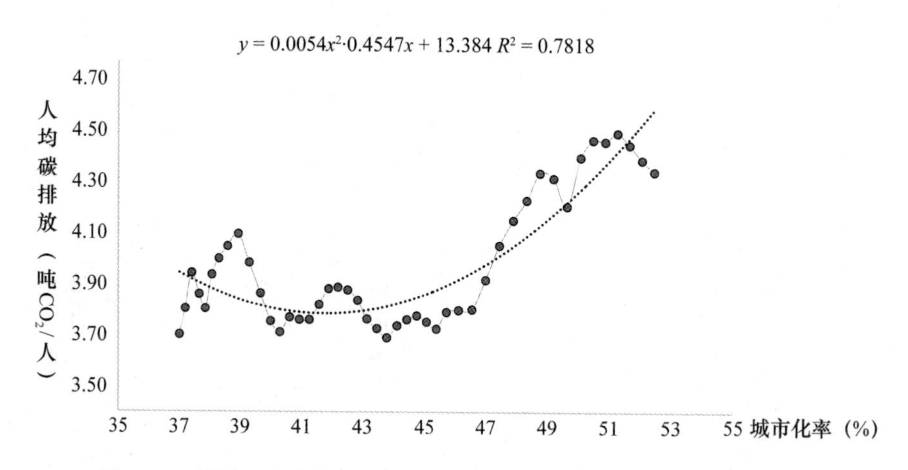

图 2－1　世界人均碳排放和城市化水平关联模型分析（1971—2016 年）

① Guiyang Zhuang, "How will China Move towards Becoming a Low Carbon Economy?", *Journal of China & World Economy*, No. 3, 2008.

② 能源消费需求的增长，在能源消费结构没有巨大变化的情况下，意味着碳排放需求也必然增长。

③ Stern Nicolars, *Stern Review on the Economics of Climate Change*, Cambridge University Press, 2007.

二　碳生产力水平

碳生产力是每单位碳当量的排放所产出的 GDP 总量。碳生产力是单位 GDP 产出碳排放的倒数，一般可以用来衡量一个经济体的效率水平。由于碳生产力取决于人均碳排放与人均 GDP 两个指标，所以收入水平的高低和碳生产力的大小并没有直接的联系。

根据世界银行和 BP 能源统计数据，2019 年主要国家中碳生产力水平最高的是法国，为 8909.21 Intl 美元/吨 CO_2，美国为 3983.18 Intl 美元/吨 CO_2，加拿大为 3128.35 Intl 美元/吨 CO_2，澳大利亚为 3438.09 Intl 美元/吨 CO_2，日本为 4328.46 Intl 美元/吨 CO_2，欧盟 28 国为 5390.70 Intl 美元/吨 CO_2。发展中国家中，印度为 1099.74 Intl 美元/吨 CO_2，中国为 1443.27 Intl 美元/吨 CO_2。

值得注意的是，一些非常贫穷的小国，根据国际能源署 2018 年统计资料核算，2016 年赞比亚的碳生产力达到 7407 Intl 美元/吨 CO_2，刚果民主共和国的碳生产力达到 15384 Intl 美元/吨 CO_2，为世界平均水平的 3.1 倍和 6.4 倍，远超过大多数发达国家。然而，从发展阶段分析，2017 年赞比亚和刚果民主共和国人类发展指数分别为 0.588 和 0.457，在世界排名位于 144 位和 176 位。可见，作为衡量低碳经济发展状态的指标之一，碳生产力指标比较适合经济发展水平（或人文发展水平）较为接近的国家之间对比，碳生产力指标无法考量一个国家（经济体）的人文发展水平以及奢侈排放情况。（见表 2－2）

表 2－2　世界主要经济体碳生产力水平（美元/吨 CO_2）（1965—2018 年）

年份 区域	1965	1970	1980	1990	2000	2010	2018
美国	1081.30	1064.89	1313.66	1756.32	2127.35	2600.41	3983.18
加拿大	1583.62	1497.66	1758.82	2206.17	2481.24	2963.01	3128.35
墨西哥	3250.08	3271.35	2600.61	2304.98	2394.96	2286.46	2646.20
阿根廷	1783.18	2083.95	2282.88	1846.58	2289.29	2452.70	2875.80
巴西	5996.39	5333.49	5711.79	6047.03	5086.33	5518.40	4229.95
法国	2451.24	2419.29	3082.32	5182.18	6144.23	7336.78	8909.21
德国	—	1471.82	1894.25	2560.45	3677.39	4381.45	5507.65
意大利	3430.92	2964.98	3590.58	4375.64	4732.97	5186.41	6165.96
俄罗斯	—	—	—	626.05	645.39	1009.98	1068.86

续表

区域＼年份	1965	1970	1980	1990	2000	2010	2018
土耳其	4382.08	3747.90	2927.87	2666.09	2492.42	2674.40	1966.13
英国	1232.61	1391.42	2022.69	2763.62	3682.30	4586.55	7168.09
沙特	0.00	1917.74	3565.34	1409.95	1320.95	1053.30	1370.32
南非	930.28	1029.06	946.94	729.39	777.61	835.60	869.80
澳大利亚	2179.19	2096.36	1961.73	2172.00	2439.51	2892.34	3438.09
中国	274.07	249.47	231.69	356.43	667.25	751.43	1443.27
印度	965.30	1061.66	872.66	772.02	831.52	993.63	1099.74
印尼	3312.25	3909.44	2623.26	2266.59	1689.17	1758.21	1919.39
日本	2787.72	2373.34	3194.73	4291.00	4390.70	4820.58	4328.46
韩国	1350.13	1193.24	1143.01	1517.80	1535.62	1794.89	2321.48
欧盟	1602.51	1672.71	2041.38	2728.11	3616.55	4317.32	5390.70
世界	1285.54	1312.95	1494.35	1752.84	2080.60	2090.37	2531.73

注：GDP 按照 2010 年不变价美元计算。

资料来源：世界银行数据库，《BP 世界能源统计年鉴 2019》。

三　技术标准

技术标准既可以是单位物理产出的排放水平，如吨钢排放、吨公里排放、单位电量排放等，也可以是具体的技术，如发电超临界机组等，还可以是汽车燃油标准、尾气排放标准、建筑节能标准等。以燃煤电站的煤耗为例，2017年，全国6000千瓦及以上火电厂机组平均发电煤耗和供电标准煤耗分别为292克标准煤/千瓦小时和309克标准煤/千瓦小时，尽管取得了较大进展，但与日本和意大利等发达国家相比仍有较大差距。

以汽车尾气排放标准为例，2018年，全国机动车保有量达到3.27亿辆，同比增长5.5%；其中，汽车保有量达到2.4亿辆，同比增长10.5%，新能源汽车保有量达到261万辆，同比增长70.0%。汽车已占我国机动车的主导地位，其构成按车型分类，客车占88.9%，货车占11.1%；按燃料类型分类，汽油车占88.7%，柴油车占9.1%，新能源车占1.1%；按排放标准分类，国Ⅲ及以上标准的车辆占92.5%。[①] 国V排放标准相当于欧V标准，欧洲早在

① 《生态环境部发布〈中国移动源环境管理年报（2019）〉》，http：//www.mee.gov.cn/xxgk2018/xxgk/xxgk15/201909/t20190904_ 732374.html，访问日期：2019年9月6日。

表 2－3　　主要高耗能产品单位能耗中外比较　　单位：千克标准煤/吨

年份	火电厂发电煤耗（克标准煤/千瓦·时）		火电厂供电煤耗（克标准煤/千瓦·时）			钢可比能耗		电解铝交流电耗（千瓦·时/吨）		水泥综合能耗		乙烯综合能耗		合成氨综合能耗		纸和纸板综合能耗	
	中国	日本	中国	日本	意大利	中国	日本	中国	国际先进水平	中国	日本	中国	国际先进水平	中国	美国	中国	日本
1990	392	317	427	332	326	997	629	17100	14400	201	123	1580	897	2035	1000	1550	744
1995	379	315	412	331	319	976	656	16620	14400	199	124	—	—	1849	1000	—	—
2000	363	303	392	316	315	784	646	15418	14400	172	126	1125	714	1699	1000	1540	678
2005	343	301	370	314	288	732	640	14575	14100	149	127	1073	629	1650	990	1380	640
2010	312	294	333	306	275	681	612	13979	12900	143	130	950	629	1587	990	1200	581
2011	308	295	329	306	274	675	614	13913	12900	142	116	895	629	1568	990	1170	531
2012	305	294	325	305	—	674	616	13844	12900	140	122	893	629	1552	990	1128	508
2013	302	291	321	302	—	662	608	13740	12900	139	126	879	629	1532	990	1087	530
2014	300	287	319	298	—	654	615	13596	12900	138	111	860	629	1540	990	1050	506
2015	297	—	315	—	—	644	—	13562	12900	137	—	854	629	1495	990	1045	—
2016	294	—	312	—	—	640	—	13599	12900	135	—	842	629	1486	990	1027	—
2017	292	—	309	—	—	634	—	13577	—	135	—	841	—	1464	—	1006	—

资料来源：《中国能源统计年鉴 2018》。

2009 年 9 月 1 日起就正式实施了欧 V 标准。由于各地区经济水平参差不齐，实施技术标准指标可能会带来技术或贸易壁垒及贸易保护主义，因此在政治可接受性方面可能面临障碍。但是，向低碳经济转型需要靠技术进步来完成，低碳经济的核心之一就是技术创新，因此有关技术进步（如单位产品能耗）的参数必不可少。（见表 2－3）

四　能源消费结构

碳排放来源于化石能源的使用，广泛产生于人类生产和生活之中。煤炭、石油和天然气的碳排放系数递减，绿色植物是碳中性的，太阳能、水能、风能等可再生能源以及核能属于清洁的零碳能源。《京都议定书》规定的六种温室气体包括二氧化碳（CO_2）、甲烷（CH_4）、氧化亚氮（N_2O）、六氟化硫（SF_6）、氢氟烃（HFCs）和全氟烃（PFCs）。其中二氧化碳是最主要的温室气体，大约占温室气体排放总量的 80%。能源结构指标可以有两种表达形式，一种是能源碳强度指标（即单位能源消费的碳排放系数），反映的是各国的能源消费结构（见表 2－4、表 2－5）；另一种是零碳能源占一次能源消费中的比例。

表 2－4　世界主要经济体能源消费碳排放系数　（单位：吨 CO_2/toe）

经济体＼年份	1965	1970	1980	1990	2000	2010	2018
美国	2.785	2.724	2.691	2.575	2.534	2.464	2.236
加拿大	2.242	2.209	2.007	1.797	1.751	1.693	1.598
墨西哥	2.488	2.452	2.558	2.467	2.534	2.534	2.474
阿根廷	2.869	2.779	2.495	2.314	2.133	2.148	2.120
巴西	2.289	2.251	1.919	1.573	1.607	1.518	1.484
法国	2.949	2.819	2.480	1.668	1.481	1.412	1.285
德国	3.569	3.364	2.968	2.808	2.505	2.373	2.240
意大利	2.608	2.687	2.607	2.562	2.441	2.349	2.177
俄罗斯				2.600	2.369	2.230	2.152
土耳其	3.225	3.137	2.955	2.862	2.809	2.588	2.539
英国	3.460	3.270	2.975	2.767	2.475	2.478	2.050
沙特	3.091	2.966	2.712	2.534	2.423	2.278	2.203

续表

经济体 \ 年份	1965	1970	1980	1990	2000	2010	2018
南非	3. 784	3. 694	3. 649	3. 498	3. 376	3. 552	3. 466
澳大利亚	3. 275	3. 187	3. 100	3. 104	3. 156	3. 079	2. 886
中国	3. 716	3. 698	3. 529	3. 401	3. 313	3. 253	2. 880
印度	3. 181	2. 936	3. 016	3. 080	3. 031	3. 089	3. 064
印尼	2. 791	2. 494	2. 612	2. 586	2. 640	2. 830	2. 927
日本	2. 914	2. 912	2. 596	2. 473	2. 332	2. 347	2. 529
韩国	3. 878	3. 414	3. 170	2. 632	2. 388	2. 348	2. 317
欧盟	3. 294	3. 131	2. 854	2. 568	2. 333	2. 217	2. 061
世界	3. 023	2. 927	2. 771	2. 625	2. 525	2. 564	2. 444

资料来源：《BP 世界能源统计年鉴 2019》。

表 2－5　　世界主要经济体能源消费结构（2018 年）　　（单位：%）

经济体 \ 能源	石油	天然气	煤炭	核能	水电	可再生能源
美国	39. 98	30. 54	13. 78	8. 36	2. 84	4. 51
加拿大	31. 93	28. 89	4. 19	6. 57	25. 44	2. 98
墨西哥	44. 31	41. 17	6. 37	1. 65	3. 92	2. 58
阿根廷	35. 41	49. 24	1. 43	1. 83	11. 08	1. 02
巴西	45. 67	10. 37	5. 35	1. 19	29. 48	7. 95
法国	32. 51	15. 14	3. 46	38. 54	5. 99	4. 37
德国	34. 95	23. 44	20. 50	5. 32	1. 18	14. 61
意大利	39. 34	38. 52	5. 75	0. 00	6. 72	9. 67
俄罗斯	21. 13	54. 22	12. 21	6. 42	5. 97	0. 04
土耳其	31. 63	26. 49	27. 56	0. 00	8. 77	5. 56
英国	40. 06	35. 28	3. 93	7. 66	0. 64	12. 43
沙特	62. 75	37. 20	0. 04	0. 00	0. 00	0. 01
南非	21. 64	3. 07	70. 76	2. 07	0. 17	2. 30
澳大利亚	36. 95	24. 66	30. 68	0. 00	2. 71	5. 00
中国	19. 59	7. 43	58. 25	2. 03	8. 31	4. 38
印度	29. 54	6. 17	55. 89	1. 09	3. 91	3. 40
印尼	44. 96	18. 06	33. 18	0. 00	2. 00	1. 80
日本	40. 16	21. 91	25. 87	2. 45	4. 04	5. 59
韩国	42. 81	15. 98	29. 30	10. 04	0. 22	1. 65
欧盟	38. 31	23. 35	13. 17	11. 09	4. 62	9. 46
世界	33. 62	23. 87	27. 21	4. 41	6. 84	4. 05

资料来源：《BP 世界能源统计年鉴 2019》。

关于能源消费碳排放系数，世界平均及主要经济体总体呈下降趋势。2018年，在20个主要经济体中，法国能源消费碳排放系数最低，为1.285吨CO_2/toe，世界平均水平为2.444吨CO_2/toe，中国为2.880吨CO_2/toe，超出世界平均水平17.8个百分点，是法国的2.24倍。而能源消费碳排放系数和能源消费结构密切相关，2018年法国零碳能源消费比重达到48.9%，挪威和瑞典两国的零碳能源消费比重均超过2/3。2015年中国应对气候变化国家自主贡献方案提出，2020年零碳能源占一次能源消费比重达到15%左右，2030年达到20%左右，二氧化碳排放2030年左右达到峰值并争取尽早达峰。欧盟提出到2020年可再生能源消费比例要占终端能源消费的20%，[①] 到2030年实现在1990年的基础上至少减排40%温室气体的目标。其中零碳能源的发展水平既与资源禀赋相关，也与资金和技术实力（能力）相关，是实现低碳经济和低碳发展的一条重要途径。

五　碳排放弹性

碳排放弹性以碳排放增长速度和GDP增长率的比值表示。由于低碳经济的目标是低碳高增长，因此碳排放弹性主要考察的是在经济增长为正的前提下，碳排放增长速度下对于经济增长速度的下降程度。庄贵阳借鉴脱钩指标[②]的概念，根据碳排放弹性的大小把低碳发展分为绝对的低碳发展和相对的低碳发展。如果碳排放弹性小于0时，即为绝对的低碳发展；如果碳排放弹性在0与0.8之间，则为相对的低碳发展。[③] 根据世界资源研究所CAIT数据库，通过对全球20个排放大国从1980—1975年、1985—1980年、1990—1985年、1995—1990年、2000—1995年、2005—2000年六个时间段碳排放弹性的数据分析发现，发达国家如美国、英国、欧盟28国、德国、加拿大、澳大利亚、意大利、西班牙、法国、日本和俄罗斯，在6个时间段至少出现一次强脱钩（碳排放弹性小于0），其中英国最为突出，一直呈现强脱钩特征。其余发达国家也以强脱钩和弱脱钩为主要特征。从发展中国家的情况来看，虽然某些发展中国家在某个时段碳排放弹性出现小于0的情况，但主要是由于各种原因造成

---

① http：//www4. unfccc. int/submissions/indc/Submission%20Pages/submissions. aspx.

② Tapio，Petri，“Towards a Theory of Decoupling：Degrees of Decoupling in the EU and the Case of Road traffic in Finland Between 1970 and 2001”，*Journal of Transport Policy*，No. 12，2005.

③ 庄贵阳：《低碳经济：气候变化背景下中国的发展之路》，气象出版社2007年版。

的经济波动引起的，因为经济增长率为负，显然不属于我们对低碳经济的预期。虽然发展中国家也出现弱脱钩（即碳排放弹性在0和0.8之间），但还没有成为主流趋势。对于发展中国家来说，向低碳经济转型的一条理想轨迹是在经济增长速度为正的前提下，碳排放弹性不断降低。碳排放弹性指标有助于在宏观经济层面整体把握低碳经济发展状况，但这种衡量方法容易受到经济波动的影响。此外，最容易受到质疑的是，只强调碳排放与经济增长的脱钩不能保证大气温室气体浓度的稳定。

六　产品生命周期

产品生命周期（product life cycle），简称PLC。是指产品的市场寿命，即一种新产品从开始进入市场到被市场淘汰的整个过程，分为介绍期（Introduction）、增长期（Growth）、成熟期（Mature）、衰退期（Decline）四个阶段。

一种产品进入市场后，它的销售量和利润都会随时间推移而改变，呈现一个由少到多、由多到少的过程，就如同人的生命一样，由诞生、成长到成熟，最终走向衰亡，这就是产品的生命周期现象。所谓产品生命周期，是指产品从进入市场开始，直到最终退出市场为止所经历的市场生命循环过程。产品只有经过研究开发、试销，然后进入市场，它的市场生命周期才算开始。产品退出市场，则标志着生命周期的结束。环境保护部1994年在全国开展了中国环境标志计划，主要通过考察产品在整个生产周期过程中对环境各个因素的影响，产品全生命周期概念与产品低碳的概念异曲同工，低碳产品环境标志的制定对低碳发展起到积极的推动作用。

七　进出口贸易

在全球化的世界，经济一体化的程度越来越高。世界贸易增长速度持续高于世界经济的增长速度，使得世界贸易额与全球GDP之比持续上升，贸易发展与经济增长的关联性进一步增强。在全球化产业转移和国际贸易分工的大格局下，中国已经成为世界加工厂和主要的制造业基地。中国经济高度依赖于国际贸易。2000—2016年，进出口总额年均增长12.1%，2013年中国对外贸易首次跃上4万亿美元的新台阶，货物贸易进出口和出口额位居世界第一位。2016年中国进出口贸易占GDP的32.7%，2005—2007年进出口贸易占GDP比重超过60%。但总体而言，中国处于国际劳动分工的较低端，大部分的进口是高附加值的产品和服务，而出口主要是能源密集的制造业生产的产品。在这种进出口结构下，随着大量“中国制造”产品走向世界，中国内涵能源净出口随贸易顺差的增长不断扩大。满足各地消费者需求的同时，中国也间接地出口了大量能源。中国“生态逆差”随外贸顺差的增长不断扩大。

研究表明，中国内外贸进出口背后的内涵能源约占当年一次能源消费的四分之一。[①] 因此，进出口贸易作为衡量低碳经济的指标，其含义在于我们不仅要考虑生产侧排放，也要从消费侧考虑。但是考虑到隐含能源（Embodied energy）或隐含碳的问题在方法论上还存在争议，而且城市之间产品输入输出的数据不可得，所以在衡量指标体系中不予以考虑。

八　森林碳汇

森林植物在生长过程中通过光合作用吸收二氧化碳、放出氧气，并把大气中的二氧化碳固定在植被和土壤中。森林碳汇就是指森林生态系统减少大气中二氧化碳浓度的过程、活动或机制。

森林是陆地最大的储碳库和最经济的吸碳器。据联合国政府间气候变化专门委员会（IPCC）估算：全球陆地生态系统中约储存了2.48万亿吨碳，其中1.15万亿吨碳储存在森林生态系统中。科学研究表明：林木每生长1立方米，平均约吸收1.83吨二氧化碳。目前，全球森林资源锐减，减弱了对大气中二氧化碳的吸收，成为导致全球气候变化的重要因素之一。

恢复和保护森林作为低成本减缓全球气候变化的重要措施之一写入了《京都议定书》。IPCC在2007年发布的第四次全球气候变化评估报告中指出：林业具有多种效益，兼具减缓和适应气候变化双重功能。扩大森林覆盖面积是未来30—50年经济可行、成本较低的重要减缓措施。许多国家和国际组织都在积极利用森林碳汇应对气候变化。

根据国家林业局资料，1980—2005年，我国通过开展植树造林和森林管理活动，累计净吸收二氧化碳46.8亿吨；通过控制毁林，减少排放二氧化碳4.3亿吨。根据第八次全国森林资源清查（2009—2013年）结果：我国森林面积已达2.08亿公顷，完成了到2020年增加森林面积目标任务的60%；森林

① 陈迎、潘家华、谢来辉：《中国外贸进出口商品中的内涵能源及其政策含义》，《经济研究》2008年第7期。

蓄积量 151.37 亿立方米，已提前实现到 2020 年增加森林蓄积量的目标；森林植被总碳储量由第七次全国森林资源清查（2004—2008 年）的 78.11 亿吨增加到 84.27 亿吨，森林覆盖率由 2008 年的 20.36% 提高到 2015 年的 21.66%。

九　人类发展指数

1990 年，联合国开发计划署（UNDP）选用收入水平、期望寿命和教育水平这三个指标，来把人文发展作为一个全面综合的度量。1990 年联合国开发计划署创立了人文发展指数（HDI）即以“预期寿命、教育水准和生活质量”三项基础变量按照一定的计算方法组成的综合指标。

按 2014 年人类发展指数指标计算，其中健康长寿：用出生时预期寿命来衡量；教育获得：用平均学校教育年数指数、预期学校教育年数指数共同衡量；生活水平：用人均国民收入（2011 购买力平价美元）来衡量。

每个指标设定了最小值和最大值：出生时预期寿命：20 岁和 85 岁；平均学校教育年数（一个大于或等于 25 岁的人在学校接受教育的年数），0 年和 15 年；预期学校教育年数（一个 5 岁的儿童一生将要接受教育的年数），0 年和 18 年；人均国民收入（2011 购买力平价美元）：100 美元和 75000 美元。

HDI 指数的计算公式：

指数值 =（预期寿命指数·教育指数·收入指数）$^{1/3}$

预期寿命指数 =（预期寿命 - 20）/（85 - 20）

预期学校教育年数指数 =（预期学校教育年数 - 0）/（18 - 0）

平均学校教育年数指数 =（平均学校教育年数 - 0）/（15 - 0）

教育指数 =（预期学校教育年数指数 + 预期学校教育年数指数）/2

收入指数 = [ln（人均国民收入） - ln（100）] / [ln（75000） - ln（100）]

根据《UNDP2018 年人类发展报告》设定，人类发展指数高于 0.8 为极高人类发展水平，介于 0.7—0.8 之间为高人类发展水平，介于 0.55—0.7 之间为中等人类发展水平，低于 0.55 为低人类发展水平。在 189 个国家和地区中，极高、高、中等、低人类发展水平数量分别为 59 个、53 个、39 个、38 个，世界平均水平为 0.728，最高值挪威为 0.953，最低值尼日尔为 0.354，中国为 0.752，位居第 86 位。（见图 2 - 2）

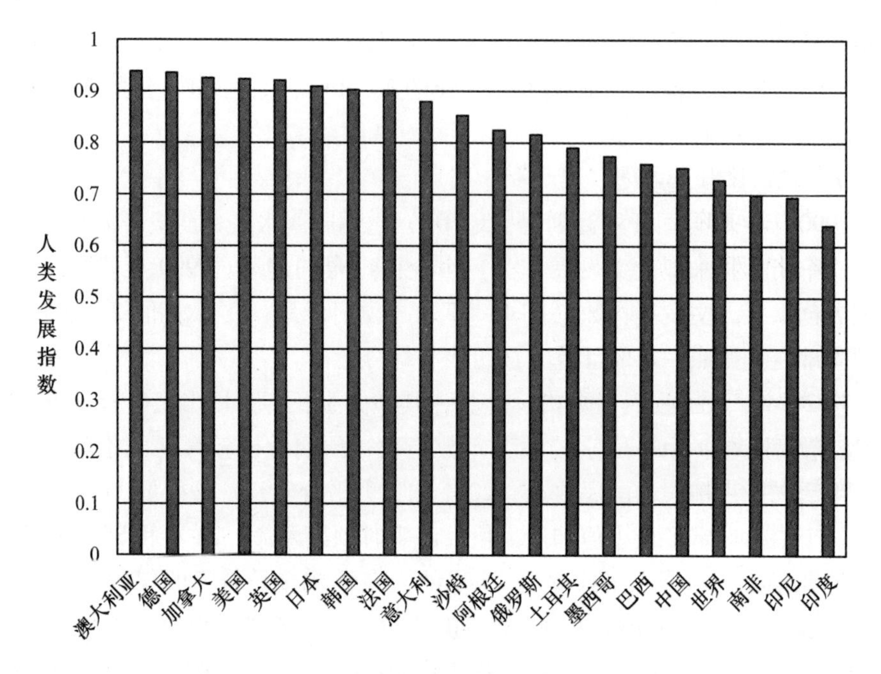

图2－2　世界主要经济体人类发展指数（2017年）

资料来源：《UNDP 2018年人类发展报告》。

第三节　城市绿色低碳循环发展的关联、锁定效应

一　绿色低碳循环发展的内在联系

2009年9月，时任国家主席胡锦涛在联合国气候变化峰会开幕式上发表题为《携手应对气候变化挑战》的重要讲话，提出中国要大力发展绿色经济，积极发展低碳经济和循环经济。其实，在实践中人们对于绿色经济、低碳经济和循环经济三个概念还存在诸多误解。

低碳经济与循环经济既有联系也有不同。低碳经济是有特定指向的经济形态，针对的是导致全球气候变化的二氧化碳等温室气体，以及主要是化石燃料的碳基能源体系，旨在实现与碳相关的资源和环境的有效配置和利用。从低碳经济的内涵而言，实现低碳经济的具体途径中，减少能源消耗和提高能源效率都很好地体现了循环经济“减量化”的要求，而对二氧化碳等温室气体的捕

集埋存，尤其是以二氧化碳封存并提高原油采收率等措施，则很好地体现了循环经济“再利用”和“资源化”的原则，此外，开发应用消耗臭氧层物质的非温室气体类替代品，则体现了循环经济在“再设计、再修复、再制造”等更广意义上的要求。因此，低碳经济与循环经济具有紧密的联系。

绿色经济则是一个概念相对模糊的提法，可以认为，凡是与环境保护和可持续发展相关联的经济形态和发展模式都可以纳入绿色经济的范畴。但是，绿色经济本身很难量化评估，并且没有从投入要素的角度隐含社会经济发展所面临的约束性条件。而低碳经济则是在社会经济发展传统的基本要素（也即劳动、土地和资本）下，进一步将土地等自然资源投入细化为能源等自然资源的消耗和温室气体排放的环境容量，使得碳排放成为社会经济发展的一种投入要素和约束性指标。

绿色经济和低碳经济比循环经济的概念相对宽泛，不光是讲绿色生产，还讲绿色消费和低碳消费。绿色经济不等于低碳经济。绿色包括了伦理的、经济的、环境的方方面面。低碳经济的针对性特别强，其范围比绿色经济要小，但比循环经济要宽泛。绿色的不见得是低碳的。中国之所以对绿色经济更加关注和强调，在于中国传统的生态环境问题如水污染、大气污染和固体废弃物等问题尚未解决，希望在应对气候变化过程中把传统的污染物问题一并解决，发展低碳经济要寻求协同效应。相对于低碳经济，对绿色经济的评价比较困难，如绿色 GDP 的核算，2004 年中国开展的绿色 GDP 研究之所以没有推广起来就是一个例证，2015 年重启绿色 GDP 研究，将生态破坏成本以及污染治理成本从 GDP 总值中予以扣除，以全面客观反映经济活动的“环境代价”。绿色经济与低碳经济最大的区别在于绿色经济没有碳排放的刚性约束。循环经济和绿色经济，没有国际条约的规定，没有国际合作的要求，多属于各国国内寻求可持续发展的一种手段。

二　城市低碳发展的锁定效应

所谓“锁定效应”，是指基础设施、机器设备以及个人大件耐用消费品等，其使用年限或投资回收期都在 15 年乃至 50 年以上，其间不大能轻易废弃，即技术与投资都会被“锁定”。自工业革命以来，严重依赖化石能源的技术由于路径依赖成为各产业的主导技术，而该技术与政治、经济、文化制度和组织形成正反馈，结成一个“技术—制度综合体”，使得整个社会的发展和运行严重依赖化石能源，并形成巨大的惯性，因而难以轻易改变，难以停下来。

解除“碳锁定”的根本在于开发和大规模使用低碳或零碳技术，从而使整个社会的生产和消费系统摆脱对化石能源的依赖。从这个意义上说，发展低碳经济，就是“解除碳锁定”的同义语。为了使未来保持一个气候安全的世界，我们需要避免锁定在高碳密集的投资选择。

低碳发展与生态文明建设，使得发展中国家和发达国家重新站到了同一个起跑线上。在激烈的竞争过程中，发展中国家将更加重视自身的自主创新能力建设，而不再简单模仿西方发达国家的技术，或盲目接受发达国家的产业技术转移，避免走上“先污染、后治理”的道路。发展中国家还具有后发优势，甚至实现技术跨越，可以比发达国家更好更快地实现向低碳经济转型。中国发展低碳经济的机遇在于成本优势，大量的低碳技术在中国应用时，成本低于发达国家。由于后发优势，建立新企业新设备的成本要比改造更新旧企业旧设备，竞争力更强一些。

我国当前经济结构性矛盾依然突出，二氧化碳排放总量大、增长快，控制排放面临巨大压力和困难。从 1990 年到 2017 年，我国化石能源二氧化碳排放量增长了 3 倍，远高于全球排放总量 57% 的增幅，排放量占世界的比重也由 10.5% 上升到 27.6%。[①] 基本国情和发展阶段的特殊性决定我国应对气候变化、控制温室气体排放具有相当大的困难。在未来全球排放空间受到明显压缩的大背景下，如果不采取更加强有力的政策措施和行动，我国控制二氧化碳排放面临的形势将更加严峻。

处在城市化和工业化过程中的发展中国家，尽管国民经济中高耗能制造业比重上升的阶段性特征一时难以改变，但仍把调整经济和产业结构作为控制温室气体排放的重要途径。中国当前正在科学发展观指导下积极调整经济增长方式，调整产业结构，大力培养自主创新能力，向低碳经济转型。防止新的锁定，必须有选择地战略性地进行投资。

三 低碳发展与绿色循环发展的关联效应

低碳发展与绿色循环发展均符合可持续发展理念，有助于资源节约型、环境友好型社会的建立。

循环发展是一个相对狭义的概念，它主要表现为：第一，它没有从消费侧

① 《BP 世界能源统计年鉴 2018》。

考虑，而是从生产侧考虑的。只要生产过程满足清洁生产要求，通过减量化、循环使用、再利用手段，实现污染排放少，资源消耗少，利用效率高的生产模式，就是循环发展了。关注的重点显然是生产过程，生产环节，生产所引致的环境影响。相对说来，是一种狭义的经济形态概念。第二，循环发展所关注的是生产过程，强调的是循环。至于生产循环是否绿色还是低碳，并不重要。只要循环就够了，所以说它是狭义的。

绿色发展涵盖生产和消费两个方面，侧重于环境的保护和自然生态的保育。[①] 所要求的，是减少污染排放，加强环境治理，维护生态环境，使人们有清新的大气、干净的水、绿色的环境。循环和生态设计可以是手段，但并不是目的；绿色经济并不必然要求低碳，反而通过增加碳排放的方式来实现绿色。例如，煤炭燃烧脱硫，需要消耗化石能源，从而增加排放；能源种植业需要人工干预生态环境，与绿色存在矛盾。

党的十九大报告在"加快生态文明体制改革，建设美丽中国"部分，提出推进绿色发展，内容包括加快建立绿色生产和消费的法律制度和政策导向，建立健全绿色低碳循环发展的经济体系，倡导简约适度、绿色低碳的生活方式等，牢固树立社会主义生态文明观，推动形成人与自然和谐发展现代化建设新格局。

延伸阅读

1. 潘家华、庄贵阳、朱守先：《低碳城市：经济学方法、应用与案例研究》，社会科学文献出版社 2015 年版。

2. 刘卫东、陆大道、张雷等：《我国低碳经济发展框架与科学基础》，商务印书馆 2010 年版。

3. 石龙宇、孙静：《中国城市低碳发展水平评估方法研究》，《生态学报》2018 年第 15 期。

练习题

1. 中国在新发展阶段如何建设国际一流标准的低碳城市?
2. 低碳城市如何建成现代化经济体系?
3. 如何促进低碳城市治理体系和治理能力现代化?

---

① 英文表述中，保护和保育是两个不同的词：protection 和 conservation。前者多强调人工干预性的行为，后者多含有减少干预维系自然的内容。

第三章

低碳城市发展规划设计

低碳城市发展规划，在推动低碳发展转型中发挥着重要的作用。规划作为一种重要的管理工具，是对规划对象的未来发展在时间和空间上的谋划部署。规划作为凝聚社会共识的平台，政府通过编制和实施规划，引导社会主体的决策行为。同时在新的历史时期下，随着发展内涵的进一步丰富以及“创新、协调、绿色、开放、共享”这一全新发展理念的树立，在中国，规划的功能将从培育和促进增长进一步转入管理增长，在政府公共服务和资源环境等领域增加更多的约束性指标，并辅以更加坚实的预算、体制和机制保障以及更加严格的绩效评估。

中国是一个面积辽阔、人口庞大的国家，国家层面的战略和政策都必须要分解到省级乃至城市的层面才能够得到有效实施。在中国现有管理体制下，节能减排目标责任制是目前中国在节能和减排领域的重要管理手段，国家制定的低碳发展目标将面向全国各省市进行分解落实，以推动各地区实现绿色低碳发展转型。通过目标的层层分解和下达，各级地方政府都面临实现碳排放控制目标的压力，并由各级政府的一把手直接对能源强度和碳强度目标的实现负责。

编制并实施低碳发展规划是实现低碳发展的首要任务。低碳发展规划可以树立新的发展理念，确定城市低碳发展的目标、指导思想和原则，识别优先领域和重点任务，提出政策建议、保障措施和重点项目，并提供明确的预期和市场信号引导社会资金的投入，从而为城市的低碳发展转型发挥重要的引导作用。城市通过制定和实施以温室气体排放控制目标为核心的低碳发展规划，还可以实现促进城市发展转型，提高城市竞争力，保障城市能源供应，治理城市大气污染，提高城市宜居水平等多重效益，是推动城市转型升级和实现宜居目标的重要抓手。[①]

截至2017年，中国已经确立了三批低碳试点省（区、市），[②] 涵盖6个省区和81个城市。中国的城市低碳发展已经进入到一个新的发展阶段，低碳试点城市的数量、覆盖范围、代表性、低碳探索的深入程度、政策措施的创新性等方面取得了非常大的进展。曾经负责应对气候变化事务的国家发展改革委曾经明确提出要求，国家低碳试点省（区、市）的首要任务是将应对气候变化工作全面纳入本地区五年经济社会发展规划，研究制定低碳发展规划，明确提出本地区控制温室气体排放的行动目标、重点任务和具体措施。因此，中国城市在低碳发展规划编制的研究和实践方面开展了大量开创性和探索性工作。经过几年试点，虽然面临数据基础薄弱等问题，但绝大多数试点城市都编制了低碳发展规划。

在这一历程中，中国低碳城市发展规划从无到有，从初期借鉴国际经验到基于自身条件进行本土化改造，逐渐构建起了具有中国特色的低碳城市发展规划框架，在前期试点基础上逐渐规范与成熟，明确了符合中国特色的城市低碳发展概念和内涵，对规划定位、框架以及各核心要素基本形成共识，形成了编制低碳城市发展规划的一般框架和步骤，提高了规划编制的规范性，采取了包括情景研究在内的定量分析方法，实现了定性与定量相结合，提高了规划编制的科学性。内容上进一步厘清了低碳发展与节能减排的区别和联系，提高了规划编制的综合性。试点城市开展了城市温室气体清单编制以及规划模型方法应用等基础性工作，并通过各种交流学习与能力建设等，经验共享，相互促进。[③]

第一节　低碳城市发展规划概念与内涵

一　低碳城市发展规划概念与内涵

中国的城市规划总体而言可以划分为三个层次：确定城市的功能及空间布局的城市总体规划，制定城市国民经济与社会发展五年规划，针对能源、环

① 顾朝林主编：《气候变化与低碳城市规划（第2版）》，东南大学出版社2013年版。

② 贵阳市发改委：《贵阳市低碳发展中长期规划（2011—2020年）》，2012年。

③ 贵阳市发改委：《贵阳市低碳发展中长期规划（2011—2020年）》，2012年。

境、城市交通等特定问题编制专项规划。[①] 2005年以后，中国城市开始编制节能规划和污染物减排规划，以解决日益严峻的能源短缺和局地污染问题。低碳城市发展规划的核心指标是碳排放控制目标。但是由于碳排放控制目标与能源总量目标的高度相关性，不可避免地与城市发展的一些核心问题，包括城市总体发展战略、空间区划、产业布局、产业结构等密切相关。[②] 一方面，低碳发展规划需要和社会经济规划联系起来，所提出的目标和核心指标，要成为城市整体发展战略和规划的有机组成部分，纳入国民经济和社会发展规划框架中。从而把低碳融入影响经济决策主流，作为促进经济发展的重要抓手。另一方面，低碳城市发展规划所提出的城市整体碳排放控制目标，又需要分解到各个部门，成为部门发展的指导思想以及重要约束性指标。因此，低碳发展规划与城市的空间区划、能源与电力发展规划、节能规划、产业发展规划、产业园区规划、建筑专项规划、交通专项规划、环境保护规划、生态建设规划、居民生活和消费相关的各个专项规划密切相关。低碳城市发展规划需要汇总各个专项规划所提出的低碳发展的相关行动，统筹优化，协调统一，在部门协调的基础上，由部门最终落实。[③] 因此，对低碳城市发展规划的定位，需要强调其纵向的承上启下作用以及横向的综合协调与统筹优化作用。而从规划编制过程来看，与城市总体规划以及各个部门专项规划之间，又需要建立动态反馈机制，双向互动，及时调整。低碳发展规划事实上是促进城市低碳发展的需求与城市综合发展的主方向相结合的工具与载体，将影响投资项目的决策过程、城市财政支出、土地利用、技术选择和其他发展议题。[④]

二 低碳城市发展规划的国际经验

随着全球气候变化问题的凸显，国际上很多国家都开始制定低碳能源战略和低碳产业战略，很多城市也注意到低碳发展转型对实现未来可持续发展的重要性，并开始自发进行低碳发展规划编制，制定低碳发展目标，建立相应的体制和机制，跟踪政策实施效果和保证目标的实现。

---

① 国家发改委宏观经济研究院：《低碳发展方案编制原理与方法》，中国经济出版社2012年版。

② 雷红鹏、庄贵阳、张楚：《把脉中国低碳城市发展——策略与方法》，中国环境科学出版社2011年版。

③ 雷红鹏等：《成都市低碳发展蓝图研究》，2014年。

④ 李庆：《中国低碳城市规划研究进展分析》，《城市建设理论研究》（电子版）2012年第13期。

从世界各主要低碳城市发展规划框架上看，各城市在编制低碳发展规划时基本遵循相同的框架结构。[①] 由 ICLEI[②] 提出的规划框架在伦敦、纽约、悉尼等城市得到了广泛应用。该框架包括五个步骤：（1）排放核算，（2）设定减排目标和城市愿景，（3）确立关键政策和可选行动，（4）实施政策，（5）监督和评估。

从各低碳城市发展规划内容上看，有如下几个特点：

第一，目标采用绝对量形式，使得能用碳预算的方式来明确排放总量目标，并且总量目标容易实现分解。

第二，排放部门和重点部门结构比较简单，多以交通、建筑、废弃物为主。这与发达国家城市在建制市上的管辖范围有关，发达国家城市的核心和主要部分是城市建成区，一般不包括农村地区，因此城市基本不涉及农业（农田、畜禽养殖等）、林业活动。同时对于西方发达城市，所含工业往往也很少。因此，城市排放清单和低碳发展行动的重点领域通常放在交通、建筑、废弃物处理、电力等方面，而对于工业的行动较少。

第三，基于第二点特征，发达国家城市的行动措施更为具体和详细，相比国内低碳城市发展规划中结构调整等行动，西方发达国家城市的减排行动更多地表现在具体用能设备的更换目标方面。从行动类别上看，根据 2014 年 C40 城市气候领导联盟对会员城市应对气候变化行动的统计，能源效率领域实施的行动最多，有 1821 项，比其他任何领域的行动都多。而这其中的 90% 都是与室外照明有关的，69% 的行动均与减少能源需求有关。

第四，由于发达国家城市排放部门结构简单、行动具体、目标便于管理，各项减排行动可以很好地实施 MRV，不仅各项具体措施可以做到 MRV，而且在具体措施 MRV 基础上可以实现对总体目标和规划实施效果的 MRV。

第五，还有一个与发达国家低碳城市发展规划和目标可控和可 MRV 相关的重要原因是这些城市已经基本完成了城市化进程，也完成了工业化过程，城市发展处于相对稳定的状态，城市近 5 年的发展趋势基本可以确定，因此对城市未来温室气体排放的测算比较有把握，从而更易于实行 MRV。

---

① 罗巧灵等：《国际低碳城市规划的理论、实践和研究展望》，《规划师论坛》，2011 年。

② ICLEI——可持续发展政府间协会，是一个致力于推动气候保护和可持续发展的国际地方政府联盟。

第六，形式完整。发达国家城市的低碳发展规划不仅限于规划部分，还包括项目的执行、评估和后期调整以及再评估部分，使得规划从制定到落实可以向着实现低碳发展目标的方向不断调整。

三　低碳城市发展规划的中国特色

中国的城市，从市政府的管辖范围、行政权力以及城市本身的发展阶段、产业布局等方面都与国外城市有很大的差别。因此，中国城市编制低碳发展规划的时候，一方面要借鉴国外发达城市的经验，另一方面又必须因地制宜，根据自己的政治、社会经济、地理和文化内涵寻找适合自己的解决方案。

城市通常是一片面积较大的永久聚居区，拥有复杂的卫生设施、基础设施、土地利用、建筑、交通等系统。中国和发达国家城市在建制市的管辖范围上，有着本质的区别。发达国家城市强调的是城市自治的概念，而不是行政区划等级，定义仅与中国城市的建成区定义相近，核心和主要部分是城市建成区，一般不包括农村地区。中国的低碳城市发展规划不仅要包括城市建成区，还要包括城市所辖的县镇等区域。因此中国城市与发达国家城市在地理范围上的可比性较低。

与发达国家城市相比，中国的低碳城市规划更为综合，也更为复杂。一方面，是因为中国的城乡二元结构以及城乡的经济、人口差异；另一方面，是因为城市所处的不同发展阶段，例如，中国的低碳城市规划必须考虑大规模的基础设施建设、工业发展以及农业活动等，而西方的低碳城市规划则注重于土地利用、建筑、交通等方面。发达国家城市的低碳发展战略及行动计划，与这些城市目前所处的经济发展阶段、产业结构、能源结构和能源效率等特征密切相关。从发展进程上看，这些城市大多已经完成城市化进程，并与周边地区形成大规模的城市群，完成了大规模的基础设施建设；从产业结构上看，发达国家城市已经进入了后工业化时期，现代服务业成为城市的主导产业，所保留的工业部门大部分是高端制造业；从能源结构上看，发达国家城市的石油和天然气使用比例很高；从排放源看，发达国家城市的能源消耗和温室气体排放主要来自交通运输部门和建筑部门，减排的重点领域是土地利用方式的改变、交通、建筑、废弃物处理处置以及可再生能源等。

相比而言，中国的城市仍然有相当大比例的农村人口，城市化进程仍未完成，仍然处于城市扩张阶段，大规模基础设施建设也仍然在进行中；从产业结构上看，中国城市发展阶段不平衡，处于不同的工业化阶段，有些城市处于工业化中期，而有些城市则处于工业化后期，工业仍然在城市经济以及能源消耗中占据主要份额，未来还需要继续做大做强工业以维持城市的发展；从能源结构上看，中国城市主要依赖煤炭，与此同时，由于城市交通发展和城市执行更严格的空气质量目标，对石油和天然气的需求量大幅度上升；从排放源看，能源消耗和温室气体排放主要来自工业部门，但是交通运输和建筑部门排放的绝对量上升很快。

由于上述差异，中国城市在制定低碳发展战略和编制低碳发展规划时，一方面需要借鉴国外经验，进一步规范和完善中国城市的低碳规划；另一方面需要立足基本国情和市情，寻找适于中国特色和城市自身特色的低碳发展道路。

与发达国家城市的低碳规划相比，中国还需要加强能源统计和监测体系建设，提升数据基础，帮助城市更好地核算温室气体排放清单和准确地设计行动计划；进一步提高研究能力，尤其是情景分析、不确定性分析、各项措施的成本收益分析、气候变化的影响分析等，使研究结果更科学和可靠；完善低碳发展规划的规划期活动，尤其是对规划的实施进展及时总结和评估，基于评估结果调整低碳发展规划，使规划对城市各项低碳发展行动始终发挥有效的指导作用；鼓励利益相关者的参与，提高私人部门、公众、NGO、各政府部门等的参与度，听取他（它）们对低碳发展规划的相关建议，同时加强对规划实施的监督管理。

低碳城市发展规划的制定需要考虑中国城市的社会经济发展条件和特色，因地制宜地编制符合我国国情的低碳城市发展规划。通过上述与发达国家城市不同方面的分析与比较，总结出以下五点不同并分别给出了建议。①

第一，排放目标不同。世界上大多数发达国家城市的减排目标都是总量控制目标。但是，由于中国城市所处发展阶段的特点，需要采用碳排放强度目标，以保证足够的发展空间。此外，由于中国城市采用碳排放强度目标，结构调整（包括产业结构调整和产品结构调整）将成为实现低碳发展目标的重要途径。

第二，重点减排领域不同。中国城市的主要排放源是工业部门，而且在较长一段时期内，工业部门仍将成为温室气体减排目标的重点，具有最大的减排潜力。而随着城市城区面积的扩大、机动车保有量的增长、建筑面积的增长、

① 绿色低碳发展智库伙伴：《中国城市低碳发展规划峰值和案例研究》，科学出版社 2016 年版。

居民生活水平的提高，来自建筑和交通部门的排放绝对量也将快速增长。而建筑和交通部门的减排成本非常高昂。因此中国城市在设定低碳发展目标中面临着多重压力。

第三，不同的能源统计体系。中国目前的统计体系并不适应低碳发展目标的设定。中国现有的能源统计体系侧重工业，而针对建筑和交通部门的相关统计则比较薄弱。近年来，随着城市发展和人民生活水平提高，建筑、交通等领域的排放增长很快，数据上的缺失对低碳目标的设定和低碳行动的设计与执行带来较大困难。另外，短期内对能源统计体系进行重大调整也不太现实。因此，中国城市在制定低碳发展规划与行动计划时，如何基于现有统计体系和可得数据，在适当借鉴国外核算框架基础上，开发一套适合中国国情的简便易行的核算框架和方法，是制定低碳发展战略与规划的现实需求和首要任务。

第四，国外主要强调经济激励政策，但中国比较依赖于行政命令控制手段。发达国家的市政当局对产业部门的直接干预较少，而中国城市的市政府相对干预较多，这明显体现了中国城市和发达国家城市之间有明显的经济发展阶段和政治管理体制的差异。因此，规划制定和执行过程中的很多政策选择，需要符合中国的行政管理体系的要求。

第五，中国城市仍然处于高速的发展过程中，城区面积在扩张，大规模基础设施建设正在进行。在这样一个动态环境中，制定城市低碳发展规划时，对经济增长速度、城市人口数量增长、城区面积、产业结构、能源需求量、温室气体排放量、未来可能的技术选择包括技术性能和成本等关键指标的预测都存在很大不确定性。因此中国城市在制定低碳发展规划并设定低碳发展目标时，需要在方法学上考虑这种不确定性。

在现有规划体系中，由于低碳发展是新问题，其他规划在编制过程中对低碳发展问题考虑也不多，而低碳发展问题又特别综合，几乎和其他所有部门都相关。因此，在低碳发展编制过程中，部门细化的措施，不仅缺乏部门资料来源，也很难形成反馈，对其他部门的决策和行动造成真正的影响。但是，正是由于城市低碳发展推进过程中面临各种问题和困难，需要对各方面因素进行综合协调，才需要制定专门的规划来加以引导规划，统筹安排，实现合理布局。因此，制定和实施低碳城市发展规划，是厘清发展方向，明确工作重点，提供保障的有效方式。

很多城市，尤其是国家低碳试点城市已经提出要在2020年前制定出较为严格的碳排放控制目标，并针对城市空间形态、基础设施、交通和建筑等领域，都提出了相应的低碳发展目标。但是，有很多城市所提出的碳排放控制目标，缺乏结合地方实情的更为详尽的论证，缺乏具有可操作性的实现路径和工作步骤。另外，制定和实施较为严格的碳排放控制目标，需要重大的城市发展战略的调整，涉及面广，调整难度大，且存在很大的不确定性，加之低碳发展规划在地方规划体系中是新的要求，无先例可循，包括框架、方法和数据等基础工作较为薄弱，城市关于碳排放控制目标管理的制度框架也不具备，因此在实施过程中面临很大的挑战，也存在资金和能力建设需求，很难得到真正落实。此外，城市空间形态和城市土地利用方式、产业布局、交通、建筑等领域密切相关，需要综合性框架，并强调部门协调。目前正在着手开展的“十四五”规划是一个契机，在规划先期研究中，就按照综合性框架对各个专项规划进行协调和指导，以克服目前部门分割、各自为政的状态。

目前已经基本形成了有中国特色的低碳城市发展规划体系与框架。

第一，形成了编制低碳城市发展规划的一般框架和步骤，包括核算城市温室气体排放清单、确定减排目标、制定城市减排行动方案以及实施保障措施等，此外，一些省（区、市）针对城市中功能相对集中的地区分别开展针对性研究，制定了详细的区域规划，从而有效实施减排环保的规划设计方案。

第二，方法上定性和定量相结合。低碳城市发展规划采取了很多定量分析方法，例如开展碳排放情景研究，帮助识别城市温室气体排放和控制的重点领域等。定性和定量方法的结合不仅在宏观上构建了完整的框架，在微观上也给出了切实可行的方法。

第三，内容上强调减碳和发展并重。在明确低碳目标和措施的同时，多数低碳发展规划将碳排放和城市系统的耦合关系视为重点研究对象，城市的碳排放和城市系统的耦合关系研究是目前保持城市经济、社会和环境协调均衡发展的关键。如发展新能源等新兴战略型产业以及现代服务业，将经济转型和结构调整作为实现低碳发展目标的重要抓手。

第四，进一步巩固和加强了城市的基础统计工作。通过完善基础能源数据统计、报告和监测体系，以及城市温室气体清单核算和编制工作等，不仅帮助城市摸清家底，也有助于城市其他社会经济工作的开展。

第五，形式上多成立了相应机构以加强协调和实施。以规划为纽带，多数城市在规划编制后成立了相应的领导小组和机构，建立了部门间的协调机制，以加强规划的实施落实。

第二节　低碳城市发展规划的定位与编制步骤

一　多规合一背景下低碳城市发展规划的定位

编制低碳城市发展规划是一项新的工作。低碳发展规划在现有规划体系中的定位并没有得到明确，各地通过先行先试，开展了一些理论和实践探索。对低碳城市发展规划而言，其是否被正式纳入现有规划体系，以及在现有规划体系中处于什么地位，体现了应对气候变化和低碳发展工作在城市整体发展战略中的定位。2014 年国家层面发布了《中国应对气候变化规划（2014—2020 年)》，为省（区、市）以及市县级制定本地与应对气候变化和低碳发展相关的规划提供了基本框架和参照。而国家低碳试点省（区、市）也陆续发布了当地的低碳发展规划。

低碳城市发展规划的实践中，主要遇到了三个问题，第一，低碳城市发展规划是定位为专项规划还是综合规划？第二，低碳城市发展规划在现有规划体系中处于哪个层级和位置？第三，低碳城市发展规划与其他规划之间都有哪些联系？单向还是双向？

这些问题，有些在实践的过程中摸索出了应对方案，有些还在继续探索中，本节基于以上三个问题，将低碳城市发展规划的定位以及与其他规划的联系归纳为三种模式，如图 3 - 1 所示。

模式 1 是试点开展初期较为常见的一种类型，将低碳城市发展规划定位于综合性的发展规划下的专项规划，与产业、建筑、交通、能源、环境等专项规划并列。目前各试点城市低碳发展政策的制定和实施总体由负责城市宏观发展的地方发改委主导，低碳发展规划更多地侧重于经济和产业规划，缺乏与交通、建筑、工信等部门专项规划的整合与协调，现有低碳发展规划显得范围广但不够具体，需要加强与各部门规划工作的协调。而在具体实践中，由于在很多低碳城市发展规划无先例可循，低碳发展规划编制过程中，大量参考与引用了其他相关专项规划所设定的与低碳相关的目标与行动，低碳发展规划某种程度上是综合发展规划以及各专项规划中与低碳相关内容的汇编，缺乏自身的体系、目标和任务。因此，从相互关系来看，这种模式下，低碳发展规划更多受到综合发展规划以及其他专项规划的单向影响，低碳发展的理念并没有很好地被纳入其他规划之中。

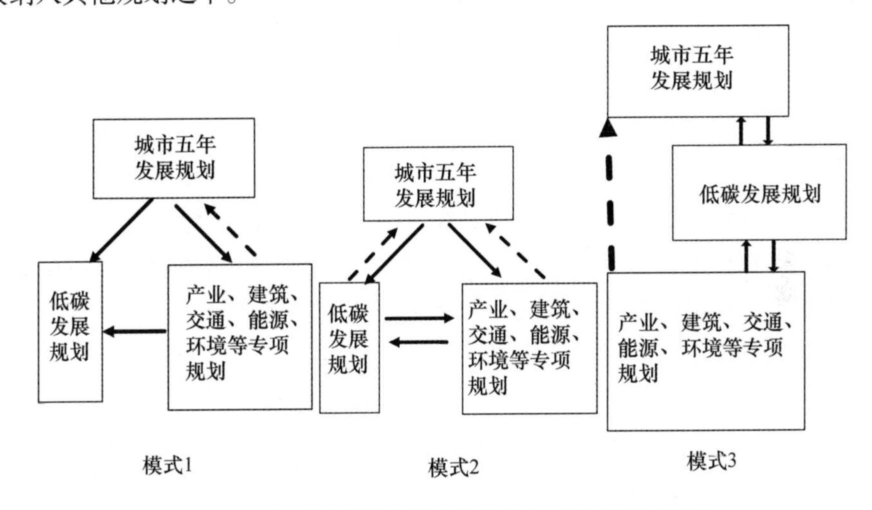

图3－1　低碳发展规划的定位以及与其他规划的联系

资料来源：根据王克、雷红鹏、杨宝路、毛紫薇编写的《中国城市低碳发展规划读本》改写而成。

随着低碳城市试点的进一步推进，各试点城市对于低碳发展规划的概念、内涵、理论基础、体系、所能发挥的作用也越来越有清晰的认识。低碳发展规划虽然仍然被定位于综合发展规划下的专项规划之一，但是已经对综合发展规划和其他单项规划施加更多影响，体现为图3－1中模式2与模式1相比，低碳发展规划和综合发展规划以及其他专项规划之间具有更多的双向联系。低碳城市发展规划在一定程度上可以基于碳排放控制指标，起到整合城市各个部门现有专项规划的作用。通过设立各部门低碳发展目标，形成倒逼机制，加快推动各部门的结构调整和能效改善、技术进步，通过这种方式实现各部门规划的整合。

以青岛市为例，青岛市在2013年颁布的《青岛市低碳发展规划（2011—2020年）》中明确提出“到2020年，实现单位生产总值二氧化碳排放比2005年下降50%，力争在2020年达到二氧化碳排放峰值”。[①] 该目标被2016年4

① 青岛市政府：《青岛市低碳发展规划（2014—2020年）》，2014年。

月发布的《青岛市国民经济和社会发展第十三个五年规划纲要》纳入，明确提出“争取2020年全市碳排放总量达峰”，成为全市整体发展战略中的重要目标之一。此外，《青岛市低碳发展规划（2011—2020年）》中提出的2020年非化石能源占比、公交出行分担率、森林覆盖面积和森林蓄积量等目标，也被之后发布的能源、交通、建筑和林业等专项“十三五”规划所吸收。[①]

实践经验表明，与其他专项规划相比，低碳城市发展规划侧重于从经济结构、产业结构、能源结构、能源效率等方面提出低碳发展的行动措施，体现了较强的综合性。低碳城市发展规划的核心指标是碳排放控制目标，是综合性发展目标的重要体现，与城市总体发展战略、空间区划、产业布局、产业结构等密切相关。其目标是要成为城市整体发展战略和规划的有机组成部分，纳入国民经济和社会发展规划框架中，从而使低碳融入主流，作为经济发展的重要抓手，影响经济决策主流。另外，城市整体碳排放控制目标，又需要分解到各个部门，成为部门发展的指导思想以及重要约束性指标，对其他部门发展规划的制定具有重要的影响。低碳城市发展规划还需要汇总各个专项规划所提出的低碳发展的相关行动，统筹优化，协调统一，在部门协调的基础上，由部门最终落实。因此，有学者提出低碳城市发展规划应该介于综合性的发展规划和专项规划之间，纵向具有承上启下作用，横向具有综合协调与统筹优化作用，正如图3－1中模式3所示。当然，这是一种较为理想的目标模式，是努力的方向，而现实实践中一方面受制于碳排放控制目标是否具有足够的约束性以及在城市整体发展战略中的主流化程度，另一方面也与现有规划体系的整体性改革进程密切相关。但是很多试点城市在规划中已经初步体现了这一思想，譬如北京市在“十三五”规划中，明确提出“把应对气候变化融入经济社会发展各方面和全过程，有效控制二氧化碳等各类温室气体排放，全面提高适应气候变化能力，努力实现二氧化碳排放总量在2020年左右达到峰值”。

规划定位决定其可能发挥的影响和作用。结合试点城市的实践经验，需要将低碳发展目标与城市促进生态文明和可持续发展目标以及加快建设资源节约型和环境友好型社会相结合，并纳入城市经济社会发展总体战略框架。低碳发

① 青岛市政府：《青岛市低碳发展规划（2014—2020年）》，2014年。

展要成为城市社会经济发展的主要驱动力和基本路径。[①]（见图3－2）

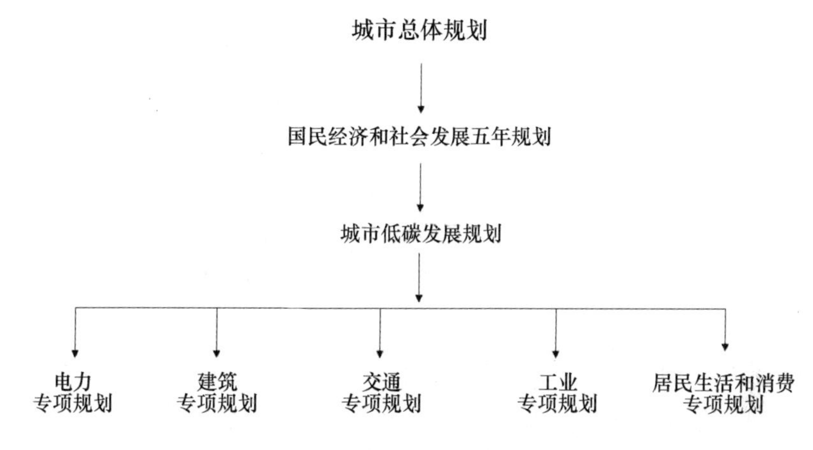

图3－2 低碳城市发展规划的承上启下作用

资料来源：根据王克、雷红鹏、杨宝路、毛紫薇编写的《中国城市低碳发展规划读本》改写而成。

二 低碳城市发展规划的编制步骤

规划框架是制定低碳城市规划的重要支撑。通过对中国低碳试点城市的调研与归纳，在一般城市规划基本流程及基础上，可以总结低碳城市发展规划的一般流程，如图3－3所示。

规划筹备：如果确定将低碳城市发展规划纳入城市规划体系中，那么将组建规划编制团队，正式启动规划编制工作。对于试点城市而言，国家发改委提出了明确的编制低碳发展规划的要求，而试点城市也在试点城市实施方案中提出了相应的目标，因此授权很明确。对于部分东部发达地区的城市，譬如江苏省、浙江省的部分城市，考虑自身转型发展的需要，在还未正式纳入试点名单时，也明确提出了低碳发展目标，并主动编制低碳发展规划。

前期研究：规划的前期研究是规划科学性的重要保障，需要组建专门的技术研究团队，依托科学的研究方法开展进行。由于低碳发展规划的涉及面比较广，规划编制团队需要开展广泛、全面而又深入的分部门调研和基础数据收集，在此基础上依托技术团队开展规划的研究工作。由于低碳发展规划涉及的

① 王克、雷红鹏、杨宝路、毛紫薇：《中国城市低碳发展规划读本》，2015年。

温室气体排放等数据缺失，需要技术团队开展碳排放核算编制工作。而碳排放核算编制的主要数据依托是能源消耗数据。因此，基础数据的收集、整理和运算等也是规划编制过程中的一个重要步骤。低碳发展规划需要基于情景研究等专业研究方法与工具，定量确定未来碳排放控制目标，并量化实现目标的关键领域、部门和技术，要测算出各领域、部门和技术对目标实现的贡献率以及成本。这些定量分析工作，是规划研究中的重要任务，需要专业团队来实施。

编制草案：基于规划研究成果，开展规划的编制特别是规划文本的写作。要将规划研究成果转化为规范、严谨的规划文本，转化为政府各部门可执行的具体的行动。

规划衔接：由于低碳发展规划以碳排放控制目标为核心指标，涉及工业、建筑、交通、能源、生态、森林等各个部门，具有综合规划的特征，因此规划编制草案与其他部门专项规划的衔接特别重要，一方面充分吸收各部门专项规划已有目标与行动，使得低碳发展规划所确定的目标与行动和各部门保持一致，保证规划的可操作性；另一方面也可以通过规划衔接，推动各部门将低碳目标纳入其专项规划中，使得低碳发展规划所确定的城市低碳发展总体目标能够分解落实。

征求意见：规划文本需要通过各种方式征求各个政府部门以及社会公众的意见，根据征集到的反馈信息，对规划文本进行修改。目前规划界的主流趋势是要敞开大门编规划。规划编制过程中除了征求政府各部门的意见，还需要广泛征求社会各利益相关群体的意见，充分利用微博、微信等新兴媒介与社会各界交流，吸引公众参与。这既是因为低碳发展规划与城市居民息息相关，也是在新的形势下转变执政理念，加强信息公开的必然要求。

修改完善：根据所征求到的意见，进行规划的修改完善。由于形势变化很快，很多城市的规划，经过了多轮的修改。修改完善的过程，就是各利益相关者意见充分被吸纳的过程。多轮次的修改与完善，也使得低碳城市发展规划进一步凝聚了共识，使得后续的颁布与实施更有保障。

颁布实施：修改完毕的规划文本按照一定流程报批以后正式颁布实施。大部分试点城市上报市政府，并以市政府的名义发布。也有部分城市虽然上报市政府，但是以地方发改委的名义发布。不同的颁布层次，对于规划的实施效力有一定的影响。

实施监测：规划实施过程中，需要基于规划中确定的目标和指标体系，对规划实施进展进行监测。

效果评估：基于监测结果，需要开展规划的中期评估与实施后评估。中期评估结果将及时进行反馈，以便对规划确定的目标和任务以及实施保障进行适当调整，保证规划目标如期实现。而规划实施期结束以后，还需要进行后评估，以便对下一轮规划的编制与实施积累经验和教训。实施后评估，侧重于规划目标是否完成，支持规划目标实现的主要政策与行动，实施过程中的经验以及存在的可能障碍，为新一轮规划的编制奠定基础，使得低碳城市发展规划能够朝着更加科学与规范的方向不断迭代。

规划更新：新的周期，根据城市新的发展思路与目标，进行规划的更新。规划更新，需要强调其与旧有规划的衔接，保证其延续性。低碳发展规划是一项全新的工作，很多试点城市是第一次编制，城市内没有经验可循，城市间目前的交流也不多，因此需要加强规划编制过程中经验、方法、数据的整理，为日后滚动编制低碳发展规划奠定基础。这也是对目前规划编制的要求之一。

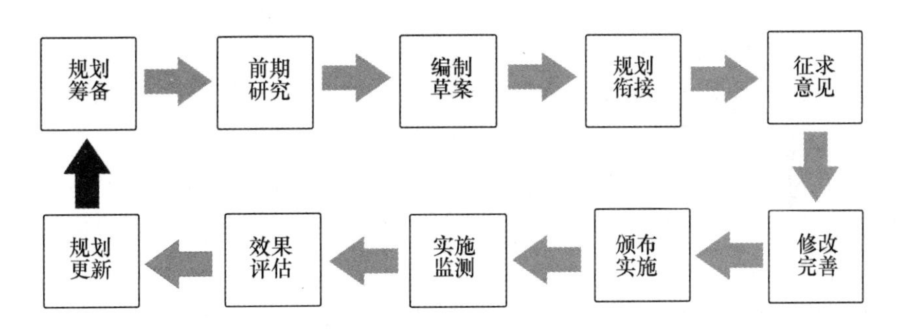

图3-3　中国低碳城市发展规划的一般流程

资料来源：根据王克、雷红鹏、杨宝路、毛紫薇编写的《中国城市低碳发展规划读本》改写而成。

第三节　低碳城市发展规划的整体思路与支撑方法学

一　低碳城市发展规划的整体思路

低碳城市发展规划要明确城市在时间、空间、结构三个维度的低碳发展优化路径，厘清低碳发展的总体思路、核心目标、战略重点与保障体系。

•时间维度：在短、中、长期时间尺度内建立发展进程与节能减碳目标的密切关联，合理选择战略路径，分阶段设定社会经济发展和节能减碳目标。

•空间维度：在城市群、城市、城区与小城镇、社区尺度优化空间布局，塑造低碳城市形态，推动城市空间结构向多中心、多层次、组团式结构转变，实现职住平衡，降低因城市布局和基础设施设计不合理造成的碳排放。

•结构维度：以提升碳生产率为低碳发展的核心目标，以转变经济发展方式和调整经济结构为主线，优化城市产业、行业与产品结构，实现碳排放控制与提升经济和技术竞争力的双赢。

二　低碳城市发展规划的重点内容

从具体的规划内容以及方法来看，第一，在数据可得的情况下，需要基于城市温室气体排放核算方法开展历年温室气体排放核算。第二，需要基于排放数据，识别碳排放的驱动因素并开展与其他城市的比较，确定城市碳排放的主要驱动因素、未来趋势以及城市低碳发展的定位。第三，基于情景研究模型与方法，开展未来碳排放情景分析，勾勒未来排放路径，描述可能的低碳发展转型路径，并评估其减排潜力。第四，基于情景研究结果，参考国家分配的指标以及城市未来发展需求，综合低碳指标体系所涉及的各个领域，确定碳排放控制目标以及各项指标相关联的目标。第五，在综合考虑责任、能力等因素的情况下，利用目标分解测算模型以及相应的指标，对城市碳排放控制目标进行合理分解。目标分解分为两个层面，一是分解至各个重点部门乃至企业，二是分解至城市下辖的各个行政区。在现有的行政管理制度下，二者并行不悖。第六，利用技术成本曲线等方法，识别实现碳排放控制目标的关键技术需求，测算各项技术的减排潜力以及成本，从而为后续涉及技术推广和扩散的部门行动提供依据。第七，参考各个城市现有投资项目库，从低碳角度对现有项目库中的项目进行梳理，并在调研的基础上，再设计一些新的项目概念，在统筹优化、综合协调的基础上，提出低碳发展规划的重点项目，并初步测算投资需求。第八，考虑低碳项目的特殊性，提出投融资机制。第九，开展政策分析，尤其是对支撑低碳发展的关键经济政策，包括财税政策、碳排放交易政策等，提出制度和政策建议。以上九部分，也是评价低碳城市发展规划系统、完整、科学、合理的重要方面。（见表3－1）

表3－1　　　低碳城市发展规划的核心模块与主要内容

模块	主要内容
规划前言	规划编制的背景、必要性、适用范围、规划期限、编制依据、主要内容以及组织工作等
面临形势与发展基础	面临形势、发展基础、面临挑战
指导思想与发展目标	指导思想、基本原则、总体思路、发展目标、主要指标
低碳发展的重要领域与主要任务	优化城市空间布局、产业结构调整、提高工业能源效率、能源供给部门的低碳发展、发展低碳城市交通、发展低碳建筑、倡导低碳生活方式与消费模式、城市生态与碳汇等
保障措施	组织保障、法律法规保障、政策保障、资金保障、人才保障、科技保障、思想观念保障、协作网络保障等

资料来源：根据王克、雷红鹏、杨宝路、毛紫薇编写的《中国城市低碳发展规划读本》改写而成。

三　低碳城市发展规划的方法学支撑体系

规划研究环节需要根据研究内容寻求规范的方法学与数据支撑。与现有成熟的规划相比，低碳城市发展规划是一项全新的工作，规划框架以及编制过程中关于经验、方法和数据积累较少，基础较为薄弱。城市的低碳发展规划综合性较强，涉及的部门众多，前期的部门调研资料收集任务较为繁重。能源消耗与碳排放基础数据的收集、整理和核算是规划编制的重要基础，城市需要组建专门的技术团队开展城市碳排放清单编制工作。城市未来碳排放控制目标，实现目标的关键领域、部门和技术，各领域、部门和技术对目标实现的贡献率以及成本等关键性决策支持信息也需要开展专门的定量情景研究。此外，中国城市仍然处于高速的发展过程中，城区面积在扩张，大规模基础设施建设正在进行。在这样一个动态环境中，制定城市低碳发展规划时，对经济增长速度、城市人口数量、城区面积、产业结构、能源需求量、温室气体排放量等关键指标的假设和预测都存在很大不确定性，这也对规划方法提出了更高的要求。（见图3－4）

规划研究的内容包括：城市温室气体排放核算、基于历史排放数据的排放驱动与发展定位分析、未来排放路径与情景分析、减排目标设定、减排目标分解、低碳发展重点领域识别、基于减排潜力和成本的重点技术识别、基于技术扩散目标的重点行动与项目识别、项目概念设计与投资需求分析、投融资机制分析以及低碳发展保障政策的制定、实施与评估。

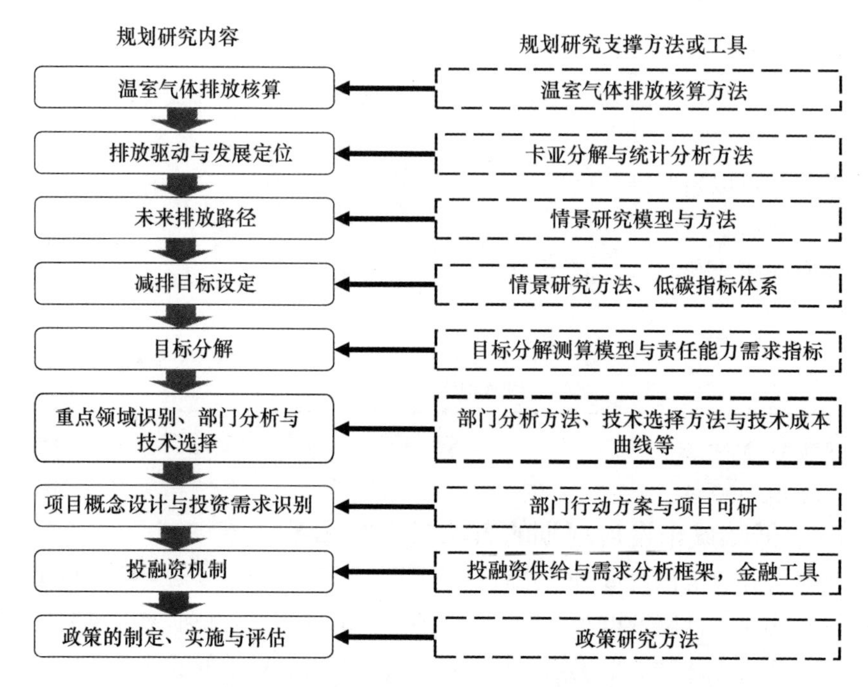

图3-4　低碳城市发展规划研究的主要内容与支撑方法或工具

资料来源：王克、雷红鹏、杨宝路、毛紫薇：《中国城市低碳发展规划读本》第4章第3节。

此外，针对所识别的城市低碳空间形态、低碳产业体系、低碳能源结构、工业能源效率、低碳交通体系、绿色低碳建筑、废弃物低碳化处理、低碳农业体系、低碳社会体系与消费方式、低碳生态体系等重点领域，还需要部门分析框架，并针对特定部门，譬如低碳空间形态、低碳交通、低碳建筑等，除了从低碳角度构建一般性的部门分析框架，还需要引入专门的行业分析方法。

以下对温室气体排放核算、情景研究及方法、低碳城市发展规划的目标设定和识别低碳城市发展规划的重点领域等非常重要的规划研究内容和相应的方法学需求做简要介绍。

（一）温室气体排放核算

温室气体排放核算，是开展低碳城市发展规划的前提和基础。通过开展城市温室气体排放核算，提供相对全面、具体的温室气体排放核算数据，并分析排放总量、结构和驱动因素，识别重点排放源，可以帮助城市摸清温室气体排放“家底”，便于同国内外城市比较，找准定位。同时，准确完善的核算结果作为情景研究的重要输入，可以为减排目标的设定、减排行动的效果评估等奠定数据基础。此外，在每年或者定期进行城市温室气体排放核算的基础上，可以追踪减排进度、考核减排目标的完成情况，帮助城市发现不足、总结经验。

从城市温室气体核算的精确和覆盖范围来看，可以将其分为总体清单和分部门清单两个层次。总体清单，顾名思义，指的是针对城市总体的温室气体清单，包括排放总量、排放的分部门结构和排放的分能源结构等。分部门清单，则是在城市清单基础上，针对重要的排放部门，如电力、工业、建筑、交通等，通过更精细地识别其排放来源，提供精度更高的排放数据，能够更精确、更深入地理解重点排放活动，并为情景研究提供重要的数据输入。分部门清单由于需要的核算精度更高，因此通常使用自下向上的核算方法，数据来源更多样化，包括对重点用能设施的实测数据、部门的能源统计、针对交通和建筑部门能源消费行为的抽样调查等。城市总体清单和分部门清单，以及相对应的自上向下和自下向上核算方法，并不是两套相互独立的核算方法，更不是相互替代、各自给出一套完整的排放清单。两者是相互补充的关系：通过自上向下核算获得城市温室气体排放的全貌，而通过自下向上核算对某些重点源进行“特写”，获得更准确、更精细的排放特征。[①]

（二）情景研究及方法

城市温室气体排放的情景研究是探索城市层面的社会经济、能源和环境演变及其内在影响的重要环节，是城市低碳发展蓝图的核心步骤。情景分析研究以城市温室气体排放清单编制及排放数据统计分析为基础，通过识别影响城市低碳发展的关键因素，探索城市多样化的发展路径以及不同路径下的能源需求、温室气体排放等关键指标的变化趋势，从中选择合理的低碳城市发展方案，进而分析实现城市低碳发展的各种技术路径和政策需求，最终为政府部门制定低碳城市的行动蓝图提供科学支持。

对于以城市低碳发展为目标的研究来说，情景分析是探索城市层面的社会

① 王克、邹骥：《中国城市温室气体清单编制指南》，中国环境出版社2014年版。

经济、能源和环境演变及其内在影响的一个重要环节。通过识别影响城市低碳发展的关键因素，分析其可能的演变方式，探索城市多样化的发展路径以及不同路径下的能源需求、温室气体排放等关键指标的变化趋势，从中选择有利于城市向着低碳模式发展或转型的合理方案，进而分析实现城市低碳发展的各种技术路径和政策需求，最终在低碳发展目标的制定、技术路径的选择、重点行动的识别、政策保障等方面为制定合理的低碳发展规划提供有力的科学支撑。[①] 因此，情景分析对低碳城市发展规划的制定、执行甚至实施效果评估都具有举足轻重的作用。

情景分析的工具主要包括由下向上（bottom-up）模型、自上向下（top-down）模型以及由此发展而来的混合（hybrid）模型。

城市层面的情景研究多数采用自下向上的模型，其中 LEAP 模型的应用最为广泛，但是 LEAP 模型需要较复杂的数据支撑。专栏 3 -1 对 LEAP 模型做了简介。

专栏 3 -1　LEAP 模型简介

LEAP（The Long-range Energy Alternatives Planning System——长期能源替代规划系统模型）是瑞典斯德哥尔摩环境研究所（SEI）开发的用于能源—环境和温室气体排放的情景分析软件。它是一种自底向上的集成结构模型，即以工程技术为出发点，对各行业的能源消费、能源生产过程中所使用的终端技术进行仿真模拟，如活动水平（产量或服务量）、工艺结构、设备能效、燃料种类的微观参数设定，并对能源消费有重要影响的宏观经济参数，如 GDP、GDP 结构、人口、城市化率做出设定。根据经济发展水平和各行业终端用能的变化设置不同情景，由产品产量决定活动水平，由活动水平决定能源需求，再结合各类能源的排放系数得到排放总量，加上各种技术组合与能源和原材料的成本就得到各种技术组合的成本。该模型

① 袁路、潘家华：《Kaya 恒等式的碳排放驱动因素分解及其政策含义的局限性》，《气候变化研究进展》2013 年第 3 期。

具有灵活的数据结构，可以根据使用者对技术规格和终端细节的丰富程度的要求展开不同层次的分析。

LEAP在城市峰值目标确定中的应用：LEAP的软件界面中，根据能流LEAP将能源系统依次划分成终端需求（如工业、建筑、交通）、能源加工转换（如电力、热力生产）和一次能源三个子模块。通过对城市未来社会经济、技术进步和能源结构变化等方面的假设，使用情景研究方法，得到城市未来可能的碳排放趋势，帮助城市制定达峰目标。

资料来源：中国达峰先锋城市联盟秘书处：《城市达峰指导手册》，2017年。

（三）低碳城市发展规划的目标设定

设定低碳城市发展目标，是低碳城市发展规划编制过程中承前启后的重要一步。城市低碳发展目标设定，需要将温室气体核算和情景研究与低碳发展重点领域识别与措施的制定连接起来，将前者的分析结果应用于后者的实际工作中。城市低碳发展目标的设定，为城市发展过程中的碳排放施加了一个刚性约束，能够促进形成节能减排的倒逼机制。同时，也对城市里重点地区、部门和行业设置了更详细具体的目标，指导这些领域开展工作。[①]

低碳发展目标的核心是温室气体排放控制目标。根据目标涵盖的气体种类，可以把温室气体排放控制目标分成两类，一类只针对能源相关 CO_2，而另一类则涵盖全部温室气体。限于数据可得性，目前中国的温室气体控制目标只针对能源相关 CO_2。未来数据和统计基础进一步完善后，应当逐步扩展，涵盖其他温室气体。

根据目标的形式，可以将温室气体排放控制目标分为四类：绝对量控排目标、作为绝对量控排目标的一种特殊形式的排放峰值目标、强度控排目标和相对一切照常情景（BAU）的控排目标。这四类目标的特点、严格程度和适用范围各有不同（见表3－2）。

① 中国达峰先锋城市联盟秘书处：《APPC中国达峰先锋城市峰值目标及工作进展》，2016年。

表3-2　温室气体排放控制目标的不同类别

目标类型	形式与特点	严格程度	应用案例
绝对量控排目标	未来某一目标年的排放总量，或相对历史某一年排放总量的变化量	严格	美国、欧盟
排放峰值目标	绝对量控排目标的一种特殊形式。要素包括到达峰值的时间点、峰值时的排放量、到达峰值前的排放路径和到达峰值后的排放下降路径	严格	中国 INDC
强度控排目标	以单位国内生产总值的二氧化碳排放（即碳强度）为指标，规定到某一目标年碳强度相比基准年水平的变化幅度	灵活	中国、印度
相对 BAU 的减排目标	基于情景研究，得到基准情境下未来的排放总量，再设定未来目标年排放相对目标年基准情景排放的下降程度	灵活	南非

资料来源：王克、雷红鹏、杨宝路、毛紫薇：《中国城市低碳发展规划读本》，2015 年。

城市确定低碳发展目标，主要有两种方式。一种方式是根据国家目标进行自上向下分解，逐步分解到省（区）和市，确定城市的低碳发展目标。另一种方式是从城市的功能定位和总体发展战略出发，确定相应的社会经济发展目标，从而确定城市减排的技术经济潜力，进而设定适合城市的低碳发展目标。"十三五"期间中国城市低碳发展目标的设定，主要还是以自上向下方式为主，在国家目标分解给各省目标的基础上，以此为基准上下略有浮动，但浮动的幅度较小，不能充分反映地区间的差异。近年来，城市在设定低碳发展目标上的自主性在逐渐提高。①

从目标形式上看，峰值目标是绝对量控排目标的一种特殊形式。峰值目标并不是仅规定某一时点排放量的单一目标，而是涵盖峰值时点前中后一系列时点排放路径的目标体系。碳排放达峰是一个动态的过程，包括达峰前碳排放迅速或平缓增长的增长期，碳排放接近峰值水平以后在一定范围内波动的平台期，以及平台期过后排放快速或缓慢下降的下降期（见图 3-5）。

在确定发展目标之后，低碳城市发展规划的重要内容是确定实现发展目

① 中国达峰先锋城市联盟秘书处：《APPC 最佳城市达峰减排实践比较和分享》，2016 年。

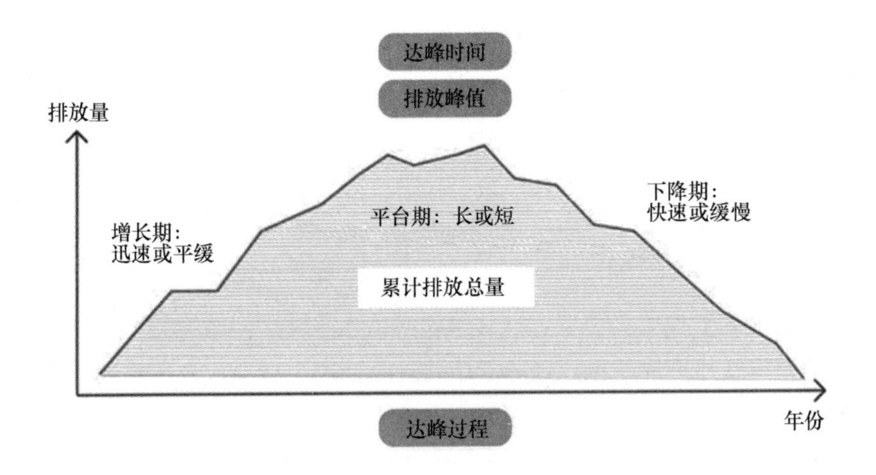

图 3－5　碳排放达峰的动态过程

资料来源：世界资源研究所：《城市达峰知多少》，2016 年。

标的重点领域，并形成若干重点行动，落实到一系列重点项目上，为城市低碳发展制定出重点清晰、任务具体、措施可行、责任明确、效果显著的行动方案。

城市低碳发展重点领域、重点行动和重点项目的确定，是低碳城市发展规划编制体系中承前启后的重要步骤，一方面将低碳发展目标落实到具体部门、行动与项目，另一方面又指引了各重点部门低碳发展研究，为部门低碳发展路线的制定奠定了基础。

当前中国多数城市的温室气体排放主要来自能源活动和工业生产过程，能源供应与工业部门是温室气体排放的主要来源，同时交通、建筑部门的温室气体排放也在快速增长，在某些特大城市已成为低碳发展的重点部门。根据工业化国家的经验，随着工业化与城镇化进程的发展，交通、建筑部门的温室气体排放仍将持续上升，终将成为城市低碳发展的重点与难点。此外，城市基础设施建设一旦完成，就会在交通、建筑等部门产生“锁定效应”，决定了未来数十年的排放水平。因此，很多中国的低碳试点城市在规划中就提出，由于正处于城镇化快速发展阶段，将交通、建筑等部门的低碳发展列为优先。

总体来看，城市需要结合了本地经济基础与经济、社会发展阶段、自然条件、资源禀赋、排放特征等方面具体情况，选择本市低碳发展的重点领域。中国城市所确定的城市低碳发展重点领域通常包括：优化城市空间布局；转变经济增长方式和调整结构；工业技术升级和节能改造；低碳产业园区建设；农业低碳化；优化能源结构；发展低碳建筑；构建低碳城市交通系统；推广低碳生活和消费方式；废弃物与污水处理的低碳化；加强生态保护与建设，增强碳汇能力；加强低碳技术创新与应用等。城市产业结构和经济发展状况决定了当前温室气体排放水平和重点领域，以及控制温室气体排放的潜力和能力，决定着当前控制温室气体排放的重点任务。因此，不同类型城市应采取不同的减排策略和政策，确定的低碳发展重点领域也有所不同。

（四）识别低碳城市发展规划的重点领域

一般而言，在识别城市低碳发展重点领域（部门）时，应综合考虑各部门排放比例与减排潜力、城市定位、资源禀赋、产业结构、发展阶段与发展趋势等因素，建立甄选重点领域（部门）的综合指标体系，定量分析与定性分析相结合，识别城市实现低碳发展目标的关键领域，测算各领域对实现低碳发展目标的贡献率。排放结构与减排潜力、城市定位与发展趋势、自然条件与资源禀赋是识别重点领域时需要考虑的三类重要因素。各部门排放比例、减排潜力及对实现低碳发展目标的贡献率是识别城市低碳发展重点领域的重要依据。城市低碳发展的重点领域应在温室气体核算、情景分析、发展目标确定和各部门（领域）减排潜力估算的基础上予以确定。图3－6列出了确定重点领域的一般方法。①

事实上，为了体现低碳发展规划的协同效应，上述低碳重点任务实施过程中，除了要具有减碳效果，还必须按照费用效益原则降低减排成本，改善环境质量，提高协同效益，并促进低碳增长，增加低碳就业，满足提升发展质量、培育新的经济增长点和提高未来竞争力的多赢发展需要。此外，在实施策略上，由于任务多而杂，因此必须突出重点、示范先行。

① 中国达峰先锋城市联盟秘书处：《城市达峰指导手册》，2017年。

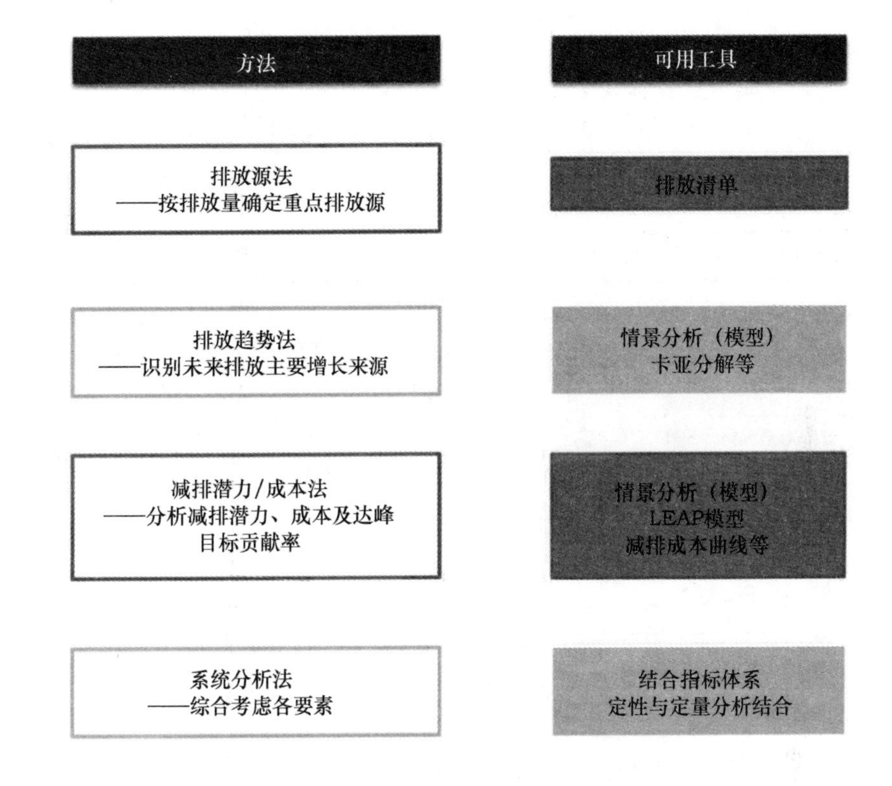

图 3－6　城市低碳发展重点领域识别方法

资料来源：中国达峰先锋城市联盟秘书处：《城市达峰指导手册》，2017 年。

专栏 3－2　青岛市低碳发展规划编制过程中所应用的方法学框架

中国人民大学课题组在支持青岛市制定低碳发展规划时，为了分析青岛市 2020 年和 2030 年的排放路径，2020 年达到峰值的可行性和对应的排放量，实现峰值目标的不同重点领域的贡献，以及实现峰值目标的技术选择，开发了一个以情景研究为主体的综合性的分析框架，见本专栏中的图 1 和表 1。研究的时间范围为 2010—2030 年，以 2020 年为界，可以分为两个部分：（1）2020 年前排放路径和减排选择的情景研究；（2）2020 年后达到排放峰值、实现碳排放绝对量下降的可行性分析。

研究开发的方法学框架主要有四大要素，分别是城市温室气体清单核算、情景设计与模拟、目标设定与分解和排放峰值的可行性分析。为支持城市温室气体清单核算，本研究开发了适应中国城市管理体制和数据基础的温室气体清单核算方法，并利用 LMDI 方法对排放变化的驱动因素进行分解

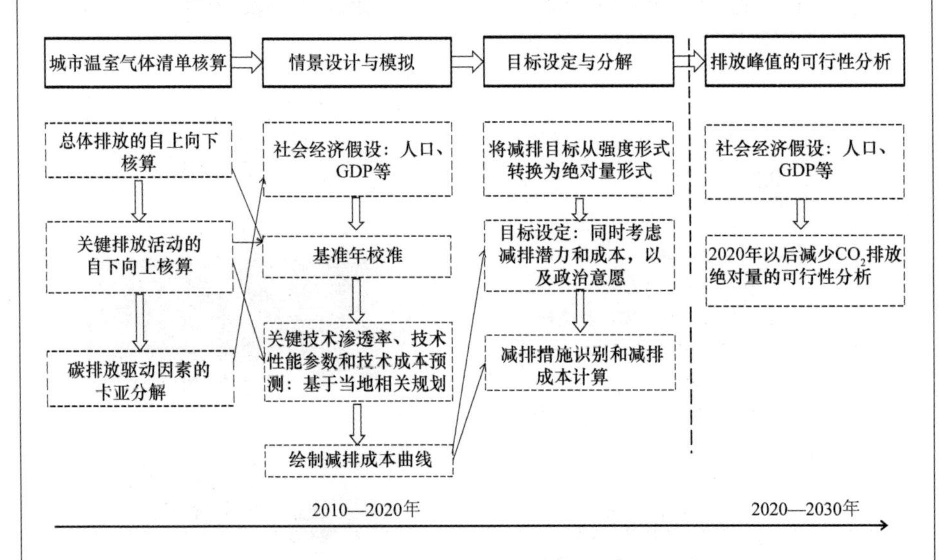

图1　青岛低碳发展规划支撑研究所应用的方法学框架

表1　　青岛低碳发展规划支撑研究所应用的方法学和数据来源

<table>
<tr><th>研究内容</th><th>研究内容子类</th><th>方法学</th><th>数据来源</th></tr>
<tr><td rowspan="3">城市温室气体清单核算</td><td>自上向下核算</td><td rowspan="2">自主开发的中国城市温室气体清单核算方法（王克等，2014）</td><td>能源平衡表</td></tr>
<tr><td>自下向上核算</td><td>抽样调查；青岛统计年鉴；能源审计报告；对地方政府部门的访谈和咨询；相关研究</td></tr>
<tr><td>因素分解分析</td><td>LMDI 方法（Ang，et al.，2005）</td><td>自上向下核算结果；青岛统计年鉴</td></tr>
<tr><td>情景设计与模拟</td><td>基于 LEAP 自主开发的中国城市低碳发展情景模型</td><td colspan="2" rowspan="2">自上向下和自下向上核算结果；抽样调查；能源审计报告；对地方政府部门的访谈和咨询；相关研究</td></tr>
<tr><td>目标设定与分解</td><td>减排成本曲线</td></tr>
</table>

分析。而针对未来排放路径和减排潜力的情景研究，本研究基于 LEAP 模型框架，开发了中国城市低碳发展情景模型。利用情景研究，绘制青岛市减排成本曲线，支持低碳发展目标的设定和分解。为获得所需的数据，研究课题组在青岛进行了针对交通和建筑用能行为的专项调查，收集了青岛相关统计年鉴和政府统计数据，收集了各重点用能企业的能源审计报告，对于个别参数则参考了国内同类研究。

资料来源：绿色低碳发展智库伙伴：《中国城市低碳发展规划峰值和案例研究》，科学出版社 2016 年版。

第四节　低碳城市发展规划的实施保障

规划是否能够顺利实施并取得预期效果，建设保障体系是必不可少的组成部分。一般情况下，涉及组织保障、法律法规保障、政策保障、资金保障、科技保障、人才保障、基础设施保障、思想或者观念保障、协作网络保障等。另外，在城市低碳发展的保障措施中，也有城市提出要积极争取外部支持，包括上级政府或者主管部门的资金和政策支持以及国际机构的资金和智力支持等。①

由于低碳发展问题非常全面和综合，涉及各个部门，因此，大部分试点城市针对低碳发展的组织保障，都强调要成立领导小组，由市级主要领导担任组长，并建立各部门的联席会议制度和工作协调机制，从而建立一个由领导小组统一领导、城市主管部门（一般是发展改革委）归口管理、相关部门和各区市分工负责、全社会广泛参与的管理体制和工作机制。此外，部分城市还成立了低碳发展专家委员会和低碳发展专业研究机构，开展决策和技术咨询服务。

大部分城市积极开展能源和碳排放统计工作，建立了相应的能源和碳排放统计制度体系，从而为城市低碳工作建立了一定的数据基础。此外，大部分城市通过委托或合作的方式，与专门的研究机构共同编制温室气体排放清单。许

① 庄贵阳等：《低碳城市发展规划的功能定位与内容解析》，《城市发展研究》2011 年第 8 期。

多试点省（区、市）还开展了创新性试点示范。

对于温室气体排放目标责任评价和考核制度，很多城市提出要与组织部门对接，根据组织部门的要求，将考核对象的低碳指标完成情况纳入各部门社会经济发展的综合评价体系以及干部考核体系，作为各部门达标评价、业绩考核以及各级领导干部政绩考核的重要内容。

从法律保障看，低碳规划缺乏立法和法律的支撑，国家层面没有出台有关的法律法规，地方政府的工作有一定的局限性，这限制了低碳规划的实施和低碳工作的进展。低碳发展的法律法规保障，需要在城市的立法授权范围内，制定和颁布一批促进低碳发展的法律法规。譬如可以考虑制定城市促进低碳发展的建设条例，逐步建立和完善与低碳发展重点领域相关的专门性管理条例。

低碳发展的政策保障，可从产业政策、价格政策、财政和税收政策、金融政策等方面入手，发挥政策引导作用，鼓励低碳产业和低碳企业发展，提高准入标准，逐步淘汰不符合低碳标准的企业和产品。

城市低碳发展的资金保障包括两个方面，第一是加大财政支持力度，一方面积极争取国家财政支持，另一方面加大本地财政投入，譬如部分试点城市提出设立低碳发展专项资金，并制定和落实针对低碳的各种税收优惠政策。第二则是拓展多元化投融资渠道，积极引导社会资金、外资投入低碳技术研发、低碳产业发展和控制温室气体排放重点工程。此外，还需要创新信贷管理模式，譬如建立低碳信用评级制度，加强企业低碳绩效行为评估和信息披露并与信贷挂钩等。

低碳发展的科技保障，最重要的是改革低碳科技创新体制，要建立以政府为主导、充分发挥市场配置资源的基础性作用、各类低碳技术创新主体紧密联系和有效互动以及以企业为主体、产学研结合的低碳技术创新和成果转化体系，搭建共同开发、成果共享的低碳技术创新平台。

从低碳发展的人才保障看，很多试点城市自身的工作团队在低碳城市发展规划编制，低碳发展规划实施工作中，缺乏一定的专业知识。除少数较为发达的城市外，大部分城市缺乏专门的低碳科研机构或院所，专门从事低碳研究的人才稀缺。大部分城市在开展城市温室气体排放清单的编制、低碳发展规划的编制、低碳发展规划的评估工作等专业性较强的工作时，都需要从本市以外寻求专门研究机构的协助。因此，加强低碳发展的人才保障，重点是建立健全低碳技术创新人才优惠政策、激励机制和评价体系，完善人才、智力、项目相结合的柔性引进机制，加强低碳技术人才队伍建设，加强专门人才的引进和培养，优化研究人员配置。

低碳发展的观念保障，需要依靠低碳教育和宣传。积极发挥舆论对社会公众的宣传教育，利用多种形式和手段，全方位、多层次加强宣传引导，树立绿色低碳的价值观、生活观和消费观。

这些创新性的体制机制探索，都是低碳发展规划顺利实施的重要保障。

第五节　低碳城市发展规划的未来发展方向

低碳城市发展规划，未来有几个可以加强的方向。

第一，进一步明确低碳城市发展规划的定位，明确低碳发展规划要能起到国民经济和社会发展规划与其他相关规划之间的承上启下的衔接作用，低碳发展规划所确定的碳指标要有足够的权威与约束性，要对其他专项规划施加影响，同时加强与空间和土地利用相关规划的衔接。

第二，进一步加强低碳发展规划的法律效力，通过地方人大立法，为规划实施提供法律保障。

第三，按照完整流程开展规划的研究编制、颁布实施与监测评估。加强规划的阶段性评估，特别是中期评估，根据规划实施进展以及最新形势发展，对规划目标进行及时更新与调整。

第四，加强规划研究的科学性，支持建立稳定的专业团队，支持对规划研究过程中所应用到的模型方法和基础数据的积累。

第五，加强信息公开，规划编制过程中充分吸取各利益相关者特别是社会公众的意见，规划颁布实施以后以多种方式向公众进行宣传教育。

第六，加强对国际经验以及国内先进城市经验的学习，结合城市特点，开展创新性试点，实现创新驱动。

第七，加强城市温室气体统计、监测与核查制度的建设，加强温室气体目标责任评价考核制度建设。

第八，将低碳发展相关目标与任务纳入生态文明整体战略以及生态文明考核体系，提高其权威性，加强其约束力。

第九，将低碳发展目标与空气污染治理等其他城市发展目标与行动有效协同，加强政策的合力。

第十，探索开展碳排放总量控制，及时制定城市碳排放达峰行动方案，明确达峰路线图。

这些方向，既反映了中国城市在建设低碳城市进程中不断面临的新问题，也体现了在低碳城市发展规划制定过程中，整体思路、框架、方法和数据等领域所体现出来的进步。

延伸阅读

1. 王克、雷红鹏、杨宝路、毛紫薇：《中国城市低碳发展规划读本》，2015 年。

2. 绿色低碳发展智库伙伴：《中国城市低碳发展规划峰值和案例研究》，科学出版社 2016 年版。

3. 中国社会科学院城市发展与环境研究所：《重构中国低碳城市评价指标体系：方法学研究与应用指南》，社会科学文献出版社 2013 年版。

练习题

1. 中国低碳城市规划的主要步骤是什么？

2. 中国城市的特点是什么？如何结合中国城市的特点，编制城市低碳发展规划？

3. 城市低碳发展规划的主要方法学有哪些？模型方法对于城市低碳发展规划的意义是什么？

4. 多规融合背景下，城市低碳发展规划在整体规划体系中的定位是什么？如何与其他规划进行衔接？

第四章

城市碳排放峰值与减排路径

2015年中国在向联合国提交的国家自主贡献文件中首次提出了峰值目标，即二氧化碳排放2030年左右达到峰值并争取尽早达峰。截至2021年初，已有80多个省（区、市）先后制定了达峰年份目标。峰值目标除了关注达峰年份以外，还应该关注峰值总量、行业峰值，以及达峰后的轨迹等内容。

第一节　城市碳排放峰值目标

一　政策背景

（一）峰值目标的由来

2009年11月，在丹麦哥本哈根举行的联合国气候变化大会前夕，中国宣布了碳减排目标，承诺2020年实现单位国内生产总值二氧化碳排放比2005年下降40%—45%，非化石能源占一次能源消费的比重达到15%左右，森林面积和蓄积量分别比2005年增加4000万公顷和13亿立方米。2015年6月，中国向《联合国气候变化框架公约》秘书处提交了应对气候变化国家自主贡献文件《强化应对气候变化行动——中国国家自主贡献》，其中设定了中国2030年应对气候变化的行动目标，包括二氧化碳排放2030年左右达到峰值并争取尽早达峰；单位国内生产总值二氧化碳排放比2005年下降60%—65%，非化石能源占一次能源消费比重达到20%左右，森林蓄积量比2005年增加45亿立方米左右。峰值目标的提出，标志着中国应对气候变化的目标已经从对排放强度的控制，逐步转为了加强对排放总量的控制。

（二）城市峰值目标的提出

2015 年 9 月，第一届中美气候智慧型/低碳城市峰会（简称“中美气候领导峰会”）在洛杉矶召开。中国的北京、四川、海南、深圳、武汉、广州、贵阳、镇江、金昌、延安、吉林，美国的加利福尼亚、洛杉矶、休斯敦、康涅狄格、西雅图、亚特兰大、卡梅尔、凤凰城、盐湖城、迈阿密、得梅因等省州市参加会议。[①] 在这次峰会上，中国的 11 个参会省市成立了“达峰先锋城市联盟”（APPC），提出了率先达峰目标。其中，北京、广州和镇江承诺到 2020 年实现排放峰值，比国家达峰年份提前 10 年；深圳和武汉提出于 2022 年达到二氧化碳排放峰值；贵阳、吉林和金昌将最晚达峰年份确定为 2025 年，延安为 2029 年；四川省、海南省提出将于 2030 年实现峰值。这也是自国家宣布峰值目标以后第一批承诺率先达峰的省市。

在 2016 年 6 月的第二届中美气候智慧型/低碳城市峰会上，宁波、温州、苏州、南平、青岛、晋城、赣州、池州、桂林、广元、遵义和乌鲁木齐也加入了达峰先锋城市联盟，承诺在 2030 年国家达峰目标之前实现碳排放达峰。至此，达峰先锋城市联盟已经有了 23 个成员省市，占中国人口总数的 17%，国内生产总值的 28%，中国二氧化碳碳排放总量的 16%。[②]

为推进生态文明建设，推动绿色低碳发展，确保实现控制温室气体排放行动目标，国家发改委分别于 2010 年、2012 年和 2017 年组织开展了三批低碳省区和城市试点。2017 年 1 月确定的 45 个国家低碳城市（区、县）试点都提出了峰值年份目标。

据不完全统计，一共有 80 多个城市提出了达峰年份目标，最早的是 2017 年，最晚的和国家目标 2030 年一致。这些城市占中国人口总数的 28%，占国内生产总值的 42%。[③] 表 4 - 1 列出了三批国家低碳城市试点中已经制定达峰目标年份的城市及其目标。

---

① 国家发改委网站（http：//www. ndrc. gov. cn/gzdt/201509/t20150922_ 751764. html）。

② http：//www. thecover. cn/news/22462.

③ 笔者根据公开数据测算。

表 4－1　　城市与峰值目标

城市名称	所属省（区、市）	试点批次	峰值目标年
天津	天津	第一批低碳试点城市	2025
重庆	重庆	第一批低碳试点城市	
深圳	广东	第一批低碳试点城市	2022
厦门	福建	第一批低碳试点城市	
杭州	浙江	第一批低碳试点城市	
南昌	江西	第一批低碳试点城市	
贵阳	贵州	第一批低碳试点城市	2025
保定	河北	第一批低碳试点城市	
北京	北京	第二批低碳试点城市	2020
上海	上海	第二批低碳试点城市	
石家庄	河北	第二批低碳试点城市	
秦皇岛	河北	第二批低碳试点城市	
晋城	山西	第二批低碳试点城市	2023
呼伦贝尔	内蒙古	第二批低碳试点城市	
吉林	吉林	第二批低碳试点城市	2025
大兴安岭	黑龙江	第二批低碳试点城市	
苏州	江苏	第二批低碳试点城市	2020
淮安	江苏	第二批低碳试点城市	
镇江	江苏	第二批低碳试点城市	2020
宁波	浙江	第二批低碳试点城市	2018
温州	浙江	第二批低碳试点城市	2019
池州	安徽	第二批低碳试点城市	2030
南平	福建	第二批低碳试点城市	2020
景德镇	江西	第二批低碳试点城市	
赣州	江西	第二批低碳试点城市	2023
青岛	山东	第二批低碳试点城市	2020
济源	河南	第二批低碳试点城市	
武汉	湖北	第二批低碳试点城市	2022
广州	广东	第二批低碳试点城市	
桂林	广西	第二批低碳试点城市	
广元	四川	第二批低碳试点城市	2030
遵义	贵州	第二批低碳试点城市	2030
昆明	云南	第二批低碳试点城市	
延安	陕西	第二批低碳试点城市	2029

续表

城市名称	所属省份	试点批次	峰值目标年
金昌	甘肃	第二批低碳试点城市	2025
乌鲁木齐	新疆	第二批低碳试点城市	2030
乌海	内蒙古	第三批低碳试点城市	2025
沈阳	辽宁	第三批低碳试点城市	2027
大连	辽宁	第三批低碳试点城市	2025
朝阳	辽宁	第三批低碳试点城市	2025
逊克县	黑龙江	第三批低碳试点城市	2024
南京	江苏	第三批低碳试点城市	2022
常州	江苏	第三批低碳试点城市	2023
嘉兴	浙江	第三批低碳试点城市	2023
金华	浙江	第三批低碳试点城市	2020 左右
衢州	浙江	第三批低碳试点城市	2022
合肥	安徽	第三批低碳试点城市	2024
淮北	安徽	第三批低碳试点城市	2025
黄山	安徽	第三批低碳试点城市	2020
六安	安徽	第三批低碳试点城市	2030
宣城	安徽	第三批低碳试点城市	2025
三明	福建	第三批低碳试点城市	2027
共青城	江西	第三批低碳试点城市	2027
吉安	江西	第三批低碳试点城市	2023
抚州	江西	第三批低碳试点城市	2026
济南	山东	第三批低碳试点城市	2025
烟台	山东	第三批低碳试点城市	2017
潍坊	山东	第三批低碳试点城市	2025
长阳土家族自治县	湖北	第三批低碳试点城市	2023
长沙	湖南	第三批低碳试点城市	2025
株洲	湖南	第三批低碳试点城市	2025
湘潭	湖南	第三批低碳试点城市	2028
郴州	湖南	第三批低碳试点城市	2027
中山	广东	第三批低碳试点城市	2023—2025
柳州	广西	第三批低碳试点城市	2026
三亚	海南	第三批低碳试点城市	2025
琼中黎族苗族自治县	海南	第三批低碳试点城市	2025
成都	四川	第三批低碳试点城市	2025 之前

续表

城市名称	所属省份	试点批次	峰值目标年
玉溪	云南	第三批低碳试点城市	2028
普洱市思茅区	云南	第三批低碳试点城市	2025 之前
拉萨	西藏	第三批低碳试点城市	2024
安康	陕西	第三批低碳试点城市	2028
兰州	甘肃	第三批低碳试点城市	2025
敦煌	甘肃	第三批低碳试点城市	2019
西宁	青海	第三批低碳试点城市	2025
银川	宁夏	第三批低碳试点城市	2025
吴忠	宁夏	第三批低碳试点城市	2020
昌吉	新疆	第三批低碳试点城市	2025
伊宁	新疆	第三批低碳试点城市	2021
和田	新疆	第三批低碳试点城市	2025
第一师阿拉尔市	新疆兵团	第三批低碳试点城市	2025

资料来源：国家发改委网站。

二　峰值与其他总量控制目标

根据现有国内外实践，可以将总量控制目标分为三类，分别是“绝对量下降或增幅限制目标”“相比 BAU 情景下降目标”和“峰值目标”。①

（一）绝对量下降或增幅限制目标

这类目标是总量控制目标中最常见的形式，首先需要设定基准年和目标年，其次设定目标年排放在基准年排放的基础上下降的数量（见图 4－1 左），或者在基准年排放的基础上增量的限制（见图 4－1 右）。

此类目标的典型代表中，国家层面的案例是《京都议定书》各缔约方的国家目标，例如，德国的目标是在基年基础上减排 21%，瑞典的目标则是在基年基础上增排不能超过 4%。此外，一些城市如伦敦、惠灵顿等也采用这一目标，伦敦的目标是 2025 年在 1990 年的基础上减排 60%，惠灵顿的目标是 2010 年、2012 年、2020 年和 2050 年分别在 2000 年的基础上减排 0%、3%、30% 和 80%。

① 蔡和、黄炜等：《控温：从“软约束”到“硬约束”——基于浙江省温室气体清单的总量控制制度初探》，2017 年 12 月，世界资源研究所，www. wri. org. cn/Zhejiang_ cap_ guel_ CN。

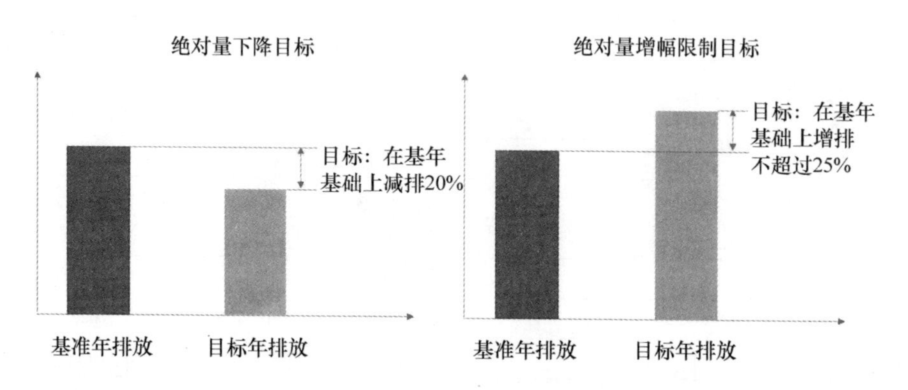

图4－1 绝对量下降或绝对量增幅限制目标

资料来源：笔者自制。

（二）相比BAU情景下降目标

此类目标的特点是需要根据基准年排放首先推算出目标年的趋势照常情景（BAU）排放，以此为依据制定目标年排放。根据下降目标的幅度，目标年排放可能低于基准年排放（见图4－2左），也可能高于基准年排放（见图4－2右）。这种目标的主要不确定性在于，如何确定BAU情景排放对减排目标是否达成的影响较大。

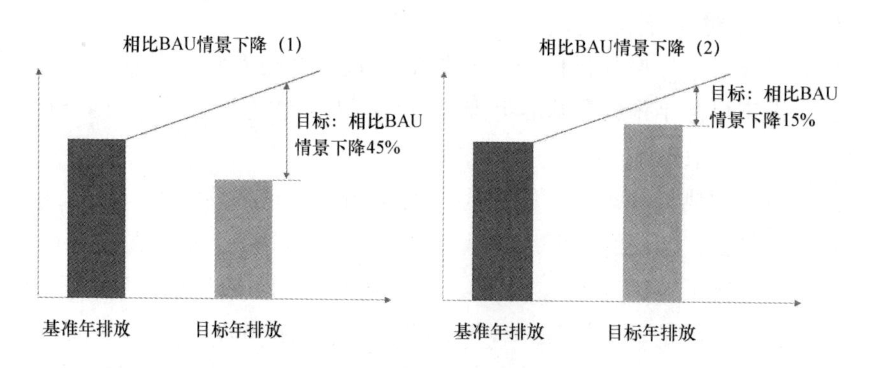

图4－2 相比BAU情景下降目标

资料来源：笔者自制。

采用这一目标形式的国家或城市较少，国家案例主要有巴西，城市案例有里约热内卢。巴西的目标是2020年在BAU情景基础上减排36%—39%，里约热内卢的目标是2012年、2016年和2020年相比BAU情景需要实现一定数量的减排量，减排额分别为2005年排放量的8%、16%和20%。

（三）峰值目标

此类目标是设定排放达到峰值的年份，但达峰时的排放量并不体现在目标中，如图4-3所示。此类目标和前两种目标的区别还在于目标中也不需要规定基准年，此外，其可追踪性需要反映在目标实现的若干年以后，因此判断是否达峰有一定的滞后性。

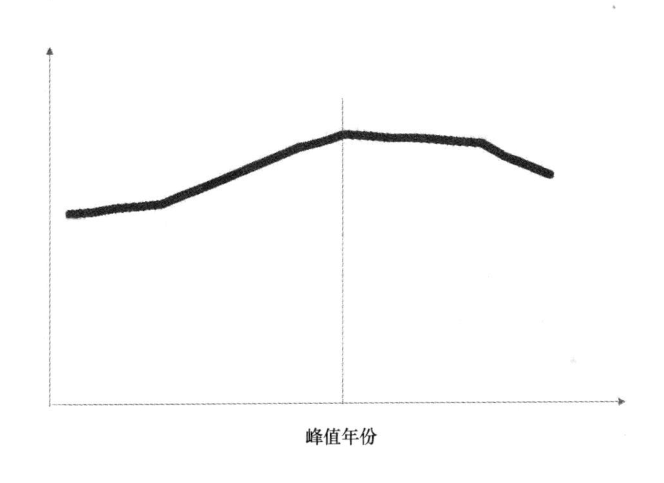

图4-3　峰值目标

资料来源：笔者自制。

目前采用这一目标形式的主要是中国。

三　峰值目标的理论依据与实证经验

（一）环境库兹涅茨曲线

库兹涅茨曲线是由美国著名经济学家、诺贝尔奖得主库兹涅茨于1955年提出的。具体含义是指随着经济发展和收入水平的提高，收入分配不均会逐渐增大，但随着经济的进一步发展，收入分配不均会达到拐点，之后下降。库兹涅茨曲线呈倒U形（见图4-4），横坐标表示人均收入，纵坐标表示收入分配不均的程度。

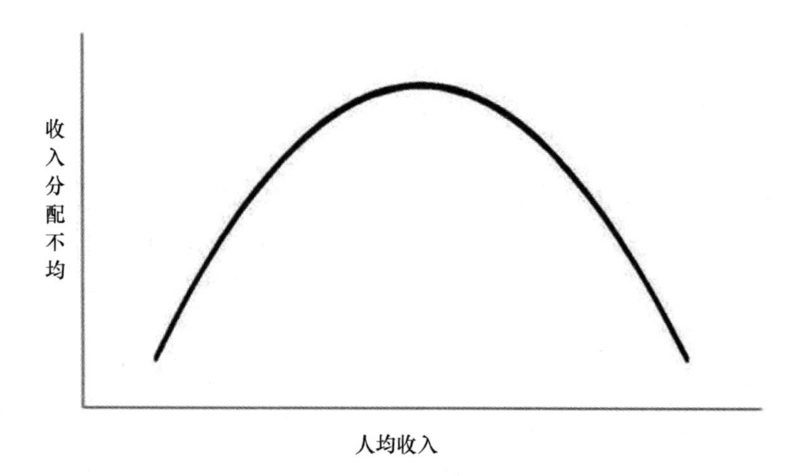

图 4-4　库兹涅茨曲线示意

资料来源：笔者自制。

环境库兹涅茨曲线是在库兹涅茨曲线的理论基础上加入了环境因素（见图 4-5），表示经济发展对环境的影响，横坐标依然表示人均收入，纵坐标表示环境污染的程度。随着经济的发展，环境污染会越来越严重，但当经济发展到一定阶段后环境质量又会得到改善。

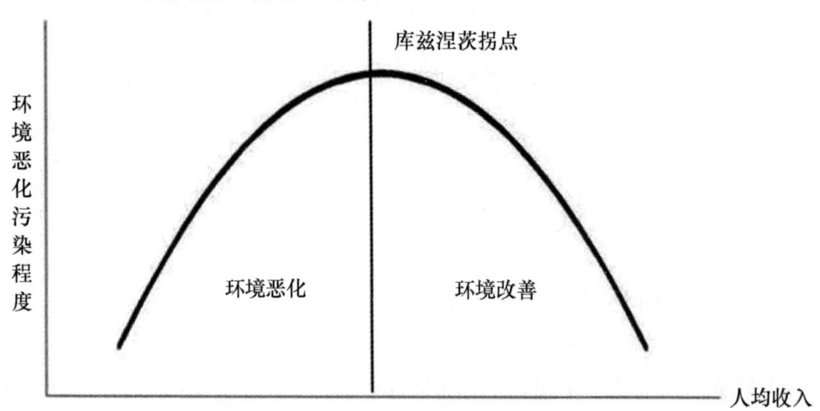

图 4-5　环境库兹涅茨曲线示意

资料来源：笔者自制。

环境库兹涅茨曲线被大量应用于环境污染与经济增长的研究，多数集中于二氧化硫、氮氧化物等环境污染物。之后有学者将二氧化碳引入，试图用库兹涅茨曲线来分析二氧化碳排放和经济发展的关系。不过众多研究结论的差异较大，碳排放和经济发展水平的实证关系包括倒 U 形、N 形和无明显关系几种。

（二）碳排放脱钩

脱钩（decoupling）是指两个事物之间失去关联性。碳排放脱钩是指碳排放与经济增长之间失去关联的过程，即既实现经济增长，又实现碳排放降低。脱钩的实现受经济增速、经济结构、能效水平、能源结构、工业化程度、城镇化率、技术水平等关键因素的影响。

碳排放脱钩指数等于碳排放变化率和 GDP 变化率的比值。碳排放脱钩指数的计算方法如下。

$$碳排放脱钩指数（DI）=\frac{\Delta CO_2/CO_2}{\Delta GDP/GDP} \qquad （式 4-1）$$

表 4-2 总结了碳排放脱钩指数代表的不同情况：

表 4-2　碳排放脱钩指数及代表的意义

ΔCO_2	ΔGDP	碳排放脱钩指数（DI）	脱钩状态
>0	>0	$DI>1$	挂钩
>0	>0	$0<DI<1$	弱脱钩
<0	>0	$DI<0$	强脱钩
<0	<0	$DI>0$	衰退脱钩

资料来源：笔者自制。

（1）当碳排放和 GDP 都呈增长状态，且碳排放增速大于 GDP 增速，碳排放脱钩指数大于 1，这种状态称为挂钩；

（2）当碳排放和 GDP 都呈增长状态，但碳排放增速小于 GDP 增速，碳排放脱钩指数大于 0 小于 1，这种状态称为弱脱钩；

（3）当碳排放出现下降，GDP 仍然保持增长，即碳排放脱钩指数小于 0，这种状态称为强脱钩；

（4）当碳排放和 GDP 同时下降，碳排放脱钩指数大于 0，这种状态称为衰退脱钩。

（三）主要发达国家的实证经验

尽管环境库兹涅茨曲线与经济发展的关系的研究结果各异，但是从主要发达国家的经验来看，碳排放峰值的出现确实是一个趋势。图 4－6 展示了中国和其他主要发达国家自 1960 年以来的排放路径，除了日本和挪威以外，其他国家都或早或晚出现了碳排放峰值，最早的是瑞典 1970 年达峰，英国 1973 年左右达峰，欧盟整体于 1980 年左右达峰，美国于 2005 年左右达峰。

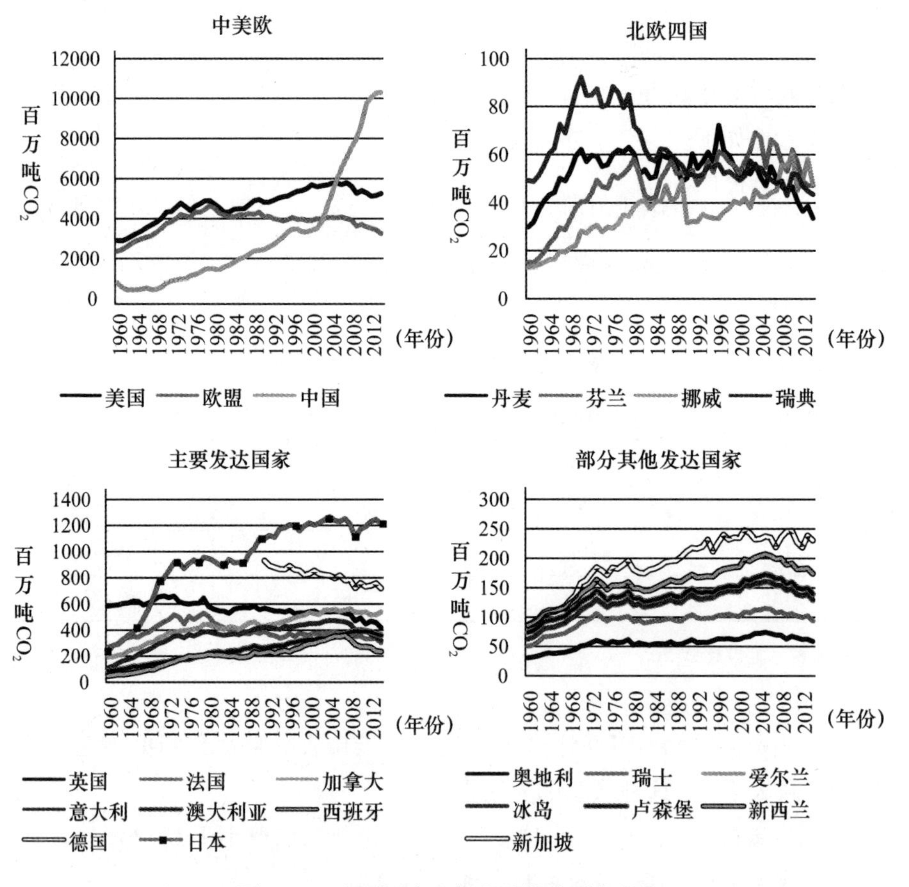

图 4－6　主要国家二氧化碳排放历史趋势

资料来源：笔者根据世界银行数据库制作。

四　峰值目标的要素

IPCC 第四次报告中将达峰定义为“在排放下降之前达到一个最高水平”。

这一定义仅阐述了排放达峰的最直观表现，缺乏对国家或地区碳排放达峰丰富含义的表达。《中国与新气候经济》报告指出：二氧化碳排放达到峰值，即其年增长率为零。报告进一步提出碳生产率的年提高率大于 GDP 年增长率，以及单位能耗 CO_2强度年下降率大于能源消费年增长率，是二氧化碳排放达到峰值的两个必要条件。

从对发达国家的经验总结及中国规划二氧化碳排放达峰的实际需求出发，城市层面的“排放达峰”不仅应该关注达峰时间，还需要关注峰值总量、行业峰值，以及达峰后的排放轨迹。

（一）达峰时间

碳排放达峰的字面意义是在某一年达到最大排放量，但其实反映的是一个过程，碳排放可能先进入平台期并在一定范围内波动，然后进入下降阶段。长期来看，排放最大的某一年是肯定会出现的，但它与所在的平台期的其他年份相比，排放差距可能仅是由随机因素等引起的。对于表征减排进展来说，平台期内的这些年份并无本质的区别。因此，在峰值研究和目标制定的过程中应关注平台期的整体情况，如平均排放水平、波动范围、时间跨度，而不是仅仅关注某一年的排放量多少。

（二）峰值总量

即使在同一时间段内达峰，也存在高位达峰和低位达峰的可能，而且达峰时的排放量会影响之后的下降趋势，也会对未来中长期减排目标的实现带来影响。因此在制定峰值目标时，不能只关心峰值出现的时间，更应该关注排放总量。

（三）行业峰值

城市碳排放来自不同部门，包括农业、工业、建筑和交通。其中工业、建筑和交通是最主要的贡献因素，发达国家城市通常是各占 1/3，或者工业占比更少。根据城市经验，通常是工业领域最先实现碳排放峰值，且时间早于城市总体达峰时间，尤其是在服务业较为发达的城市，这一特征十分明显。根据经济发展特征，建筑和交通领域的服务和用能需求在短期内还会进一步增长，因此这两个部门的达峰时间会晚于城市总体达峰时间。对于很多城市来说，建筑和交通排放达峰是难点，也是城市总体达峰的关键贡献因素。

（四）达峰后排放轨迹与长期目标

峰值应该是在改革性因素的驱动下达到的最大排放量，因此，应该注意辨别短期、暂时的“可逆因素”导致排放下降而出现的不稳定“峰值”。例如，经济下滑、工业暂时衰退导致的排放下降。这种情况下，一旦可逆因素消失或减弱，排放有可能再次回升。

此外，峰值只是近期目标，城市还应该关注中长期目标。2018 年 10 月，IPCC 发布了一份特别报告，旨在分析温升 1.5 度的影响以及相关的排放路径。报告指出，人类活动已经导致了全球温度比工业化前升高了大约 1 度，并且正在以每十年 0.2 度的速度升高。如果这一趋势继续下去，很可能在 2030—2050 年温升 1.5 度。如果要将温升控制在 1.5 度，全球二氧化碳净排放需要在 2030 年比 2010 年减少 45%，2050 年实现净零排放；如果温升控制在 2 度左右，2030 年需要在 2010 年基础上减排 20%，2075 年实现净零排放；其他非二氧化碳温室气体的排放路径与二氧化碳一致。全球温升 1.5 度目标的实现，要求在能源、土地、城市与基础建设（包括交通和建筑），以及工业等领域有快速和大规模的转型。基于对现有国家减排目标的评估，全球温室气体排放在 2030 年将达到 520 亿—580 亿吨二氧化碳当量。按照这一趋势，即使 2030 年以后大幅减排，也无法实现将温升控制在 1.5 度以内的目标。想要避免温升超过 1.5 度，即使在大规模依赖二氧化碳清除的情况下，我们也必须更早地（远早于 2030 年）实现减排。上述信息表明，为了实现全球温升不超过 2 度或者 1.5 度的目标，碳排放实现峰值还并不足够，需要在 21 世纪中叶左右实现深度减排，甚至是“净零排放”。

第二节　城市碳排放峰值研究方法和工具

一　城市碳排放峰值研究的一般步骤

城市在进行碳排放峰值路径研究的时候一般包括以下几个步骤：现有政策梳理、计算历史排放、情景分析、结果分析、制定行动方案（见图 4 -7）。

（一）现有政策梳理

梳理城市政策，包括城市总体规划、城市五年规划和行业相关规划，以及与碳排放相关的目标，如能源目标、碳排放目标，以及交通、建筑、废弃物、农业和林业等领域的目标和政策文件。政策梳理的目的是了解城市宏观经济与社会情况，对城市低碳发展现状和相关政策有必要的了解，也为后续数据收集打下基础。

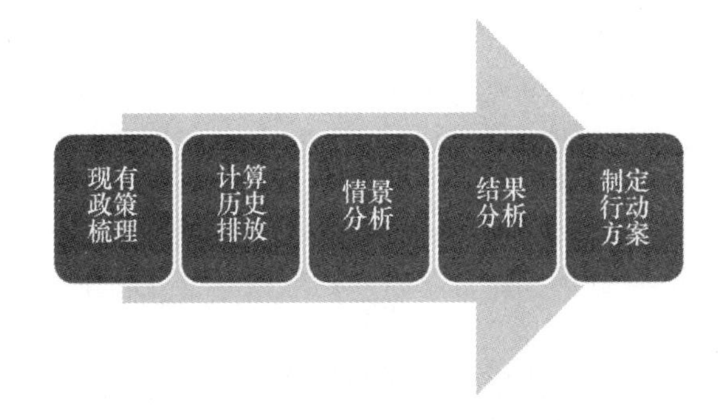

图4－7　城市碳排放峰值路径研究的一般步骤

资料来源：笔者自制。

（二）计算历史排放

这部分内容和第一章的城市气体清单编制的实质一样，方法不再赘述。需要注意的是，首先需要设置一个基准年，通常情况是可获得数据的最新年份。此外，除了基准年排放以外，最好能够计算过去一段时期的历史排放，这样有利于了解趋势，为预测未来打下基础。

（三）情景分析

通常需要一个基准情景和若干个政策情景。APPC《城市达峰指导手册》建议包括“基准”“低碳”“强化达峰”和“零碳”四种情景。基准情景是现有政策的延续，是城市根据各部门发展专项规划，对不额外采取减排行动时城市未来的经济增长、产业结构、人口、技术发展、能源服务终端需求和政策形势等做出假设和定性描述，并依据排放趋势预测方法得到的城市未来温室气体排放的情景。在基准情景的基础上，城市可以依据减排潜力分析，考虑在现有政策基础上加大技术的研发和投资，并提出高执行所能实现的最大减排效果，并从基准情景的排放趋势中对应减去该减排潜力，得到低碳情景。以此类推，城市可以进一步识别实现达峰所需要的额外政策和技术措施的减排潜力，将其从低碳情景下减去，得到强化达峰情景。进一步，可考虑更具有减排雄心的技术手段和居民低碳行为促进等假设下的更大减排潜力，在低碳情景下减去该部分减排效果，获得零碳情景。[①]

需要注意的是，基准情景是指在现有政策延续的情况下未来的排放情况，

① APPC：《城市达峰指导手册》，2017年。

但这并不代表某一参数的“冻结”。例如，在考虑能源效率的时候，基准情景下的能源效率也会在现有政策的作用下有一定提升，只是在其他政策情景下，这个提升幅度会更大，以带来更多的减排潜力。

专栏4-1　APPC《城市达峰指导手册》对情景设置的建议

基准情景：指的是城市按照目前的政策措施和技术发展趋势，在不进行额外调整或开展强化行动情况下的排放情景，一般作为低限情景。

强化达峰情景：指的是城市通过政策、技术等全方位创新与变革以确保在2030年之前尽早实现达峰的情景，通常作为高限情景，为城市制定达峰目标及达峰方案提供高标杆。由于中国各地区经济社会发展差异明显，各城市在进行情景设计的过程中需考虑的因素有所不同。除以上两种情景之外，还有低碳情景和“零碳”情景可供城市选择。

低碳情景：指的是通过适当努力可以实现比基准情景好的情景，往往需要在现有的政策和规划框架下强化行动和实施，加大资金和技术的投入。低碳情景作为一种相对客观理性的中间情景，在对国家目标进行逐层分解之后，为城市如何满足碳强度目标提供决策参考。对于以2020年左右为达峰目标年的城市，基准情景已经可以涵盖其地方“十三五”规划中的低碳发展方案，可以直接为强化达峰情景下城市所需的政策措施和技术进步方案提供参考，可能不需要低碳情景作为中间的过渡阶段。而对于目标在2030年左右达峰的城市，基准情景只能包含该城市未来五年的政策技术水平和发展方案，并不能为强化达峰情景提供直接的指导和支持，因此往往需要在其中加入低碳情景作为向强化达峰情景的过渡。

“零碳”情景：指的是城市更长时期对自身节能减排具有较高要求的情景。在实际意义上，强化达峰情景主要强调如何实现峰值，对于达峰目标本身特别是达峰时的排放量并没有明确和非常严格的要求。对于城市来说，实现达峰目标并不意味着应对气候变化和绿色低碳发展工作的终点，而是一个向长远目标努力的更好契机和更高起点。因此，对于潜力较大的城市，可以考虑确定“零碳”情景（长期低碳战略情景），规划城市达峰后的长期减排和低碳发展路径。考虑到城市规划及基础设施等的寿命周期相对较长，一个更长时间尺度的战略规划有助于指导当前的决策和未来的行动。城市需要借助“零碳”情景，研究提出到2050年的低碳发展战略，并比照2050年长期减排要求倒排时间表和路线图，进而细化和完善近期和中期目标，以实现尽早达峰和更低的峰值年排放水平。

资料来源：APPC：《城市达峰指导手册》，2017年。

（四）结果分析

结果分析包括对排放轨迹、减排潜力和成本效益分析。排放轨迹包括城市总体排放路径和各行业、子行业排放路径。减排潜力分析包括总减排潜力和不同行业下不同政策措施对减排的贡献。成本效益分析主要是对不同政策的投资需求进行测算，进而得到总投资需求、分领域投资需求、每个政策的投资需求，以及相应的单位投资所带来的减排量。

（五）制定行动方案

根据上述分析，制定各个领域可能的政策措施。行动方案的领域和措施已经在第三章中有所介绍，这里对国内城市已经公布的行动方案做一些介绍。目前以政府文件正式发布行动方案的城市包括兰州和武汉。

专栏4－2　《兰州市2025年实现碳排放达峰实施方案》

2017年8月，兰州市人民政府下发了《兰州市2025年实现碳排放达峰实施方案》。其中制定的主要目标是，到2020年，全市低碳发展取得突破性进展，为2025年实现碳排放达峰奠定坚实基础。碳排放总量增速降低，单位地区生产总值二氧化碳排放控制在1.87吨/万元以下，非化石能源占一次能源新消费比重达18%；低碳产业体系与能源结构基本形成，战略性新兴产业GDP占比提高至16%，单位工业增加值碳排放控制在3.82吨/万元以下；交通、建筑等重点领域碳强度大幅下降，森林碳汇能力持续提升。到2025年，全市实现碳排放总量达到峰值，其中能源和工业领域一同达到峰值，进入低碳发展新阶段。碳排放总量增速大大放缓直至为零，单位地区生产总值二氧化碳排放控制在1.36吨/万元以下，非化石能源占一次能源新消费比重达24%；低碳产业体系与能源结构全面形成，战略性新兴产业GDP占比提高至18%，单位工业增加值碳排放控制在3.14吨/万元以下；交通、建筑等重点领域碳强度持续下降，并分别于2029年、2027年达到峰值；森林碳汇能力持续提升。

兰州将在能源、工业、交通、建筑、居民消费、生态建设、环境保护等其他协同领域，以及加强低碳基础能力建设等八个方面实施重点项目以促进目标的实现。尽管在总体目标中兰州只设定了达峰时间而没有设置达峰时的排放总量，但是在分领域的行动方案中规定了排放总量，也相当于制定了城市达峰的总量控制目标。

资料来源：兰州市人民政府：《兰州市2025年实现碳排放达峰实施方案》，（兰政办发〔2017〕169号），2017年6月12日。

专栏4-3　《武汉市碳排放达峰行动计划（2017—2022年）》

2017年12月，武汉市人民政府下发了《武汉市碳排放达峰行动计划（2017—2022年）》。其中明确到2022年，全市碳排放量达到峰值，工业（不含能源）、建筑、交通、能源领域和全市14个区（开发区）二氧化碳排放得到有效控制（全市碳排放达峰主要目标分解表附后），基本建立以低碳排放为特征的产业体系、能源体系、建筑体系、交通体系，基本形成具有示范效应的低碳生产生活“武汉模式”，低碳发展水平走在全国同类城市前列。为了实现这一目标，武汉将从产业低碳工程、能源低碳工程、生活低碳工程、生态降碳工程、低碳基础能力提升工程、低碳发展示范工程、建立健全有利于低碳发展的体制机制，以及加强低碳国际合作八个方面开展工作。同时，武汉还将从加强组织领导、加强评估考核和强化政策保障三个方面提供保障措施。

此外，武汉市碳排放达峰行动计划不仅制定了达峰年份（2022年），总量控制目标，以及分行业，还制定了分区域的总量控制目标。具体目标分解如表1所示。

表 1　　武汉市碳排放达峰目标分解

序号	领域（区域）		年度二氧化碳排放总量（万吨）				责任单位
			2015 年（基期）	2018 年（评估期）	2020 年（评估期）	2022 年（考核期）	
1	全市	全社会	13200	15500	16600	17300	市发展改革委
2	分领域	工业领域（不含能源）	6100	7060	7330	7260	市经济和信息化委
3		建筑领域	4000	4770	5240	5680	市城乡建设委
4		交通领域	1400	1670	1850	2020	市交通运输委
5		能源领域	1700	2000	2180	2340	市发展改革委（能源局）
6	分区域	江岸区	830	1010	1120	1210	江岸区人民政府
7		江汉区	850	990	1090	1140	江汉区人民政府
8		硚口区	850	1000	1100	1200	硚口区人民政府
9		汉阳区	350	410	440	480	汉阳区人民政府
10		武昌区	850	990	1090	1130	武昌区人民政府
11		青山区（武汉化工区）	5390	6100	6470	6440	青山区人民政府（武汉化工区管委会）
12		洪山区	380	460	490	520	洪山区人民政府
13		东西湖区	410	490	540	590	东西湖区人民政府
14	分区域	蔡甸区	190	230	250	270	蔡甸区人民政府
15		江夏区	380	450	490	540	江夏区人民政府
16		黄陂区	520	650	730	800	黄陂区人民政府
17		新洲区	1290	1520	1610	1640	新洲区人民政府
18		武汉经济技术开发区（汉南区）	280	330	360	410	武汉经济技术开发区管委会（汉南区人民政府）
19		武汉东湖新技术开发区	100	260	290	320	武汉东湖新技术开发区管委会

资料来源：武汉市人民政府：《武汉市碳排放达峰行动计划（2017—2022 年）》，（武政〔2017〕36 号），2018 年 1 月 2 日。

二　总体框架与行业方法

（一）总体框架

温室气体核算可以采用基于测量和基于计算两种方法。基于测量的方法是通过连续测量温室气体排放浓度或体积等进行计算，需要在排放源处安装连续监测系统进行实时监测。基于计算的方法主要包括排放因子法，即通过活动水平数据和相关参数来计算排放量。基于测量的方法虽然较为准确，但工作量大，装置设备成本高，因此目前大部分温室气体核算工作都采用了排放因子法。本书采用的计算方法基本原理为：温室气体排放量等于活动水平乘以排放因子。活动水平数据量化了造成城市温室气体排放的活动，例如锅炉燃烧消耗的煤的数量、居民生活用电量等。排放因子是指每一单位活动水平（如一吨煤或一度电）所对应的温室气体排放量，例如“吨 CO_2/吨原煤”“吨 CO_2/兆瓦时电力”。

$$排放 = 活动水平 \times 排放因子 \quad （式4-2）$$

城市分析研究包括农业、工业、建筑、交通、能源五大子模块。在每个子模块下，都可以将活动水平和排放因子归纳为需求、结构、能效和能源结构这四项。一方面分析模型需要计算历史排放，另一方面也是本模型的重要目的，即预测未来排放，找出达峰路径，并以此制定行动方案和给出政策建议。对未来预测需要从宏观经济社会发展入手，设定 GDP 增速、三次产业结构、人口增速和城镇化率等宏观参数。然后，从城市的宏观发展趋势和各产业的历史数据推导出一产、二产（包括工业和建筑业）、建筑部门和交通部门的生产和服务产出量，并结合各部门的历史能耗强度、能源结构，参考国家和先进省（区、市）案例，设定未来的变化率，估算出各部门分品种的能源消费量。最后，运用各类能源的排放因子计算出分部门和城市整体的二氧化碳排放。[①] 有的模型只有一年基年数据并基于此对未来进行预测，这种方法不太推荐。尽管学术上不赞成使用历史趋势回归方法对未来进行预测，但是对历史趋势的梳理确实可以为预测将来打下很好的基础。因此建议城市要对 2010 年甚至 2005 年以来的历史趋势做详细分

① 世界资源研究所：《发展与减排并举，碳达峰即刻行——成都二氧化碳排放峰值研究报告》，2016 年。

析。此外，对未来的预测的依据除了历史趋势以外，还需要参考地区或者国家的相关规划。（见图4－8）

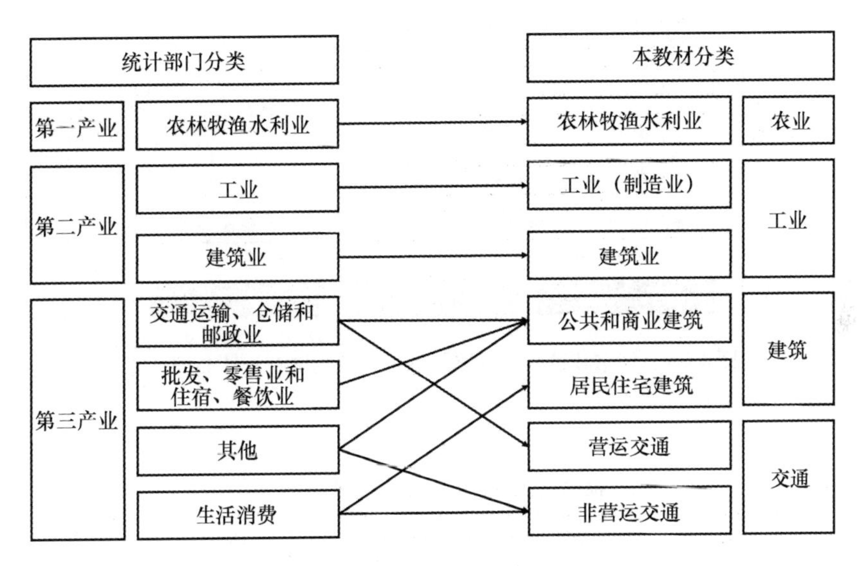

图4－8　城市碳排放达峰路径分析框架

资料来源：笔者自制。

模型的产出可以包括三个部分，一是碳排放情景，包括城市总体达峰轨迹和分行业的碳排放达峰轨迹；二是进行政策行动的减排和投资分析；三是向城市政府提出政策建议。前面两部分都是打基础，最核心的是向政府提出应该采取什么措施才能尽早实现达峰、低位实现达峰。

在排放源分类上，工业包括建筑业和制造业；交通是大交通的概念，包括营运和非营运交通；建筑包括公共和商业建筑以及居民住宅建筑。这里的分类方式和统计部门的传统分类方式略有不同，具体如图4－9所示。主要区别在于，传统的统计体系在第三产业中没有将交通和建筑分开，例如，生活消费里既包括居民住宅也包括私人小汽车的使用。这与城市碳排放达峰路径分析的需求不一致，因此需要对原有统计体系的数据进行重新改造分配。具体分配方法如表4－3所示。

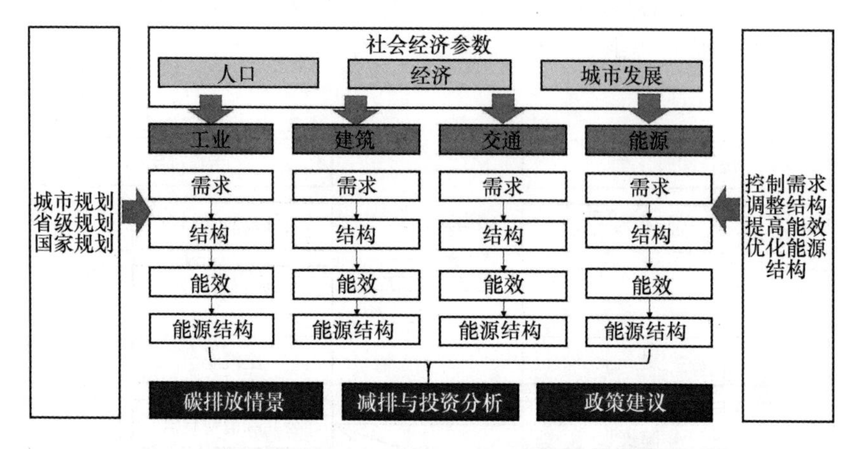

图4－9　城市碳排放达峰路径分析框架与现有统计分类对比

资料来源：笔者自制。

表4－3　根据能源平衡表数据估算交通能耗

	统计体系中的分类	各行业交通所占能耗的估算方法
第一产业终端能源消费	农业	97%的汽油和30%的柴油
第二产业终端能源消费	工业	除原料消耗以外95%的汽油和35%的柴油
	建筑业	95%的汽油和35%的柴油
第三产业终端能源消费	交通运输、邮政和仓储业	所有能源消费，除15%的电力
	批发、零售和住宿、餐饮	95%的汽油和35%的柴油
	其他	95%的汽油和35%的柴油
居民生活终端能源消费		所有汽油和95%的柴油

资料来源：部分数据参考王庆一《按照国际准则计算的中国终端用能和能源效率》，《中国能源》2006年第28卷第12期；部分数据由专家提供。

（二）工业

工业领域的总体框架如图4－10所示。根据工业行业的特点及数据可获得性，工业分析模型需要从两个层面进行，一是通过产值进行分析，二是通过产品产量进行分析。有的城市拥有的行业较多，无法一一统计对应的产品产量，有时因为行业特点原因，如化工行业，其产品统计有难度。但是基本上所有行业都有产值统计，因此可以从产值的角度，首先核算所有工业行业排放并进行预测。之后，应该将城市的支柱产业或者是高耗能行业单独识别出来，然后进行产品层面的分析。因为基于产品的分析更有利于识别潜力和制定政策。

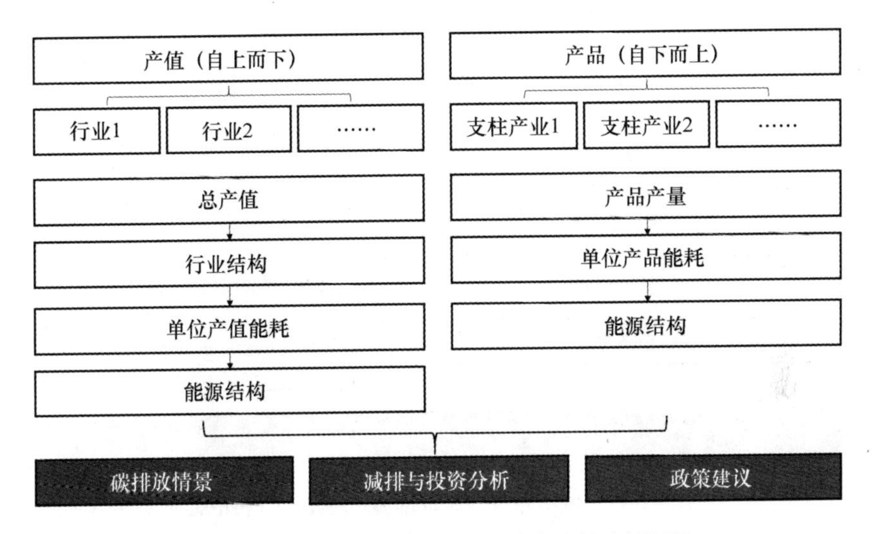

图 4－10 城市工业领域碳排放达峰路径分析框架

资料来源：笔者自制。

工业行业的企业名单、企业能耗等信息都可以从城市统计部门获得。工业数据是所有行业中最容易获得的数据之一。由于现有统计体系的原因，城市一般只有规上工业的统计数据，需要根据规上工业占比对全部工业能耗进行推算。

（三）建筑

建筑行业分析的总体框架如图 4－11 所示。首先将建筑分为公共和商业建筑，以及住宅建筑。前者包括机关建筑、大型公建和一般公建。后者包括城镇住宅建筑和农村住宅建筑。住宅建筑以人口和人均居住面积，以及单位建筑面积能耗等参数来推算排放。公共和商业建筑则主要以人均配套商业面积为主要参数进行推算。

（四）交通

交通行业分析的总体框架如图 4－12 所示。首先将交通分为城际交通和城市内交通，这一划分方法和统计数据与排放计算方法有关。城际交通包括公路、铁路、民航和水运，这部分交通是通过周转量、单位周转量能耗等参数计算排放。城市内交通包括地铁、公共汽电车、出租车、私家车等，这部分交通

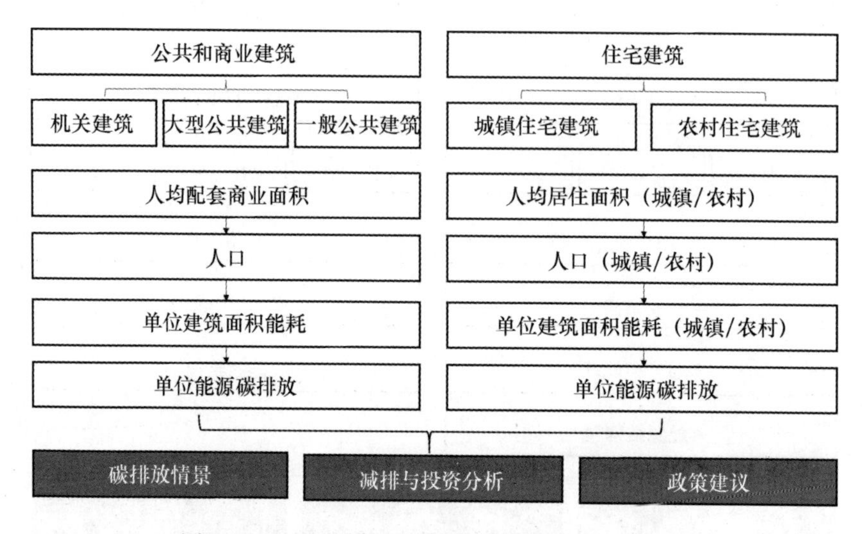

图4－11 城市建筑领域碳排放达峰路径分析框架

资料来源：笔者自制。

（除地铁）通常没有周转量统计，而只有汽车保有量统计，因此是通过保有量、年行驶里程、百公里能耗等参数计算排放。

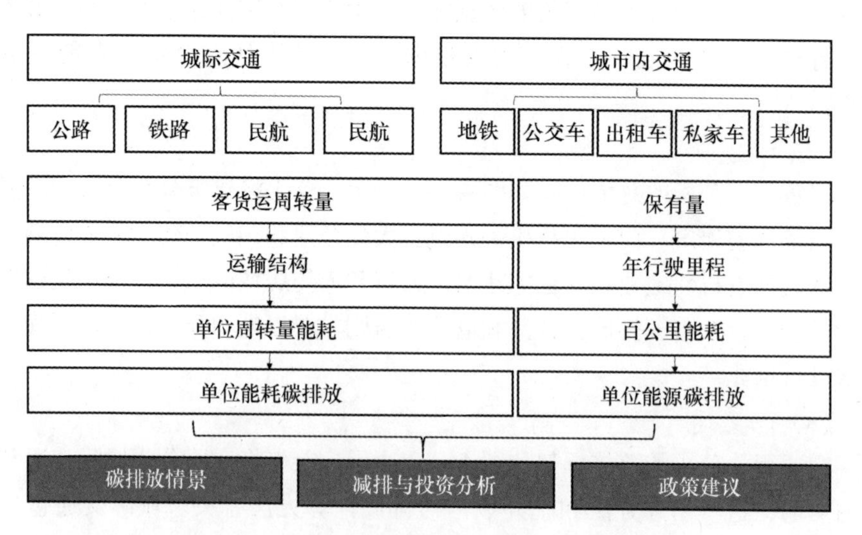

图4－12 城市交通领域碳排放达峰路径分析框架

资料来源：笔者自制。

（五）能源

能源行业主要包括发电和供热，这里以发电为例来进行介绍，分析总体框架如图 4－13 所示。首先将城市电力总需求分为城市内自发电和外调电。通常在模型中会假设城市内所有发电首先满足自身需求，如有剩余则进行外送，如不能满足自身需求则需要从外部调入。对于城市内发电，需要考虑能源结构，即化石能源和非化石能源发电的比重，以及化石能源内部（煤和气）的结构，结合发电煤耗即可得出相关排放。对于外调电，由于城市不对这部分活动具备管辖权，因此只需要考虑外调电占总电力需求的比例，以及区域电网排放因子这两个参数即可。

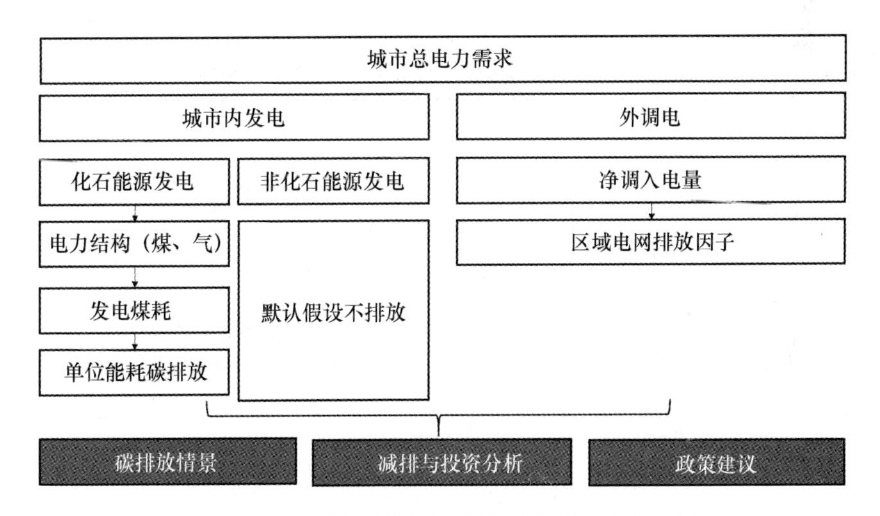

图 4－13　城市能源领域碳排放达峰路径分析框架

资料来源：笔者自制。

三　城市碳排放峰值研究的工具

（一）KAYA 公式和 LMDI 指数法

KAYA 公式是所有碳排放峰值路径研究方法中最为简化的一种。KAYA 公式是由日本学者 KAYA YOICHI 于 1990 年提出的。[①] 其原理为，一个地区的碳排放取决于人口规模、经济发展程度、能源利用情况以及能源结构四个方面因

① 张占贞：《基于 KAYA 模型的青岛市碳排放及驱动因素分析》，《青岛科技大学学报》（社会科学版）2013 年第 29 卷第 3 期。

素，具体体现为人口、人均 GDP、单位 GDP 能耗和单位能耗碳排放这四个参数。具体计算公式如下：

排放 = 人口 × 人均 GDP × 单位 GDP 能耗 × 单位能耗排放量（式 4 –3）

专栏 4 –4 介绍了利用 KAYA 公式计算历史排放和对未来排放进行预测。

专栏 4 –4　上海市二氧化碳排放 KAYA 分析

已知上海市 2015 年的人口、GDP、能耗和能源结构情况，以及这些因素的“十三五”目标，如表 1 所示。

表 1　　上海市 2015 年和 2020 年的 KAYA 分析相关参数

	单位	2015 年数据	“十三五”目标
人口	万人	2415.27[1]	2020 年不超过 2500 万[4]
GDP	亿元	24964.99[1]	37500
人均 GDP	元人民币	103363	2020 年达到 150000 左右[5]
能源消费量	万吨标准煤	11400[2]	2020 年，全市能源消费总量控制在 1.25 亿吨标准煤。全社会用电量预计控制在 1560 亿千瓦时左右[2]
单位 GDP 能耗	吨标准煤/万元	0.46	2020 年单位生产总值能耗和单位生产总值二氧化碳排放量分别比 2015 年下降 17% 和 20.5%[3]
单位能耗碳排放	吨 CO_2/吨标准煤		2020 年，煤炭占一次能源消费比重下降到 33%。天然气消费量增加到 100 亿立方米左右，占一次能源消费比重达到 12%，并力争进一步提高。非化石能源占一次能源比重上升到 14%，其中本地非化石能源一次能源消费比重上升到 1.5%，本地可再生能源发电装机比重上升到 10% 左右[2]

资料来源：上标为 1 的来自《上海市国民经济和社会发展统计公报》，上标为 2 的来自《上海市能源发展“十三五”规划》，上标为 3 的来自《上海市“十三五”节能减排和控制温室气体排放综合性工作方案》，上标为 4 的来自《上海市国民经济和社会发展第十三个五年规划纲要》，上标为 5 的来自《上海市城市总体规划（2017—2035 年）》。未标明数据为根据已知数据计算。

利用式（4-3），结合表1中的数据计算得到，上海市2015年和2020年的碳排放分别为2.34亿吨和2.86亿吨（见图1）。

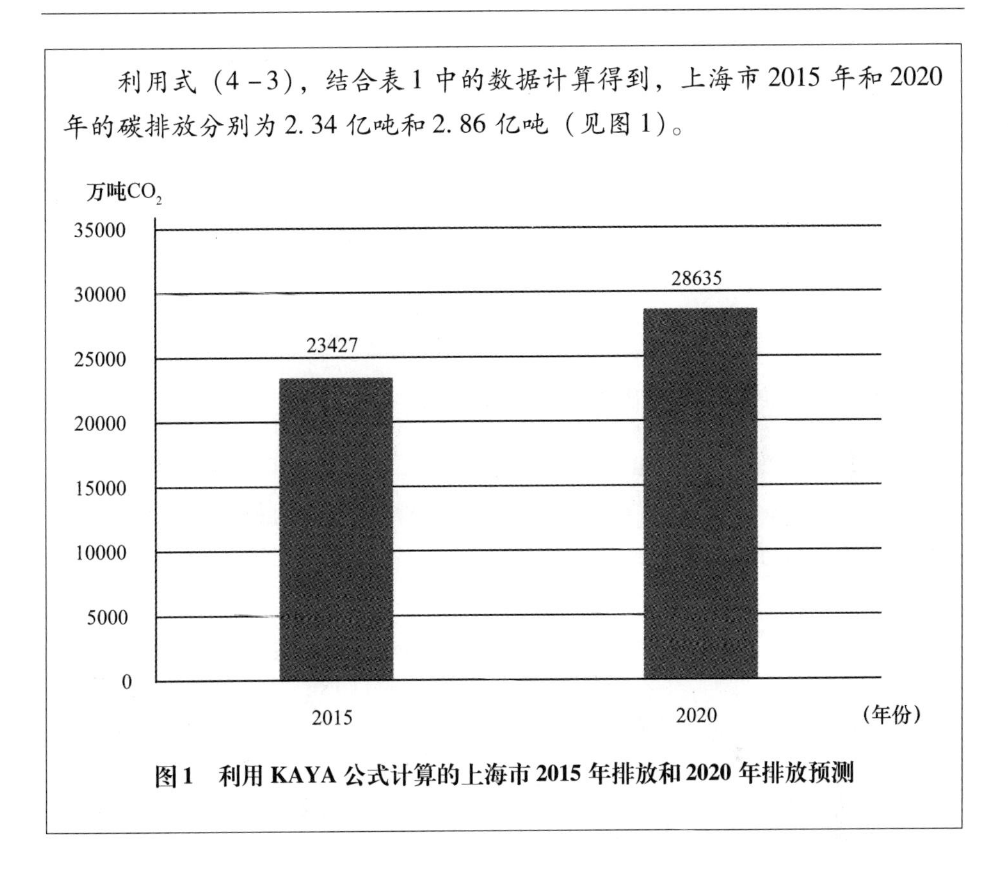

图1　利用KAYA公式计算的上海市2015年排放和2020年排放预测

KAYA公式还可以结合对数平均权重分解法（LMDI指数法）分析不同因素对排放的贡献。碳排放变化分解方法主要有结构分解法和指数分解法。结构分解法基于计量经济学中的投入产出模型，利用某些特定年份的投入产出表，对碳排放变化进行分解，该方法对数据的要求较高，而且分解结果只能是加法形式，这成为其在实证分析中大量运用的主要障碍。但是，随着对碳排放变化研究的不断深入和细化，特别是在涉及多个行业对比时，结构分解法的优势就能得到很好的体现。与结构分解法相比，指数分解法在实证分析中的应用相对更为广泛。一般来说，指数分解法主要包括拉氏（Laspeyres Index）和迪氏（Divisia Index）2种。拉氏分解方法比较容易理解，而且分解过程中不存在零值问题，但分解结果有很大的残差项。在传统拉氏分解方法的基础上，有学者提出了完全分解方法，又称改进的拉氏分解法，它能很好地解决残差问题，但当分解所得到的影响因素超过3个后，计算过程就会变得十分复杂。迪氏分解法主要包括基于算数平均权重法（AMDI）和基于对数平均权重法（LMDI），二者分别以算数平均值和对数平均值作为权重进行计算。AMDI 不仅包含残差，还无法解决数据中的零值问题。相反，LMDI 不仅能很好地解决残差和零值的问题，而且能满足“完美分解方法”的其他条件，成为在实证分析中应用最广泛的碳排放变化分解方法之一。①

专栏 4-5　上海市二氧化碳排放 LMDI 分析

将 KAYA 公式和 LMDI 指数法结合，可以分析 KAYA 公式中的四大要素：人口、经济、能效和能源结构对排放的贡献。表 1 为根据专栏 4-4 中表 1 整理得到的分析贡献因素所必要的数据。表 2 则列出了具体量化公式。

表 1　LMDI 指数法分析上海市碳排放贡献因素所需数据

	A	B	C	D
1	指标	单位	2015 年	2020 年
2	人口	万人	2415	2500
3	人均 GDP	元人民币/人	103363	150000
4	单位 GDP 能耗	吨标准煤/万元	0.46	0.38
5	单位能耗碳排放	吨 CO_2/吨标准煤	2.04	2
6	碳排放	万吨 CO_2	23427	28635

表 2　各因素贡献量化计算公式

指标	人口	人均 GDP	单位 GDP 能耗	单位能耗碳排放
计算公式	=（D6 - C6）÷（LN（D6）- LN（C6））× LN（D2/C2）	=（D6 - C6）÷（LN（D6）- LN（C6））× LN（D3/C3）	=（D6 - C6）÷（LN（D6）- LN（C6））× LN（D4/C4）	=（D6 - C6）÷（LN（D6）- LN（C6））× LN（D5/C5）

注：公式中的字母表示表 4-6 的列，数字表示表 4-6 中的行。

① 喻洁等：《基于 LMDI 分解方法的中国交通运输行业碳排放变化分析》，《中国公路学报》2015 年第 28 卷第 10 期。

根据表2中的公式计算得出，2015—2020年上海市的碳排放将增加5208万吨。其中，由于人口增长带来的排放增长为895万吨，由于经济发展即人均GDP增长带来的排放增长为9661万吨，是最主要的增排驱动因素。同时，由于能源效率提高，即单位GDP能耗下降带来的减排量为4834万吨，而由于天然气和非化石能源等能源的利用使得能源结构得以优化带来的减排量为514万吨。（见图1）

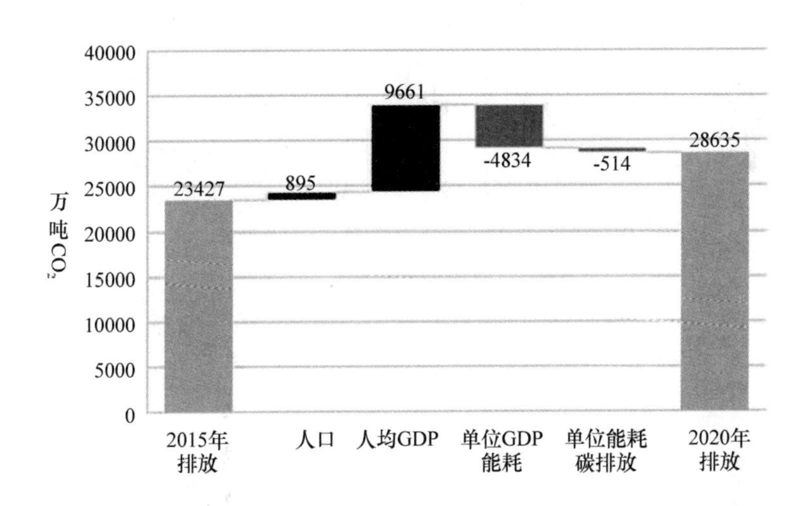

图1 用KAYA公式和LMDI指数法分析的上海市2015—2020年排放贡献分析

（二）LEAP模型

LEAP是长期能源替代规划系统（Long-range Energy Alternatives Planning System）的简称，由斯德哥尔摩国际环境研究院开发。它可以用于城市、省、国家、地区和全球层面的研究。① LEAP的两个特点一是自下而上，二是可以进行情景分析。LEAP包括能源生产、能源加工转换和能源终端消费等模块。它可用于解释能源部门和非能源部门的温室气体（GHG）排放源和汇。除了分析温室气体外，LEAP还可用于分析当地和区域大气污染物的排放量，以及

① https：//www. sei. org/projects - and - tools/tools/leap - long - range - energy - alternatives - planning - system/.

短期气候污染物（SLCP），同时可以用于研究当地空气污染减少的气候共同效益。（见图 4 - 14）

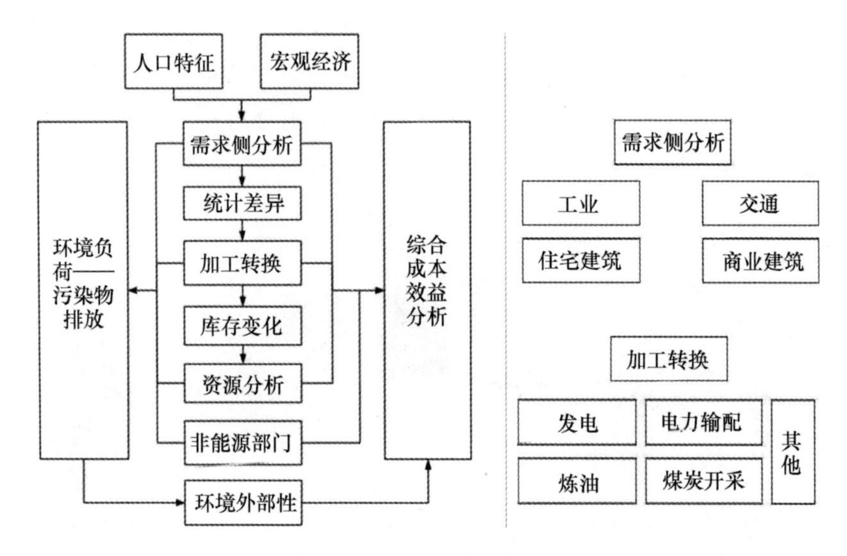

图 4 - 14　LEAP 模型框架

资料来源：LEAP 模型。

LEAP 模型中的需求侧分析和加工转换是分析能源部门排放的最关键组成部分。LEAP 在构建需求侧分析方面提供了很大的灵活性。一般来说模型包括工业、交通、住宅建筑、商业建筑和农业等部门，每一个部门都可以分为不同的子部门、最终用途和燃料使用设备。用户可以根据数据的可用性、要进行的分析的类型以及单位偏好，进行数据结构调整。加工转换模块包括了能源的加工转换和运输，从初级资源和进口燃料到最终燃料消耗。具体关注装机容量、利用率、能源效率、能源结构、发电量等参数。非能源部门则主要关注的是土地利用和林业领域的碳排放。

（三）EPS 模型

EPS 是能源政策模拟（Energy Policy Simulator）的简称，由美国能源创新有限责任公司（Energy Innovation LLC）开发，旨在向决策者和监管机构通报哪些气候和能源政策将以最低成本最有效地减少温室气体排放。EPS 主要分析数十种政策对能源和碳排放的影响，这些政策影响到经济各部门的能源使用和排放，如碳税、车辆燃油经济性标准、减少工业甲烷泄漏以及加速各种技术的研发进步等。该模型包括经济的各个主要部门：交通、电力供应、建筑、工业、农业和土地利用。具体框架如图 4－15 所示。

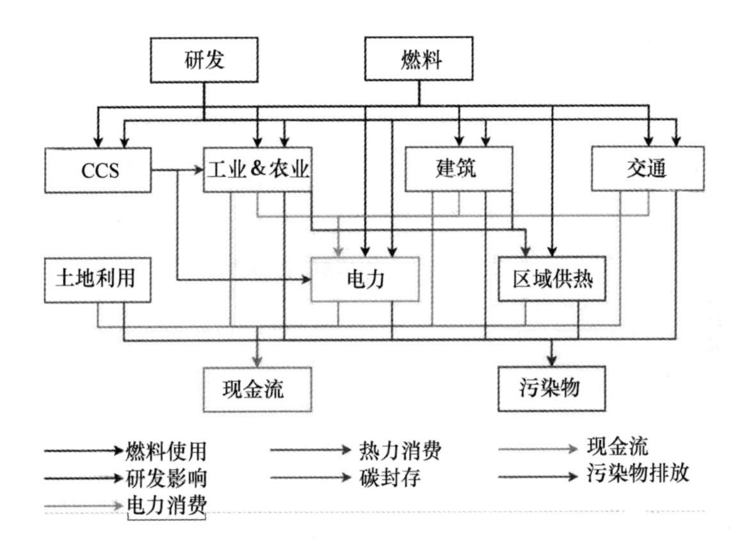

图 4－15　EPS 模型框架

资料来源：EPS 模型。

EPS 可以产出的结果包括 12 种不同污染物的排放量，包括二氧化碳（CO_2）、氮氧化物（NO_X）、硫氧化物（SO_X）、细颗粒物（PM 2.5）和其他 8 种污染物；直接现金流对消费者、行业整体、政府和几个特定行业的影响；减少微粒污染避免的死亡人数；电力部门的组成和产出，如煤炭、天然气、风能、太阳能等的装机容量和发电量；汽车技术市场份额和车队构成，如电动汽车等；各种能源利用技术中不同燃料类型的能源使用；政策包中每个政策如何有助于总减排和每个政策的成本效益的细分，如楔形图和成本曲线。

（四）STIRPAT 模型

STIRPAT 是"回归对人口、富裕程度和技术的随机影响"（The Stochastic Impacts by Regression on Population，Affluence and Technology）的简称。1971 年美国生态学家 Ehrilich 和 Holden 建立了反映人口、经济和科技对环境压力影响的模型，即 $I = PAT$ 方程。其中 I 表示环境压力，P 表示人口规模，A 表示经济发展水平，T 表示科技进步所驱动。

在 IPAT 模型和 KAYA 恒等式的研究基础上，Dietz 等建立了随机模型——STIRPAT 模型，引入指数来分析人口因素对环境的非比例影响。[①] 具体公式为：

$$I = aP^{b}A^{c}T^{d}e$$

其中，a 和 e 表示模型系数与误差；I、P、A、T 分别代表环境压力、人口规模、经济发展水平、技术水平，b、c、d 表示各个影响因素的指数。

第三节　减排路径

一　工业行业减排路径

（一）化解过剩产能

在市场经济条件下，供给适度大于需求是市场竞争机制发挥作用的前提，有利于调节供需，促进技术进步与管理创新。但产品生产能力严重超过有效需求时，将会造成社会资源巨大浪费，降低资源配置效率，阻碍产业结构升级。[②] 目前全国来看，存在严重过剩产能的行业主要包括钢铁、水泥、电解铝、平板玻璃、船舶等。

化解过剩产能的主要方式包括在产能过剩行业严禁建设新增产能项目、分类妥善处理在建违规项目、清理整顿建成违规产能、淘汰和退出落后产能、通过推进企业兼并重组和优化产业空间布局以调整优化产业结构、扩大国内有效需求、改善需求结构、巩固扩大国际市场、扩大对外投资合作、加强企业管理、突破核心关键技术，以及建立创新政府管理、营造公平环境、完善市场机制等。[③]

（二）产业转型升级

产业转型升级是指从低附加值转向高附加值，同时从高能耗高污染转向低能耗低污染，包括传统产业转型升级和新兴产业发展两方面。

---

① 蔡和、黄炜等：《控温：从“软约束”到“硬约束”——基于浙江省温室气体清单的总量控制制度初探》，2017 年 12 月，世界资源研究所，www. wri. org. cn/Zhejiang_ cap_ guel_ CN。

② 《国务院关于化解产能严重过剩矛盾的指导意见》（国发〔2013〕41 号），2013 年 10 月 18 日。

③ 《国务院关于化解产能严重过剩矛盾的指导意见》（国发〔2013〕41 号），2013 年 10 月 18 日。

传统产业转型升级手段主要包括深化制造业与互联网融合发展，促进制造业高端化、智能化、绿色化、服务化；构建绿色制造体系，推进产品全生命周期绿色管理，不断优化工业产品结构；支持重点行业改造升级，鼓励企业瞄准国际同行业标杆全面提高产品技术、工艺装备、能效环保等水平；严禁以任何名义、任何方式核准或备案产能严重过剩行业的增加产能项目；强化节能环保标准约束，严格行业规范、准入管理和节能审查，对电力、钢铁、建材、有色、化工、石油石化、船舶、煤炭、印染、造纸、制革、染料、焦化、电镀等行业中，环保、能耗、安全等不达标或生产、使用淘汰类产品的企业和产能，要依法依规有序退出。①

《中国制造2025》中提出了十大重点发展的新兴产业，包括新一代信息技术产业、高档数控机床和机器人、航空航天装备、海洋工程装备及高级技术船舶、先进轨道交通装备、节能与新能源汽车、电力装备、农机装备、新材料，以及生物医药和高性能医疗器械。

（三）节能和提高能效

由于工业能耗占总能耗的比重较大，工业节能是所有节能工作的重中之重，包括结构节能、技术节能和管理节能三类。

结构节能是指通过产业结构调整和能源结构调整达到节能目的，具体措施包括节能评估审查和后评价、设置能耗和环保准入门槛、淘汰落后产能、发展能耗低污染少的先进制造业和战略性新兴产业、调整产品结构开发高附加值低排放产品、鼓励企业利用可再生能源、鼓励建设分布式能源中心、在工业园区或企业实施煤改气或可再生能源替代、绿色照明等。

技术措施类手段包括高温高压干熄焦、无球化粉磨、新型结构铝电解槽、智能控制、热电联产改造、窑炉改造、余热余压利用、电机能效提升、绿色照明、系统节能改造工程等节能技术改造和节能新技术新产品。

管理类手段包括合同能源管理、节能低碳产品认证、能效标识管理、重点用能单位和耗能项目的监督管理、高耗能项目差别电价（气价）、阶梯电价（气价）等。（见表4－4）

---

① 国务院：《“十三五”节能减排综合工作方案》（国发〔2016〕74号），2016年12月20日。

表4－4　　“十三五”时期工业绿色发展主要指标

指标	2015年	2020年	累计降速
（1）规模以上企业单位工业增加值能耗下降（%）	—	—	18
吨钢综合能耗（千克标准煤）	572	560	
水泥熟料综合能耗（千克标准煤/吨）	112	105	
电解铝液交流电耗（千瓦时/吨）	13350	13200	
炼油综合能耗（千克标准油/吨）	65	63	
乙烯综合能耗（千克标准煤/吨）	816	790	
合成氨综合能耗（千克标准煤/吨）	1331	1300	
纸及纸板综合能耗（千克标准煤/吨）	530	480	
（2）单位工业增加值二氧化碳排放下降（%）	—	—	22
（3）单位工业增加值用水量下降（%）	—	—	23
（4）重点行业主要污染物排放强度下降（%）	—	—	22
（5）工业固体废物综合利用率（%）	65	73	
其中：尾矿（%）	22	25	
煤矸石（%）	68	71	
工业副产石膏（%）	47	60	
钢铁冶炼渣（%）	79	95	
赤泥（%）	4	10	
（6）主要再生资源回收利用（亿吨）	2.2	3.5	
其中：再生有色金属（万吨）	1235	1800	
废钢铁（万吨）	8330	15000	
废弃电器电子产品（亿台）	4	6.9	
废塑料（国内）（万吨）	1800	2300	
废旧轮胎（万吨）	550	850	
（7）绿色低碳能源占工业能源消费量比重（%）	12	15	
（8）六大高耗能行业占工业增加值比重（%）	27.8	25	
（9）绿色制造产业产值（万亿元）	5.3	10	

注：本专栏均为指导性指标，大多为全国平均值，各地区可结合实际设置目标。

资料来源：工业和信息化部：《工业绿色发展规划（2016—2020年）》，2016年6月30日。

二　建筑行业减排路径

（一）新建绿色建筑

绿色建筑是指在全寿命期内，最大限度地节约资源（节能、节地、节水、节材）、保护环境、减少污染，为人们提供健康、适用和高效的使用空间，与自然和谐共生的建筑。[①]

对绿色建筑的评价包括设计评价和运行评价，评价指标体系由节地与室外环境、节能与能源利用、节水与水资源利用、节材与材料资源利用、室内环境质量、施工管理、运营管理 7 类指标组成。在评价时，具体指标分为控制项、评分项和加分项，控制项的评定结果为满足或不满足；评分项和加分项的评定结果为分值。每类指标的打分权重如表 4－5 所示，当得分达到 50 分、60 分、80 分时，绿色建筑等级分别为一星级、二星级、三星级。

表 4－5　　绿色建筑各类评价指标的权重

		节地与室外环境 w_1	节能与能源利用 w_2	节水与水资源利用 w_3	节材与材料资源利用 w_1	室内环境质量 w_1	施工管理 w_1	运营管理 w_1
设计评价	居住建筑	0.21	0.24	0.2	0.17	0.18	—	—
	公共建筑	0.16	0.28	0.18	0.19	0.19	—	—
运行评价	居住建筑	0.17	0.19	0.16	0.14	0.14	0.10	0.10
	公共建筑	0.13	0.23	0.14	0.15	0.15	0.10	0.10

资料来源：住建部：《绿色建筑评价标准》（GB/T50378－2019），2019 年 3 月 13 日。

在 7 类指标中，节能与能源利用是与碳排放最密切相关的，也是权重最高的，尤其是针对公共建筑。其中，控制项包括，第一，建筑设计应符合国家现行相关建筑节能设计标准中强制性条文的规定；第二，不应采用电直接加热设备作为供暖空调系统的供暖热源和空气加湿热源；第三，冷热源、输配系统和照明等各部分能耗应进行独立分项计量；第四，各房间或场所的照明功率密度值不应高于现行国家标准《建筑照明设计标准》GB 50034 中规定的现行值。评分项要求则包括建筑与围护结构，供暖、通风与空调，照明与电气，能量综

① 住建部：《绿色建筑评价标准》（GB/T50378－2019），2019 年 3 月 13 日。

合利用四个方面的若干指标要求。①

（二）既有建筑节能改造

既有居住建筑节能改造的措施主要包括外墙、屋面、外门窗等围护结构的保温改造；采暖系统分户供热计量及分室温度调控的改造；热源（锅炉房或热力站）和供热管网的节能改造；涉及建筑物修缮、功能改善和采用可再生能源等的综合节能改造。②

既有商业和公共建筑节能改造则主要针对空调系统、照明系统、围护结构和给排水系统进行。

（三）分布式可再生能源建筑应用

分布式可再生能源建筑应用是指将太阳能和浅层地能的应用与建筑联系起来，具体包括太阳能光伏建筑应用、太阳能光热建筑应用和地源热泵建筑应用。重点技术领域包括：与建筑一体化的太阳能供应生活热水、采暖空调、光电转换、照明；地表水及地下水丰富地区利用淡水热泵技术供热制冷；沿海地区利用海水源热泵技术供热制冷；利用土壤源热泵技术供热制冷；利用污水源热泵技术供热制冷；农村地区利用太阳能、生物质量等进行供热、炊事等；先进适用、具有自主知识产权的可再生能源建筑应用设备及产品产业化；培育相关能效测评机构，建立能效标识、产品认证制度及建筑节能服务体系。③

三　交通行业减排路径

（一）调整运输结构

运输结构调整是目前交通领域节能减排的最主要手段。

对城市内交通而言，主要是鼓励城市公共交通运输方式。常用的手段包括错峰上下班、停车收费、限购、限行、科学划设公交专用道、完善城市步行和自行车等慢行服务系统、探索合乘和拼车等共享交通发展。

对城际交通而言，主要手段包括提升铁路、水路货运比例、发展多式联运等。根据相关测算，铁路和水运的单位周转量能耗最低，其次是公路运输，其

---

① 住建部：《绿色建筑评价标准》（GB/T50378－2019），2019 年 3 月 13 日。

② 住建部：《既有居住建筑节能改造指南》，2012 年。

③《建设部、财政部关于推进可再生能源在建筑中应用的实施意见》（建科〔2006〕213 号），《电力标准与技术经济》2007 年第 2 期。

周转量能耗是水路和铁路的 7 倍，而民航是水路和铁路的 150 倍。[①] 因此运输结构的调整对于减排效果的潜力非常大。

（二）提高能源效率

提高能源效率主要表现在降低单位运输量的能耗。具体措施包括技术和管理两方面。技术手段包括车辆设计如改进发动机、汽车轻量化、刹车回收能利用等。管理手段包括制定更加严格的汽车生产和排放标准、降低货物运输空载率、悬挂运输、驾驶技术培训等。（见表 4－6）

表 4－6　交通运输节能环保“十三五”发展具体目标

指标类型	指标名称	2020 年指标值	指标属性
能耗和碳排放强度	1. 营运客车单位运输周转量能耗和 CO_2 排放在 2015 年基础上下降率（%）	能耗 2.1 CO_2 排放 2.6	预期性
	2. 营运货车单位运输周转量能耗和 CO_2 排放在 2015 年基础上下降率（%）	能耗 6.8 CO_2 排放 8	预期性
	3. 营运船舶单位运输周转量能耗和 CO_2 排放在 2015 年基础上下降率（%）	能耗 6 CO_2 排放 7	预期性
	4. 城市客运单位客运量能耗和 CO_2 排放在 2015 年基础上下降率（%）	能耗 10 CO_2 排放 12.5	预期性
	5. 港口生产单位吞吐量综合能耗和 CO_2 排放在 2015 年基础上下降率（%）	能耗 2 CO_2 排放 2	预期性

资料来源：交通运输部：《交通运输节能环保“十三五”发展规划》，《节能与环保》2016 年第 7 期。

（三）改善能源结构

交通领域改善能源结构包括从传统的汽柴油转向天然气、电动车、氢燃料等，以及飞机和船舶使用岸电。

天然气燃料在交通领域的应用主要是各种交通工具如公交车、出租车、货车和轮船使用液化天然气（LNG）和压缩天然气（CNG）。例如，《关于深入推进水运行业应用液化天然气的意见（征求意见稿）》中提到了完善 LNG 码头布局规划、加快内河 LNG 加注码头布局规划落地、推进港区 LNG 加气站规

① 世界资源研究所：《武汉市交通碳排放达峰路径研究》，2019 年待发布。

划、推进 LNG 码头建设、提升 LNG 水路运输能力、有序发展多种加注方式、加快内河 LNG 加注站建设运营、加大内河 LNG 动力船舶推广应用力度、推动海船应用 LNG、推广港口车船机械等应用 LNG 等措施。

我国对电动车的推广最早开始于 2009 年，科技部、财政部、发改委和工信部联合启动了“十城千辆”工程，通过财政补贴的方式计划在 3 年时间内每年发展 10 个城市，每个城市推出 1000 辆新能源汽车开展示范运行。十年过去了，我国新能源车的发展远远超过当时的预期。截至 2018 年底，我国的新能源汽车保有量达到 261 万辆，北京、上海、深圳等城市的新能源车保有量都达到了 10 万辆左右。由于电池续航里程、充电设施和价格等问题，目前新能源车在私人小汽车中的推广还有限，而更多的是在公交车、出租车、市政用车、公务车等领域推广应用。以纯电动车为例，其减排效果取决于城市所在的电网清洁程度，以及新能源车的规模。（见表 4 -7）

表 4 -7　　交通运输节能环保“十三五”发展具体目标

指标类型	指标名称	2020 年指标值	指标属性
能源结构	6. 道路运输清洁燃料车辆保有量在 2015 年基础上增长率（%）	50	预期性
	7. 内河运输船舶能源消耗中液化天然气（LNG）比例在 2015 年基础上增长率（%）	200	预期性

资料来源：交通运输部：《交通运输节能环保“十三五”发展规划》，《节能与环保》2016 年第 7 期。

氢燃料可以用于工业、建筑、交通等各个领域，但是目前的尝试主要是用在交通领域的氢能源车上。尽管氢能源车与纯电动车、混合动力车一道被列为新能源车的范畴，但由于技术、成本、基础设施等一系列因素，氢燃料车目前的应用十分有限。世界上有其他一些国家如日本是氢能的主要推动者，但在中国，直到最近一段时间，氢能的发展才逐渐受到重视，走入了人们的视野。最主要的一个事例就是“推动充电、加氢等设施建设”在 2019 年首次被写入《政府工作报告》。与纯电动车相比，如果电网没有达到 100% 清洁，氢能源在减碳方面的优势是毋庸置疑的，但氢燃料在未来的大规模应用还需要解决成本、基础设施、安全性等一系列关键问题。

靠港船舶和飞机使用岸电也是交通领域能源结构调整的一个方面，国务院发布的《打赢蓝天保卫战三年行动计划》中提出，“加快港口码头和机场岸电设施建设，提高港口码头和机场岸电设施使用率。2020年年底前，沿海主要港口50%以上专业化泊位（危险货物泊位除外）具备向船舶供应岸电的能力。新建码头同步规划、设计、建设岸电设施。重点区域沿海港口新增、更换拖船优先使用清洁能源。推广地面电源替代飞机辅助动力装置，重点区域民航机场在飞机停靠期间主要使用岸电”。

四　电力行业减排路径

（一）提高火电能效水平

根据中国电力企业联合会（以下简称中电联）发布的《2018年全国电力工业统计快报一览表》，2018年全国6000千瓦及以上电厂供电标准煤耗为308克/千瓦·时，比2018年降低了1克，下降比例为0.32%。2008年以来全国6000千瓦及以上电厂供电标准煤耗以及下降率如表4-8所示。

表4-8　全国6000千瓦及以上电厂供电标准煤耗

年份	6000千瓦及以上电厂供电标准煤耗（克/千瓦·时）	变化率（%）
2008	345	
2009	340	-1.45
2010	333	-2.06
2011	329	-1.20
2012	305	-7.29
2013	302	-0.98
2014	300	-0.66
2015	297	-1.00
2016	312	5.05
2017	309	-0.96
2018	308	-0.32

资料来源：中电联。

提高火电能效的手段包括关停小火电、对火电设备进行改造维护和管理等。根据《重塑能源工业卷》中的相关研究，到2050年我国电厂平均供电标准煤耗有望下降到270克/千瓦·时。

（二）提高非化石能源发电比例

在计算电力生产或者消费相关的排放时，通常简化处理认为非化石燃料发电的排放为零，因此，城市的电力消费中来自非化石能源发电的比例越高，排放因子就越低。由于在工业、建筑和交通这几大主要行业中，电力都是最主要的能源品种之一，尤其是随着未来电气化水平的提高，以及电动汽车的普及，清洁电力对于一个城市的碳减排来说非常重要。根据中电联每年发布的报告，过去十年里我国非化石能源发电量占比从 18.8% 上升到了 29.6%，其中水电所占比例最大，其次是核电、风电和太阳能发电。2017 年国家发展改革委、国家能源局公布了《能源生产和消费革命战略（2016—2030 年）》，其中要求，到 2030 年非化石能源发电量占全部发电量的比重力争达到 50%。这意味着在未来 10 年中，中国的非化石能源发电量占比还需提高 20 个百分点。（见表 4－9）

表 4－9　　我国发电结构

年份	火电（%）	非化石能源发电（%）					
			水电（%）	核电（%）	风电（%）	太阳能发电（%）	其他（%）
2008	81.2	18.8	16.4	2.0	0.4	0.000	0.000
2009	81.8	18.2	15.5	1.9	0.8	0.004	
2010	80.8	19.2	16.2	1.8	1.2	0.002	0.003
2011	82.4	17.6	14.1	1.8	1.6	0.014	0.003
2012	78.7	21.3	17.2	2.0	2.1	0.1	0.010
2013	78.6	21.4	16.6	2.1	2.6	0.2	0.005
2014	75.8	24.2	18.7	2.3	2.8	0.4	0.009
2015	73.7	26.3	19.4	3.0	3.2	0.7	0.003
2016	71.8	28.2	19.5	3.5	4.0	1.1	0.002
2017	71.0	29.0	18.6	3.9	4.7	1.8	0.002
2018	70.4	29.6	17.6	4.2	5.2	2.5	0.001

资料来源：根据中电联数据计算。

延伸阅读

1. 国家发改委能源研究所等：《重塑能源：中国——面向 2050 能源消费和生产革命路线图研究》，中国科学技术出版社。

2. 绿色低碳发展智库伙伴：《中国城市低碳发展规划、峰值和案例研究》，科学出版社。

3. 中国达峰先锋城市联盟：《城市达峰指导手册》，2017 年。

练习题

1. 根据 KAYA 公式，利用下表数据计算上海市 2015 年和 2020 年二氧化碳排放。可将结果与专栏 4－4 进行对照。

	单位	2015 年数据	"十三五" 目标
人口	万人	2415.27	2020 年不超过 2500 万
GDP	亿元	24964.99	37500
人均 GDP	元人民币	103363	2020 年达到 150000 左右
能源消费量	万吨标准煤	11400	2020 年，全市能源消费总量控制在 1.25 亿吨标准煤。全社会用电量预计控制在 1560 亿千瓦时左右
单位 GDP 能耗	吨标准煤/万元	0.46	2020 年单位生产总值能耗和单位生产总值二氧化碳排放量分别比 2015 年下降 17% 和 20.5%
单位能耗碳排放	吨 CO_2/吨标准煤		2020 年，煤炭占一次能源消费比重下降到 33%。天然气消费量增加到 100 亿立方米左右，占一次能源消费比重达到 12%，并力争进一步提高。非化石能源占一次能源比重上升到 14%，其中本地非化石能源一次能源消费比重上升到 1.5%，本地可再生能源发电装机比重上升到 10% 左右

2. 将 KAYA 公式和 LMDI 指数法结合，根据下表所列数据，计算人口、经济、能效和能源结构四个因素对上海市 2015—2020 年碳排放变化的贡献。可将结果与专栏 4－5 进行对照。

	A	B	C	D
1	指标	单位	2015 年	2020 年
2	人口	万人	2415	2500
3	人均 GDP	元人民币/人	103363	150000
4	单位 GDP 能耗	吨标准煤/万元	0.46	0.38
5	单位能耗碳排放	吨 CO_2/吨标准煤	2.04	2
6	碳排放	万吨 CO_2	23427	28635

第五章

城市低碳适用技术需求评估

技术在城市低碳发展进程中扮演着基础性作用。发展和应用低碳技术，不仅能减少碳排放，同时还能创造出新的经济和社会价值。从温室气体减排的角度看，城市需要选择低成本的低碳技术；从城市创新的角度看，城市需要把握低碳技术的发展趋势。

第一节　低碳技术的类别划分

根据世界知识产权组织1977年版的《供发展中国家使用的许可证贸易手册》中的定义，“技术是制造一种产品的系统知识，所采用的一种工艺或提供的一项服务，不论这种知识是否反映在一项发明、一项外形设计、一项实用新型或者一种植物新品种，或者反映在技术情报或技能中，或者反映在专家为设计、安装、开办或维修一个工厂或为管理一个工商业企业或其活动而提供的服务或协助等方面”。技术（technology）在社会发展中具有极其重要的地位。近代以来出现的三次技术革命（蒸汽机的发明和应用、电气化、微电子技术的发明和应用），极大地改变了人类的生产和生活，为人类社会带来了巨大变革。邓小平深刻指出：科学技术是第一生产力。在城市低碳发展进程中，技术同样扮演着基础性作用。技术创新是低碳经济发展的重要推动力。通过技术创新，不仅能减少碳排放，同时还能创造出新的经济和社会价值。

低碳技术泛指能够有效控制温室气体排放，提高能源和资源的利用效率，降低碳排放强度的技术，它涉及电力、交通运输、采矿、化工、钢铁冶炼、建筑等多个领域和部门。低碳技术种类繁多，根据不同的划分原则，可以分为不同的类别。

从技术的减碳方向来看，可以分为三类：第一类是减碳技术，指电力、交通、建筑、冶金、化工、石化等高能耗、高排放领域的节能减排技术，煤的清洁利用、油气资源和煤层气的勘探开发技术等；第二类是无碳技术，指核能、太阳能、风能、生物质能等可再生能源技术；第三类是去碳技术，最典型的是碳捕获与封存技术（Carbon Capture and Storage，CCS），能够捕获大气中的二氧化碳并实现安全储藏。

从技术的应用部门来看，可以分为五大类：第一类是低碳能源技术，包括清洁煤发电技术、煤化工技术、非常规天然气开发技术、可再生能源技术、核电技术等；第二类是终端利用部门减排技术，包括工业减排技术、交通减排技术、建筑减排技术等；第三类是工业生产过程中的减排技术，包括甲烷减排技术、氧化亚氮减排技术、含氟气体减排技术等；第四类是农林业和土地利用部门的减排增汇技术，包括稻田温室气体减排技术、农田氧化亚氮减排技术、畜禽养殖减排技术、土壤管理技术、林业增汇技术等；第五类为地球环境工程技术，包括碳捕获与封存技术、海洋工程技术、太阳辐射管理技术等。

从技术的革新程度来看，可以分为维持性技术（Sustaining Technology）和颠覆性技术（Disruptive Technology）。维持性技术指的是对已有技术的性能或功能属性进行增量改善的一类技术；颠覆性技术是指通过改变已有技术范式，替代现有主流技术，产生新的产品和服务功能，对产业或市场格局具有破坏性、颠覆性影响的一类技术。颠覆性技术的产生往往是技术革命的重要标志。

第二节　低碳技术的发展和创新

一　技术的生命周期

技术生命周期（technology life cycle）指的是一项技术产生、运用和消亡的过程。人类在认识自然、改造自然的历程中，随着知识量的连续积累，技术先进性往往呈现出阶段性变化。根据 Foster 的观点，技术生命周期可以划分为萌芽期、成长期、成熟期和衰退期。[1] 技术发展的不同阶段，具有不同的特征(见表5-1)。

表5-1 技术生命周期各阶段的特征模式

特征指标	萌芽期	成长期	成熟期	衰退期
专利授权量	少	多	非常多	非常少
市场需求	非常少	少	非常多	一般
替代技术	非常少	少	一般	多
媒体曝光度	一般	非常多	多	少
创新扩散动力	弱	强	非常强	一般
技术创新体系	弱	一般	非常强	强
风险投资	少	非常多	多	非常少
创新成果产出率	少	一般	非常多	一般

资料来源：张海锋、张卓：《技术生命周期阶段特征指标构建及判定》，《技术经济》2018年第2期。

萌芽期。新技术在诞生前处于基础知识积累阶段，技术研发处于摸索阶段。此时，技术创新体系薄弱，甚至有的技术还只是概念性设想，并未有成果出现。研究经费主要来自国家的基础研究计划，风险投资涉足较少。

成长期。随着知识的积累和广泛合作，技术创新体系得到迅速发展，研发队伍扩大，大量专利涌现。技术创新中形成的隐性知识使得竞争对手难以在短时间内模仿，替代产品较少，风险资金快速涌入，创新扩散动力增强，产业化加速，新产品投入市场，市场需求显现，新技术市场的曝光度增大。

成熟期。经过成长期，技术进入了较为成熟的阶段。技术的知识积累已达到一个稳定阶段，技术创新水平较高，较尖端的技术难题基本得到解决，专利量较多，风险资金较多，产业化水平较高，市场需求较大，市场上出现了少量模仿性技术或替代性技术。此时，新技术开发企业需要继续加大研发投入以保持该技术的领先性，使得利用该技术能够持续获利。

衰退期。随着技术的继续发展，市场上出现了较多相关新技术或替代技术，原技术的市场获利越来越少，企业对该技术的后续开发也越来越少。风险

① Foster R. N., "Working the S-Curve: Assessing Technological Threats", *Research Management*, Vol. 29, No. 4, 1986, pp. 17-20.

投资家、传播媒介渐渐对该项技术不太关注，原技术被其他相关技术所取代而逐渐退出市场或出现潜在新技术超越原技术。

二　技术的成本曲线

技术进步在技术推广过程中将扮演重要角色，技术成本降低是技术进步的主要表现。无论是技术推广的示范项目阶段，还是技术成熟阶段，技术成本始终是首要考虑之一，降低技术成本也是各种政策机制的主要目标。一般用技术学习曲线来表示技术成本的规模效应或学习效应，即随着技术规模的不断扩大，技术成本不断降低的过程。（见图 5－1）

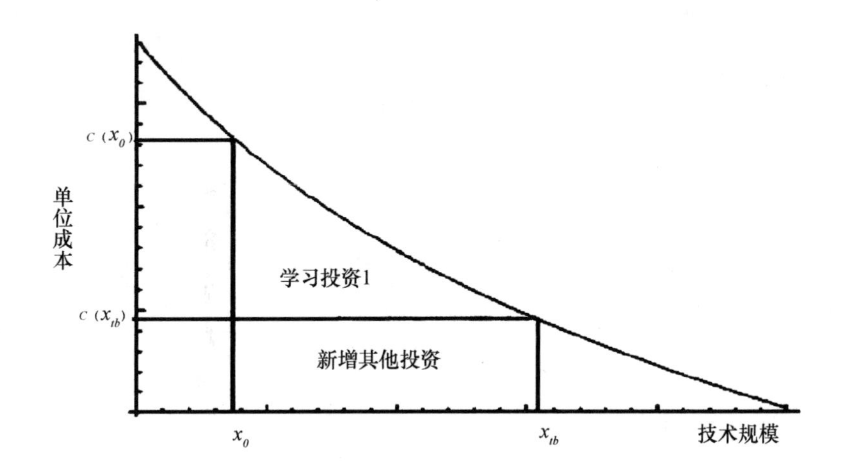

图 5－1　技术规模与技术成本的关系

资料来源：黄建：《中国风电和碳捕集技术发展路径与减排成本研究——基于技术学习曲线的分析》，《资源科学》2012 年第 1 期。

技术学习曲线可以追溯到 1962 年阿罗（Arrow）在《干中学的经济含义》中提出的干中学效应，即学习效应。[①] 阿罗根据美国飞机制造业的经验材料说明了干中学效应的存在和意义。飞机制造业中有这样一条经验规律：在开始生产一种新设计的飞机之后，建造一个边际飞机的机身所需要的劳动，与已经生

① Arrow K.,"The Economic Implication of Learning by Doing", *Review of Economic Studies*, Vol. 29, No. 3, 1962, pp. 155－173.

产的该型飞机数量的立方根成反比；而且生产率的这种提高是在生产过程没有明显革新的情况下出现的。这就是说，一种特定型号飞机的累积产量每增加一倍，它的单位劳动成本就下降 20%，即随着技术的积累，单位产品成本随生产总量递减。这充分说明了积累的技术具有递增的生产力。（见表 5－2）

表 5－2　　1998—2015 年中国风电相关数据

年份	风电累计装机容量/万千瓦	研发投资存量/百万元	风电制造规模/兆瓦	单位风电投资成本/（元·瓦$^{-1}$）	GDP 平减指数
1998	22.4	103.2	0.28	10.02	100.00
1999	26.8	160.2	0.29	9.88	98.70
2000	34.6	210.3	0.31	9.39	100.71
2001	40.2	270.5	0.35	8.83	102.79
2002	46.8	382.6	0.40	8.65	103.39
2003	56.7	480.4	0.46	8.38	106.07
2004	76.4	578.9	0.52	8.02	113.43
2005	126.6	697.6	0.61	7.60	105.12
2006	253.7	883.2	0.68	7.01	122.36
2007	584.8	1253.1	0.86	6.23	131.60
2008	1200.2	1506.1	1.08	5.42	141.92
2009	2580.5	1620.3	1.19	5.01	141.06
2010	4473.4	2135.5	1.29	4.12	150.43
2011	6236.4	2772.0	1.36	3.82	162.17
2012	7532.4	3424.1	1.39	3.69	170.06
2013	9141.3	4432.4	1.48	3.52	173.84
2014	11460.9	5538.2	1.54	3.43	177.31
2015	14536.2	6894.0	1.68	3.32	179.79

资料来源：迟春洁、麻易帆：《基于改进型学习曲线理论的风电产业学习率估计》，《经济与管理研究》2018 年第 5 期。

低碳技术领域具有同样的学习效应。以风电技术为例，1998—2015 年，中国风电累计装机容量从22.4万千瓦上升至14536.2万千瓦；风电制造规模从0.28兆瓦上升至1.68兆瓦；与此对应，单位风电投资成本从10.02元/瓦下降到3.32元/瓦。根据迟春洁和麻易帆[①]的研究，每当累计装机容量翻倍时，风电单位投资成本下降13.76%；每当知识存量翻倍时，风电单位投资成本下降10.77%。以光伏发电技术为例，随着技术的发展和进步，晶体硅太阳能光伏电池片耗材也发生了显著变化。20世纪70年代，硅片厚度为450—500微米，每兆瓦耗硅量大于20吨；到90年代，硅片厚度减少到350—400微米，每兆瓦耗硅量减少到13—16吨；到2010年，硅片厚度已经减少到160—180微米，每兆瓦耗硅量减少到7吨左右。[②] 据估计，到2020年，每兆瓦耗硅量将减少到3吨左右；到2030年，每兆瓦耗硅量减少到2吨。研究显示，在不同光照资源区，装机规模10—50千瓦光伏发电系统，目前发电成本在1.13—1.94元/千瓦·时，2020年将下降到0.58—1.00元/千瓦·时；装机规模1兆瓦以上的光伏发电系统，2012年发电成本在1.03—1.79元/千瓦·时，2020年将下降到0.53—0.92元/千瓦·时。[③]

第三节　技术的需求评估

一　需求评估的目的

理论上来说，现有的技术方案足以使一个城市实现零排放甚至负排放。在实践中，由于受成本的制约，城市所能采取的低碳技术总是有限度的。因此，所谓低碳城市的技术需求，指的是在一定目标和一定成本约束情况下，需要采取的一系列低碳技术的清单。

通过需求评估，旨在揭示各项技术对城市减排目标的贡献程度，并估算其减排成本，为技术的研发、推广和应用政策提供科学支撑。一般来说，低碳技

---

① 迟春洁、麻易帆：《基于改进型学习曲线理论的风电产业学习率估计》，《经济与管理研究》2018年第5期。

② 赵玉文、吴达成、王斯成等：《中国光伏产业发展研究报告（2006—2007）》上，《太阳能》2008年第6期。

③ 马翠萍、史丹、丛晓男：《太阳能光伏发电成本及平价上网问题研究》，《当代经济科学》2014年第2期。

术的需求评估至少应该包括减排潜力和减排成本两个核心要素。

二 需求评估的方法

需求评估大致可以分为三个步骤。第一步，结合城市的温室气体排放清单，列出温室气体减排的领域，在此基础上尽可能地列出相应的技术清单；第二步，针对每项技术，核算其减排潜力和减排成本，这是需求评估的核心步骤；第三步，根据城市的减排目标，以成本最低为约束条件，列出核心的低碳技术清单，并提出相应的技术研发、推广和应用政策。

（一）列出技术清单

列出技术清单时，需要遵循一定的逻辑。可以根据第一节中低碳技术的不同类别进行罗列，也可以根据温室气体的排放部门进行罗列。通常来说，分部门进行罗列可以更好地阐述技术对城市温室气体减排的贡献程度，在实际工作中更为实用。

能源部门。能源部门主要负责能源生产、加工和转换，是温室气体减排的关键领域。能源部门的低碳技术可以分为三个大类：化石能源清洁高效利用技术、可再生能源利用技术、碳封存与捕捉技术。

工业部门。工业部门温室气体排放量大，类型多样，通常应分行业罗列相应的技术清单。一般来说，钢铁工业、化工行业、水泥行业、玻璃行业、造纸行业、有色金属行业是温室气体排放量较大的行业，需要给予特别关注。工业部门的低碳技术需要结合工艺流程进行详细分析。

建筑部门。建筑部门是我国城市温室气体排放增长较快的部门。作为终端消费部门，建筑部门的低碳技术主要分为两个大类：建筑节能技术、建筑可再生能源利用技术。根据建筑部门的用能领域，也可以分为供热技术、制冷技术、照明技术、电器节能技术等。

交通部门。交通部门也是城市温室气体排放增长较快的部门。作为终端消费部门，交通部门的低碳技术主要分为两个大类：交通节能技术、能源替代技术。

农业部门。农业部门在城市温室气体排放中所占的比重不大，但对城市综合环境的改善和提升具有重要意义。农业部门是甲烷和氮氧化物排放的主要部门，常见的减排技术包括：稻田温室气体减排技术、农田氧化亚氮减排技术、畜禽养殖减排技术、土壤管理技术、测土施肥技术、农机节能技术、林业增汇技术等。

（二）分析减排潜力和减排成本

所谓减排潜力，指的是某些技术与常规技术比较时，在一定时期内所能减少的温室气体排放总量。减排潜力是展现技术能力的一项关键指标。所谓减排成本，指的是该项技术使用寿命期内的增量成本与CO_2减排量的比值，可用下式表示：

$$\text{某项技术减排成本}=\frac{\text{该项技术使用寿命期内的增量成本}}{\text{该项技术使用寿命期内的 }CO_2\text{ 减排量}}$$

核算技术的减排成本时通常采用增量成本。增量成本指的是与常规技术比较时所增加的成本，例如风电技术的增量成本为与火力发电相比较时所增加的成本。增量成本等于应用某项技术增加的经济投入和收益之差。经济投入又包括初始投入和运营维护费用两部分，可用下式表示：

某项技术在使用寿命期内的增量成本 =（该技术投入 – 所比较技术方案的投入）–（该技术在使用寿命期内收益 – 所比较技术方案在使用寿命期内收益）

减排成本是展现技术现状的一项关键指标。若某项技术的减碳成本为负，说明该技术的经济性优于所比较的技术方案。若某项技术的减碳成本为正，则说明该技术的经济性不如所比较的技术方案。例如与白炽灯相比，使用节能灯的减碳成本为负，则说明节能灯在目前具有更好的经济性。与火力发电相比，风力发电的减碳成本为正，则说明现阶段风力发电的经济性比火力发电差。工业部门的许多技术改造项目只是在原设备上加装一些新部件，在这种情况下，所比较的技术方案通常是维持现状并不进行技术改造（初始投入和收益均为0），因此技术改造项目只需收益高于投入便具有一定的经济性。

（三）发现城市的实用技术

减排潜力代表了技术能力，减排成本展现了技术现状。以减排潜力和减排成本作为核心指标，绘制减排成本曲线，可以发现城市所需要的实用技术清单。麦肯锡公司曾经对2030年全球及各个区域的温室气体减排成本进行了深入研究，其开发的“减排成本曲线”可以作为低碳技术选择的重要参考（见图5–2）。在这个减排曲线中，横轴代表减排潜力，某个技术在减排曲线上越宽，说明其减排潜力越大；纵轴代表单位二氧化碳减排的成本。当成本为负时，说明该技术在减少温室气体排放的同时，还能产生额外的经济效益。

在图 5－2 的全球温室气体减排成本曲线中，可分为 3 个大的类型。最左边的一部分是负成本技术。在 2030 年这些技术已经能够完全商业化运行，政府需要制定恰当的公共政策，减少和去除技术应用过程中的各种障碍，如信息不对等，利益集团操纵等，使这些技术得到广泛应用。中间一部分为低成本技术，这些技术需要长期稳定的政策激励，通过征收碳税、发展碳市场等，能够有效地激励企业开发和采用低碳技术。最右边一部分为高成本技术。这些技术暂时还难以得到广泛应用，但其中或许包括了颠覆性技术。针对高成本技术，需要有所选择地进行政策扶持，鼓励技术创新和研发。

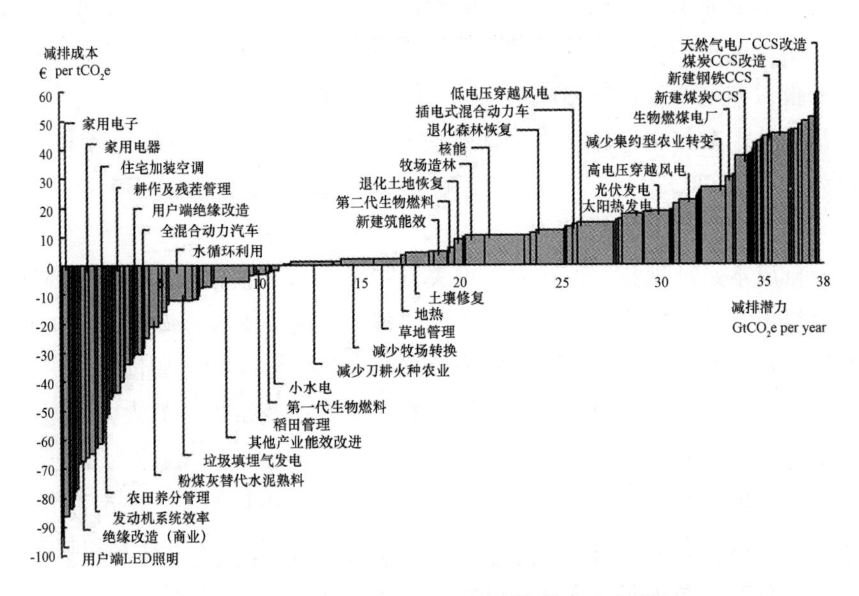

图 5－2　2030 年全球温室气体减排技术成本曲线

注：该曲线代表了所有减排技术成本都低于£ 60/tCO_2e，不是关于未来不同减排技术作用的预测。

资料来源：McKinsey & Company，Pathways to a Low Carbon Economy-Version 2 of the Global GHG Abatement Cost Curve，2009.

三　常见的低碳技术

（一）能源部门

化石能源清洁高效利用技术。煤炭燃烧是主要的排放源和污染源，而以煤炭为主的能源结构在相当长时期内难以根本改变，因此加强煤的清洁高效综合利用技术开发、推进传统化石能源清洁高效利用是中国能源战略的重中之重。从煤炭清洁利用过程来看，目前主要有煤炭分选加工、洁净煤发电、煤化工等技术。

核能和可再生能源技术。中国核电经过30多年的发展，在引进吸收国外技术的过程中，开发了具有自主知识产权、更高的安全性和经济性的二代改进型技术。通过消化吸收再创新和自主创新，在世界上率先掌握了第三代核电AP1000的五大核心关键技术。2008年开始在山东建设世界上第一座具有第四代核能系统安全特征的20万千瓦级高温气冷堆核电站。2011年由中国原子能科学研究院自主研发的我国第一座快中子反应堆已实现并网发电。风电方面，中国风机整机制造技术国产化率已达80%以上，其中“兆瓦级双电枢混合励磁风力发电机组（即双馈发电机）”具有创新性和完全自主知识产权，机组的零部件全部实现国产化。光伏方面，中国通过不断引进技术，掌握了包括太阳能电池制造、多晶硅生产等关键工艺技术，设备及主要原材料正在逐步实现国产化。

碳封存与捕捉技术。目前中国筹建、在建和已投运的二氧化碳捕集与利用示范项目有16个，其中包括4个热电厂碳捕集与利用示范工程，2个IGCC配合燃烧前捕集示范工程，1个煤化工项目，此外还包括CO_2驱油等利用方式。尽管中国已经应用过所有碳捕捉与碳封存的单项技术，但是还没有对集成技术进行过论证，对各类排放源也没有进行详细的调查，地下封存的长期稳定性也还没有进行过验证，仍缺乏CO_2规模化长期有效储存的实践经验。

（二）工业部门

钢铁行业。钢铁行业的主要低碳技术包括：干法熄焦技术、煤调湿技术、高炉炉顶煤气压差发电技术、炼钢转炉煤气回收利用技术、转炉余热蒸汽发电技术、燃气—蒸汽联合循环发电技术、高炉喷煤技术、连铸坯热送热装和直接轧制技术、高效蓄热式加热炉技术等。

化工行业。化学工业的运转中，能源既是燃料动力又是生产原料。化工行业的主要低碳技术包括：天然气为原料的合成氨技术、离子膜烧碱生产技术、联碱法纯碱生产技术、大型密闭电石炉电石生产技术等。

水泥行业。水泥工业生产过程中，化石燃料的燃烧和碳酸钙的分解是CO_2主要的排放原因。水泥行业的主要减排技术包括：干法窑外分解窑技术、可燃废弃物在水泥行业的应用技术、中低温余热发电技术、变频调速节能技术等。

表5-3　　工业行业主要减排技术清单

工业行业	主要减排技术	技术减排率/%	2030年	
			减排潜力/百万吨	平均减排成本/（元/吨）
钢铁工业	新型干法熄焦技术	20—35	15.5	260—500
	煤调湿技术	15—30	41.5	-200—1000
	高炉喷煤技术			
	干式高炉炉顶煤气压差发电技术			
	蓄热式加热炉技术	20—50	14	-600—1000
	燃气—蒸汽联合循环发电技术			
	直接还原法和熔融还原技术	50—60	19	800—1200
	钢铁行业CO_2捕集技术	5—15	9	650—1000
石油化工	烧碱先进离子膜技术	20—40	30	480—1000
	硫酸工业低温热能回收利用技术	15—20	20	-350—500
	大型密闭电石炉	10—20	22	600—1000
	大型天然气替代煤制合成氨装置	20—30	40	810—1200
	乙烯裂解炉实现大型化	20—40	15	900—1500
	回收利用烟气余热和低温热能	10—30	30	-300—100
	石化行业CO_2捕集和封存技术	5—10	14	650—1000
水泥行业	高效笼式选粉机和循环预粉磨技术	5—15	43	-200—0
	新型干法水泥生产线	20—50	65	650—900
	水泥窑余热发电	30—60	38	-360—400
	废弃物替代原料和燃料			
	水泥行业CO_2捕集和封存技术	10—15	9	650—1000
玻璃行业	高效节能玻璃窑炉技术	20—50	9	650—1000
	玻璃熔炉中低温余热发电技术	20—35	25	200—600
造纸行业	造纸行业的新型连续蒸煮技术	15—45	80	-200—400
	热电联产和余热利用技术			
有色金属工业	大型氧化铝生产预焙电解槽工艺	10—40	16	300—800
	冶炼烟气余热发电	15—30	10	-250—300
各行业的通用技术	高效燃煤工业锅炉	10—45	591.5	-200—100
	高效变频节能电动机			
	废弃物回收利用			
	热电联产	20—30	360.5	-160—300
	高效工业照明			
	余热、余能回收利用			

资料来源：《第三次气候变化国家评估报告》编写委员会：《第三次气候变化国家评估报告》，科学出版社2015年版。

玻璃行业。玻璃行业的减排技术措施主要包括：（1）推广应用浮法工艺玻璃生产技术及设备，如熔化技术、成形技术和生产优质低耗浮法玻璃的软件技术和设备、现代化节能锅炉等；（2）采用强化窑炉全保温技术，减少燃料消耗；（3）采用先进的熔窑设计技术，优化窑炉结构，合理选择熔窑耐火材料，采用先进窑炉控制设备和热工控制系统；（4）采用富氧、全氧燃烧技术，减少废气的排放量；（5）采用电辅助加热、玻璃鼓泡等技术提高玻璃的熔化率，改善玻璃熔化质量，降低单位热能；（6）重油中加入乳化剂或添加剂等添加剂技术；（7）玻璃熔炉中低温余热利用及发电技术等。

造纸行业。造纸工业的减排技术措施主要包括：（1）采用新型蒸煮、余热回收、热电联产以及废纸利用技术，同时考虑污染物减排；（2）化学制浆采用连续蒸煮或低消耗间接蒸煮，发展高得率制浆技术和低消耗机械制浆技术；（3）高效废纸脱墨技术；（4）多段逆流洗涤、全封闭热筛选、中高浓漂白技术和设备；（5）造纸机采用新型脱水器材、真空系统优化设计和运行、宽压区压榨、全封闭式集气罩、热泵、热回收技术等；（6）制浆、造纸工艺过程及管理系统计算机控制技术；（7）提高木浆比重，扩大废纸回收利用，合理利用非木纤维等。

有色金属行业。有色金属行业的减排技术措施主要包括两方面：一方面是推广吸纳进的铜闪速熔炼工艺，淘汰和改造鼓风炉、反射炉、电路等传统熔炼工艺。另一方面是发展大型氧化铝生产预焙电解槽工艺。

其他行业。其他工业部门减排技术主要有高效变频节能电机、高效燃煤锅炉和窑炉、高效工业照明技术等。

（三）建筑部门

节能技术。节能和可再生能源利用技术是绿色建筑中极为关键的一部分，是绿色建筑技术发展的热点与核心。虽然对于可再生能源的开发起步较晚，但发展迅速，现已具有显著的规模和经济优势。目前，建筑节能技术主要由以下5类组成：（1）建筑围护结构节能技术，具体包括外墙节能技术、门窗节能技术、屋顶节能技术；（2）供热系统节能技术；（3）供冷系统节能技术；（4）照明节能技术；（5）节能电器及电子设备技术。

可再生能源利用技术。建筑中的可再生能源利用技术主要包括：太阳能光热和光电技术、地源热泵技术和地热能利用技术等。

节材技术。建筑材料是建筑的物质基础，一项建筑工程的成本67%属于材料费。此外，建筑建设过程中会消耗大量的钢材、木材、水泥、玻璃、石膏、砖材、塑料等。这使得建筑行业成为对天然资源和能源消耗最高、对生态环境破坏最严重的行业之一。节材技术主要包括：废弃物循环再利用技术、轻质建筑材料应用技术、钢筋节材技术、可再生材料的应用技术、本地建筑材料的应用技术、装饰和装修过程中的节材技术以及新型建筑材料的应用技术等。

表5－4列出了建筑部门的主要低碳技术清单。

表5－4　　建筑部门的主要低碳技术清单

序号	技术名称	成熟度	节能减排潜力	单位综合成本
1	基于吸收式热聚的热电联产供方式	中试	8—10公斤标煤（平方米·年）	增量约5000万元/万toe供热
2	高性值Low-e节能窗（含断热型材）	成长期Ⅱ	4—6公斤标煤（平方米·年）	1000元/平方米
3	新型围护结构保温材料	成长期Ⅰ	降低采暖用能负荷需求	30%增量成本
4	通用式热量计量装置	成长期Ⅱ	6—8公斤标煤（平方米·年）	2000元/户
5	热表	成长期Ⅰ	4—5公斤标煤（平方米·年）	5000元/户
6	温湿度独立空调技术	成长期Ⅰ	30—50千瓦·时/（平方米·年）	300元/平方米
7	分项计量技术	成长期Ⅰ	15—20千瓦·时/（平方米·年）	≥20万元/栋楼
8	数据中心空调技术	孕育期	30—50千瓦·时/（平方米·年）	200元/平方米
9	绿色照明	成熟期	节能20%—30%	30%增量成本
10	节能电梯	成长期Ⅱ	节能20%	30%增量成本
11	太阳能热水系统	成熟期	解决热需求40%—50%	5000元/户
12	生活热水高效制备技术	孕育期	提高效率20%—30%	5000元/户
13	新型热泵技术	孕育期	能效提高30%	30%增量成本
14	可调节遮阳	孕育期	空调太阳负荷降低60%—80%	800元/平方米
15	太阳能光电	孕育期		5000元/平方米
16	风电	孕育期		25000元/千瓦
17	绿色建筑评价标识体系	孕育期	提升能效20%	400元/平方米
18	提高建筑节能技术标准	孕育期	提升能效30%	320元/平方米

资料来源：《第三次气候变化国家评估报告》编写委员会：《第三次气候变化国家评估报告》，科学出版社2015年版。

（四）交通部门

节油技术。节油技术即车辆燃料经济性的改善。它来自多项技术的革新，包括发动机、传动装置、轻质化、气动性能、辅机系统、空调和轮胎等多个方面。具体技术包括：汽车技术，高效汽油机、柴油机技术；高效载重汽车及发动机技术；轿车、轻型车的柴油化技术；整车轻量化技术；均质压燃发动机技术；非活塞式内燃机技术；先进高效的传动系统技术；机油添加剂及燃油添加剂技术等。

替代燃料技术。从技术角度看，车用石油燃料的替代途径包括两种：一种是以适应现有车用内燃机为导向、利用非石油资源生产的液、气态碳氢燃料的直接燃料替代；另一种是以革新车用发动机和动力系统为导向、节约或彻底摆脱碳氢燃料的间接技术替代。直接替代燃料可大致分为燃气、煤基燃料和生物燃料三类。间接替代技术主要包括混合动力车辆，电动汽车以及燃料电池汽车三类。

表 5－5 列出了交通运输部门的关键技术清单。

表 5－5　　交通运输部门关键技术清单

部门	关键技术	减排潜力和成本	技术减排率/%
道路	运输装备节能改造技术	通过车身改造可节能 4%—10%；车辆采用内燃机节油装置可以达到 3%—6% 的节油率，其节能减排成本约为 2.7 吨 CO_2 · 年/万元；采用能量再生技术后，其节能减排成本约 24—37 吨 CO_2 · 年/万元	3—10
	清洁能源技术	使用天然气类燃料可减排 15%，效率提高 8%，运输成本减少约 24%，减排成本为 0.2—2 吨 CO_2 · 年/万元； 甲醇类汽车各类污染物减排 30%—40%，减排成本可达到约 5.08 吨 CO_2 · 年/万元； 乙醇类汽车减少 13%—90% CO_2 排放，成本为 1.8—4.5 元/L 汽油当量； 生物柴油可减排 40%—60%，成本为 4.2—7.2 元/L 柴油当量； 电动汽车减排成本为 0.1—5.67 吨 CO_2 · 年/万元，油率为 15%—20%，减排 40% 以上	15—40

续表

部门	关键技术	减排潜力和成本	技术减排率/%
道路	高效运输组织技术	普通载货汽车的平均吨位每提高1吨，车辆的单耗可降低6%； 运输重载化的节能成本约为8toe·年/万元，减排成本约为16吨 CO_2·a/万元，节油20%—50%； 甩挂运输可以提高运输效率30%—50%，降低运输成本30%—40%，可实现的节能成本为0.1—0.4toe·年/万元，减排成本约0.27吨 CO_2·年/万元； 多式联运可实现节能成本约为0.13toe·年/万元，减排成本约为0.27吨 CO_2·年/万元；通过客运路线改造，可实现节约油耗15%左右	30—50
	交通信息化及智能交通技术	应急智能交通技术可节能25%—50%，依靠交通信息化及ITS可以使高速公路和整个路网的通行能力分别提高1倍和20%—30%，使油耗降低25%—50%； 不停车收费系统可节约油耗53%—75%，节约成本为0.2—0.5toe·年/万元，减排成本为0.4—1吨 CO_2·年/万元	25—50
铁路	运输装备节能改造技术	通过内燃机节油技术和动气牵引系统改造技术，可实现节能25%—30%；机车低燃技术可节油约21%，配备内燃机车燃油消耗记录仪可实现单耗降低1.4%	20—30
	清洁能源技术	铁路电气化效率比内燃机车高5%—6%，地源热泵与传统锅炉相比，节能减排可达95%； 光伏发电；生物质燃料的锅炉可节燃煤18%	5—20
	高效运输组织技术	动力控制技术可节油4%—6% 行车优化技术可节省燃油6%—10%	4—10
	交通信息化及智能交通技术	智能铁路方案，其节能潜力达到10%，通过协调列车运行和基础设施管理可以再实现5%的节能	10—15
水路	运输装备节能改造技术	选用不同船型，可实现节能7%—25%；通过船舶力结构可调整可节能28%—40%；能量回收利用技术可节能5%—30%；设备改造可节约主机功率3%—10%；节油23%	10—40
	清洁能源技术	油改电可实现节能40%—60%，LNG燃气船相比汽油可节能40%，污染排放量降低67%，采用燃油添加剂用的节油率为3%—4%，对船舶进行利用岸电系统改造，减排成本约为14.1吨 CO_2·年/万元	40—60

续表

部门	关键技术	减排潜力和成本	技术减排率/%
水路	高效运输组织技术	通过船队规划、合理化航线可节能5%—20%；减少在港时间可节能4%—6%；优化船队运输方式可节能30%左右；优化航行工况，节能潜力可高达10%以上；船舶经济航速航行节能20%，提高船舶载质量利用率节能17%—20%，优选最佳船舶纵倾航行状态节能4%—7%	5—30
	交通信息化及智能交通技术	机舱自动化装置可节能4%—6%，利用全场智能调控系统可节能7%	4—7
民航	运输装备节能改造技术	通过机队更新。可节油10%—20%；通过使用GPU代替APU，节能减排率可达到90%；定期清洗发动机燃油效率可提高1%，每架飞机减少1磅的质量，每年可节省超过11000加仑的燃油	10—20
	清洁能源技术	生物航空煤油、液态氢	
管道	运输装备节能改造技术	电动压缩机相控满压技术，无功自动补检技术、天然气防泄漏技术，变频技术，余热利用技术。增添辅助设备可实现热损失下降5%—7%	5—10
	清洁能源技术	蒸汽、天然气、煤焦清油、水煤浆、先进煤炭气化技术	30—50
	高效运输组织技术	优化运行比非优化运行至少可以降低能耗20%	20

资料来源：《第三次气候变化国家评估报告》编写委员会：《第三次气候变化国家评估报告》，科学出版社2015年版。

延伸阅读

1. 邹德文、李海鹏：《低碳技术》，人民出版社2016年版。

2. 蒋佳妮、王灿：《低碳技术国际竞争力比较与政策环境研究》，社会科学文献出版社2017年版。

3. 国家发展和改革委员会应对气候变化司：《国家重点推广的低碳技术实施指南》第1册，中国财政经济出版社2016年版。

练习题

1. 请从不同角度，对低碳技术进行分类。

2. 请简述技术在不同生命周期中的主要特征。

3. 以光伏发电技术为例，通过查阅相关资料，绘制其发电成本的变化曲线。

4. 选择一项典型的低碳技术，通过查阅相关资料，计算该技术的减排成本。

5. 简述低碳技术的需求评估方法。

第六章

低碳城市建设的经济学评价

随着全球温室气体排放的上升和对气候变化关注度的提高，低碳经济成为一种新的发展形态。人类在应对气候变化过程中，是在“理性人”和“全球温室气体容量有限”的两个假设下进行生产和生活方式的变革，因此在学科本质上属于经济学，可以借助经济学中“看得见的手”和“看不见的手”来共同解决高污染、高排放问题。中国正在进行全球最大规模的城镇化，低碳、集约式发展是实现转型的关键所在。对低碳城市进行经济评估可以为城市绿色低碳发展的比较优势和发展短板的识别提供分析工具，为城市发展规划提供科学指导。

第一节　低碳城市建设评价目的

从绿色低碳发展的视角看，开展低碳城市建设评价，制定标准化、通用型的低碳城市评价体系，在低碳城市建设政策制定、执行、评价、优化等环节具体有以下四方面作用：一是为城市绿色低碳发展政策制定、全面深化低碳发展试点示范提供理论支撑；二是通过对三批低碳试点城市的试点效果进行多维度定量评估，及时总结、推广不同类型试点成功的经验，反馈试点存在的不足及关键领域的挑战，为下一步分类指导工作提供依据，为低碳城市建设政策效果评价和政策优化升级提供定量支持；三是在低碳政策执行中为城市绿色低碳发展比较优势和发展短板的识别提供分析工具；

四是规范低碳城市建设评价体系，为区域发展战略讨论和发展规划的制定提供科学指导。

在实际操作中还需要区分低碳城市评价的目的是事前评价、事中评价还是事后评价。目前低碳城市建设较多集中于事中评价和事后评价。其中，事中评价以经济活动产生的数据为评价基础，并可对已经制定的政策效果进行分析，及时反馈是否需要进行政策调整和完善，事中评价是低碳城市最终能否取得成效的关键性环节。例如评价一个规划期的城市低碳发展状况，能够较好反映努力程度。事后评价采用的是整个活动中的数据，可以对低碳城市是否达到预期目标、政策产生的效果进行实际测量，特别是对每一个规划期结束时的碳排放约束性目标完成度进行测评，有利于经验总结。事前评价主要依赖于经验数据和专家判断或仿真数据对未来的发展成效、成本收益、政策预期等进行评价，但在低碳城市建设中，事前评价较少，提出的目标值也仅限于约束性总量和强度目标值，而且分领域分部门具体指标的预期目标值经常缺失，部分研究团队能够提供相应的目标值以作分析使用，但科学性、精准性有待验证。值得说明的是，随着国家绿色低碳的转型发展，需要有更多的事前评价作为指引，推动全国不同规模城市的低碳发展。

第二节　低碳城市建设评价的理论基础

低碳城市建设评价是一项系统工程，需要有一套完善的低碳经济理论体系作为评价基础，可持续发展、生态经济、绿色经济、资源与环境经济、气候经济、低碳经济是其基本理论基础，环境承载力、生态价值、外部性、公共物品等一系列细化理论是基础理论的具体延伸，各种理论相互交织，共同为指标体系设计和应用提供理论指导（见图6－1）。

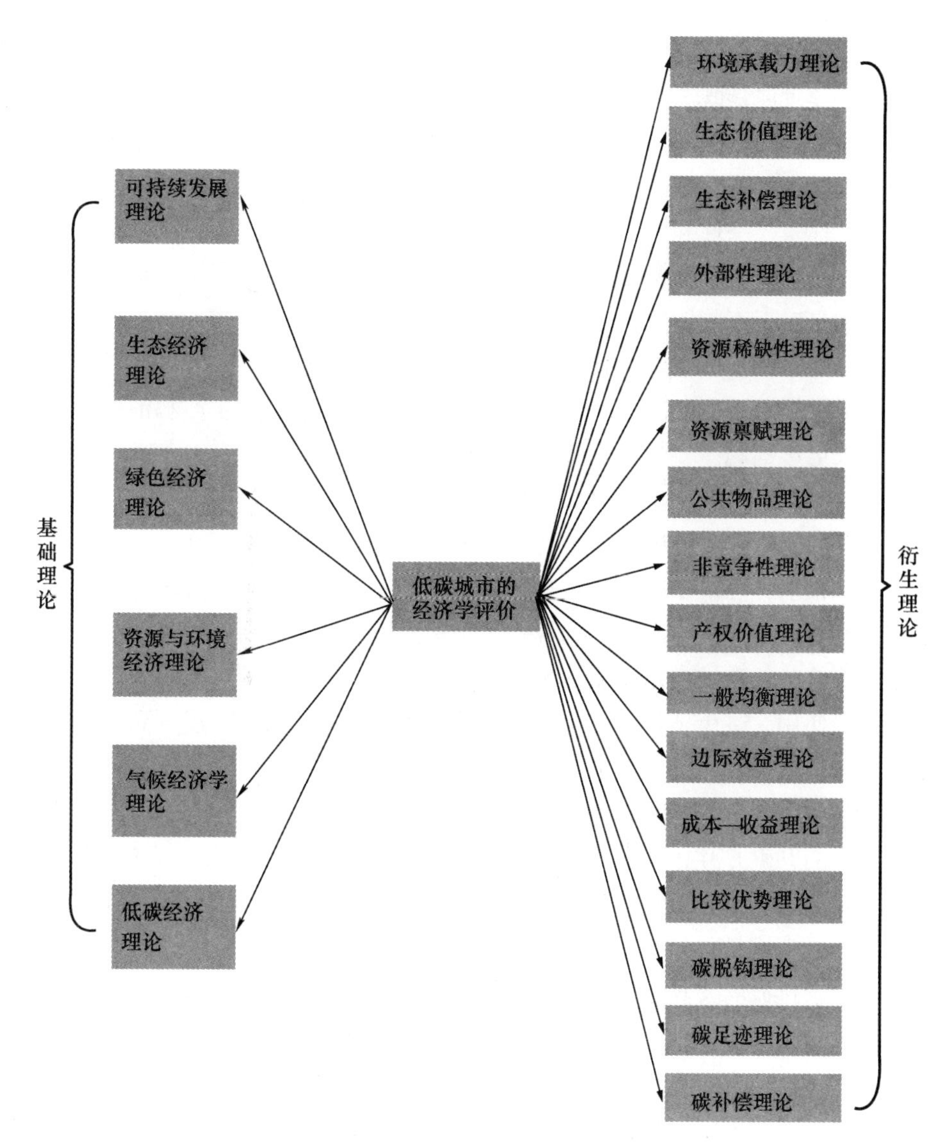

图6－1　低碳城市建设经济学评价的相关理论

资料来源：笔者根据文献综合整理。

一　可持续发展

可持续发展是既满足当代人生存与发展需要，又不会对后代人满足其需要的能力构成威胁的发展，其本质是正确处理人与自然—社会—经济系统的关系，用理性去创造公平、和谐、可持续发展的世界。可持续发展的重要原则包括可持续性、公平性和共同性原则。其中的公平性包括代内公平和代际公平，代内公平是代际公平的基础和前提，要求同代人需要公平地享用资源、保护生态，特别是对于不同国家、区域以及区域内部，要从成本—收益的角度合理利用资源，并承担相应责任；代际公平要求当代人在优先使用资源能源的情况下，要秉承公平正义的历史观，发展节约、高效、创新性的生产和消费，为后代人谋求更多福利。①

可持续发展是一个开放、包容的理念，随着气候变化引发的生态环境问题、社会问题增多，低碳发展被纳入了可持续发展研究体系。在过去经济高速增长的背景下，资源变得更加稀缺，需要转变发展方式，把资源环境作为一种生产要素，提高要素生产率，既可以达到保护资源环境的目的，又能够获取可持续的价值。低碳城市建设的初衷也是节约资源和能源，提高能源效率、减少化石能源使用，减少碳排放，与可持续发展的理论基础具有高度一致性。在低碳城市建设过程中，要具备整体意识，调整和超越传统意义上“单一主体”和“价值一元论”的思维和行为范式，尊重人类主体和城市生态环境的非人类生命体的共生并存，要关注城市资源环境承载力的可持续性、资源能源效用的最大化和低碳化。虽然低碳城市在转型过程中可能会出现经济增速的放缓，但能优化经济增长的质量，具有可持续性。碳排放是人类发展的基本权利之一，减少碳排放需要具有公平性，不能剥夺人们满足基本需求碳排放的权利。同时，根据公平性原则，不同类型的城市都需要分享发展所带来的成果，包括低碳技术、低碳产业重构升级、低碳政策措施等方面的共享，也不能出现发达城市把高碳产业无限制转移至其他欠发达城市的情况，而是因地制宜，寻求不同方式的低碳发展路径。

---

① 方行明、魏静、郭丽丽：《可持续发展理论的反思与重构》，《经济学家》2017 年第 3 期。

二　生态经济

自然资源具有自然主体的生态价值和人类主体的生产力价值，生产力价值依附于生态价值而存在。在文明初期，生产力水平非常低下，这个时期以自然为中心，生态价值最大；进入农业文明时期，生产力得到发展，人类中心主义思想逐渐形成，生态价值和生产力价值此消彼长；工业文明时期，快速工业化、城镇化使得生态价值急剧减弱，生产力价值和生态价值成为相互矛盾的主体，这也是各种全球性资源环境问题、气候变化问题频繁出现的根源。生态文明的提出为新时代平衡人地关系，促进资源环境循环、更新、稳定，形成共生、包容、协调、可持续发展提供了有效途径。在此过程中，必须使生态价值和生产力价值达到一个均衡点，使两种价值达到最大化和最优化。而面对全球性资源环境问题及气候变化问题时，达到均衡点的途径和方式方法也应当遵循共同但有差别的原则，发达国家和地区应承担更多责任、义务，发展中国家和地区应确定合理的生产力发展速度和适当的资源环境约束力度，这种共同但有区别的原则也应体现在设计城市级别的指标体系当中，突出差异性。[①]

生态价值源于生态生产，而自然资源和环境质量的下降导致了生态需求的匮乏，打破了生态环境中“供求关系”的平衡。人类作为一类行为主体，不同于自然界中传统意义的消费者，是生态系统中有理性的参与者、建设者和创造者，能够发挥主观能动性来对生态进行补偿。生态补偿的目的主要是用经济手段调节相关主体利益，促进形成生态保护的各种规则和政策制度。补偿的方式包括对破坏的生态系统进行费用补偿、对个人或集体投入的真实成本和机会成本进行补偿、运用各种机制把环境外部经济效益内部化。但是，人类对生态资源进行补偿，在一定程度上并不代表真正意义上补偿了生态。这是因为，一方面，以增加人类索取为目的对生态环境进行补偿，并不代表生态补偿，特别体现在过多的排污或者过多的碳排放影响当地居民的生存环境时，对居民进行补偿并不会使生态环境质量变好，甚至会加剧破坏的程度；另一方面，自然产品的市场价格并不等于自然生产力或自然的劳动分配，应该树立让自然参与分配的思想，构建分配的标准和机制，共享发展的红利。

---

① 张彦英、樊笑英：《论生态文明时代的资源环境价值》，《自然辩证法研究》2011 年第 8 期。

三　绿色经济

绿色经济的思想来源于人类对人与自然关系的反思，与可持续发展一脉相承，以人与自然和谐为核心，以可持续发展为目的。联合国开发计划署把绿色经济定义为“既能够给人类带来幸福感和社会公平，又能显著降低环境风险、改善生态环境的经济”[①]，扩充了包含社会资本和自然资本在内的生产函数，把生态—经济—社会有机地结合在一起，并通过生产、流通、分配、消费的理论来指导实践。

绿色经济既包含了资源价值理论、生态资本论、生态经济理论、资源稀缺性等理论，又在此基础上创新了自身特色。第一，绿色经济提出了“生态人”的假设，倡导效率、规模、公平发展。对于效率，需要用绿色核算的方法分析成本收益，促使资本由资源效率低、污染排放高的部门向资源效率高、污染排放低的部门转移，不断调整产业结构；对于规模性，需要测算出生态环境的承载力，控制经济规模，力求资本与污染物排放的脱钩；对于公平性，不能以牺牲生态环境换取当代人福利的提高。第二，绿色经济推崇建立新的标准体系来衡量发展情况，如纳入绿色 GNP 等指标。第三，绿色经济强调整体利益，认为追求经济利益的同时要平衡生态利益，要让经济利益和生态利益共同推动社会利益的效用最大化。[②]

绿色经济的理念可以用来指导低碳经济社会的发展，其倡导的效率、规模、公平适用于低碳经济，强调提高低碳能源的利用率、打造规模性的低碳社会，促进社会的公平性和利益分配；依据低碳经济发展的内生要求和规律，建立适合自身发展的评价指标体系；借用绿色经济中“理性人”的思维，有效抑制个人理性的消极作用，实现集体理性和个人理性的统一，建立政府干预、政府管理等直接机制和价格杠杆等间接机制，共同促进城市的低碳转型。

四　资源与环境经济

资源环境经济学是在资源环境容量有限的前提下，探索经济与资源环境间的基本规律，完成合理的资源配置，使资源价值发挥最大的效用。其外部性、

---

① UNEP, *Green Economy: Developing Countries Success Stories*, Nairobi, 2010, p. 5.

② 杨茂林：《关于绿色经济学的结果问题》，《经济问题》2012 年第 9 期。

公共性、非竞争性、产权价值、市场失灵及政府管制都是该研究中的重要理论。

外部性指的是在缺乏相关交易条件下，社会成员从事经济活动的行为影响了他人福利，却没有向他人提供补偿或承担相应责任和义务。低碳经济也具备了这种外部性特征，即通过植树造林等方式增加碳汇的正外部性和不断排放 CO_2 降低社会福利，甚至危害到人体健康的负外部性。行为主体排放 CO_2 之前，常常并未和即将受气候变化影响的人群进行任何形式的交易，因此个人很难界定出排放的范围，确定权利和责任边界，所以很难确定以何种方式进行补偿。

而低碳经济中这种不可耗竭的外部性具有公共物品的非排他性和非竞争性特点，同时作为碳排放阈值又具有稀缺性，需要运用市场和政府共同解决。对于市场解决方案，首先需要解决产权问题，在交易成本为零时，无论初始权利如何分配，经济行为双方可以达到最优的资源配置；在交易成本为正时，只有通过合理的产权制度初始安排，才可以提高原有的福利水平。具体到低碳经济领域，常用的方法是确定碳排放权，通过碳交易来实现福利最大化。但是由于市场的不完全信息、碳排放具有的外部性和公共物品属性，存在市场失灵的情况，需要政府进行适当干预。政府干预的前提是干预效果优于市场机制效果，干预成本小于收益，干预的手段包括政府管制、征税、补贴等。

基于以上理论，低碳城市建设评价指标体系构建中，应该考虑如何将政府的政策实施和市场作用共同引发的减排成效以价值的形式表现出来，这就可以借用到资源环境中的价值估算（包括环境污染对人类造成的直接或间接损失、环境治理投入产出间的效益分析、排污收费额度等），以此来分析碳排放对人类和环境造成的影响成本和节能减排获得的短期、中期、长期经济收益。

五　气候经济

气候变化关系全人类的生存和发展，全球大部分国家已达成应对气候变化的共识。中国已把应对气候变化作为实现发展方式转变的重大机遇，全面融入了国家经济社会发展的总体战略，提出通过加快绿色低碳发展，转变经济发展方式、调整经济结构、推进生态文明建设。中国处于工业化与城镇化的攻坚阶段，城市碳排放正处于倒 U 形曲线的上升阶段，解决好城市碳排放问题，可以加快形成中国特色的绿色低碳发展模式。城市一方面通过减缓和适应气候变化的低碳相关指标考核，“摸清家底”，发现问题，把绿色低碳发展融入城市定位；另一方面通过国际、国内城市间应对气候变化合作，开拓新型城市发展理论和规划理论，寻求新经济增长点，激发城市后发优势，实现跨越式发展。

全球应对气候变化催生了新气候经济学的发展，其核心内容在传统经济学理论的基础上，分析气候变化影响的损失以及适应、减缓气候变化的成本和效果、投入与效果之间的评价方法、不同发展阶段国家碳排放规律及减缓的途径，从中进行权衡和选择。从促进国际公平与合作的角度，探寻碳减排责任的分担机制，从国家间到城市间寻求合作共赢的方式，分享低碳发展技术与经验，推进城市绿色低碳的转型和绿色宜居的生活方式，共同走出生态低碳的城市化道路。

六　低碳经济

低碳城市建设的基础需要运用低碳经济的相关理论和方法来解决实际问题，而低碳经济属于典型的交叉学科，需要具备跨学科的视野和利用综合方法进行研究，其传统经济学中的一般均衡理论、边际效应分析、成本理论、市场调节、政府干预为低碳城市的建设提供了最基本的研究思路；制度经济学中的公共物品理论、外部性理论符合温室气体排放的基本属性；贸易中的比较优势、资源禀赋为温室气体跨区域、跨城市转移提供了解释依据；生态环境经济中的生态价值评估、波及效应、成本有效性分析等提供了最直接的方法学。

低碳经济本身具备稀缺性、外部性、公共物品等特性，并在借鉴其他学科理论的基础上丰富了自己的内涵，拓展出自身具有针对性理论，形成了“低碳 +”效应。其中，碳排放脱钩是经济增长与温室气体排放之间关系不断弱化乃至消失的理想化过程。低碳城市建设中所要求的碳排放脱钩有两种含义。一是 CO_2 排放的绝对脱钩，即 CO_2 排放随经济增长表现为负增长，也就是 CO_2 排放总量需要绝对地减少；二是 CO_2 排放的相对脱钩，即 CO_2 排放总量仍在正增长，但是 CO_2 排放增长的速度低于经济增长速度。在设计考核低碳城市建设发展状况的过程中，可考虑借助碳排放脱钩与否来衡量各地区低碳化水平。碳补偿是在应对气候变化下由生态补偿衍生而来的另一理论，关注的是碳行为及其生态环境效应，借用经济手段消除碳排放外部性的行为。个人碳补偿、企业碳标签、国家的清洁发展机制（CDM）项目、碳交易以及基于区域碳平衡测算的碳生态补偿等均是该理论的具体表现形式，而这些补偿形式的参考标准和模式是在低碳建设中需要解决的实际问题。

相反，在传统理论中也可以融入低碳理论，发挥“+低碳”效应，使低碳经济可以为全球生态环境治理、共建人类命运共同体提出新的解决方案。传统的国际经济以经济学的方法来发展本国经济，建立有利于本国发展的金融秩序。但面对气候问题时，由于温室气体具有公共物品的属性，这使得碳排放对全球负面影响的损失常常高于合作的经济利益。如果把碳交易、碳金融、碳认证等低碳经济的国际合作纳入传统国际经济理论，将有助于化解通过国际经济合作减缓气候变化的困境。在本国区域、城市范围内根据城市特点开展碳排放交易活动，能够促进省（区、市）一级的低碳减排工作，其成效也能够成为国家甚至全球的示范性引领，而其相关指标也是构建低碳城市评价指标体系的关键性因素。

第三节　指标体系的概念模型

在理论基础和遵循原则的基础上需要建立指标体系的逻辑构架，而压力—状态—响应（Press-State-Response，PSR）、驱动力—状态—响应（Driving force-State-Response，DSR）和驱动力—压力—状态—影响—响应模型（Driving Forces-Pressure-State-Impact-Response，DPSIR）是指标体系应用最为广泛的三个概念模型。PSR最早由联合国经济合作开发署（Organization for Economic Cooperation and Development，OECD）开发，用于分析人类系统与环境系统的相互关系，强调环境压力的来源。联合国可持续发展委员会（The United Nations Commission on Sustainable Development，UNCSD）又建立了DSR模型，突出社会因素增加或减少环境压力的驱动力。欧洲环境署和欧洲共同体统计局对模型进行改进，提出了DPSIR模型。DPSIR模型现已广泛应用于经济与环境交叉领域，能够有效分析环境中的经济活动、环境政策等复杂逻辑关系，有效评估整合资源、环境、经济、社会、人口的可持续发展。[①] 因此，在低碳城市建设评价中，DPSIR是最为典型的概念模型之一。在低碳城

① Organization for Economic Cooperation and Development, *OECD Core Set of Indicators for Environmental Performance Reviews*, Pairs: Environmental Monograph, 1993.

市建设背景下，驱动力（Driving-Force）是指社会经济各方面发展引发的城市高碳现象存在的诱因，即“根源性”原因；压力（Pressure）是指在驱动因素作用下，城市碳排放变化的直接原因；状态（State）指城市系统在压力下表现的状态及承载力水平；影响（Impact）指系统所处状态对社会经济水平、产业结构、能源结构、生态环境等的影响；响应（Response）指的是为践行低碳发展所采取的措施，即社会对低碳发展的努力程度，其响应效益能够反作用于驱动力、压力、状态、影响层面。城市低碳发展的DPSIR模型结构关系如图6－2所示。

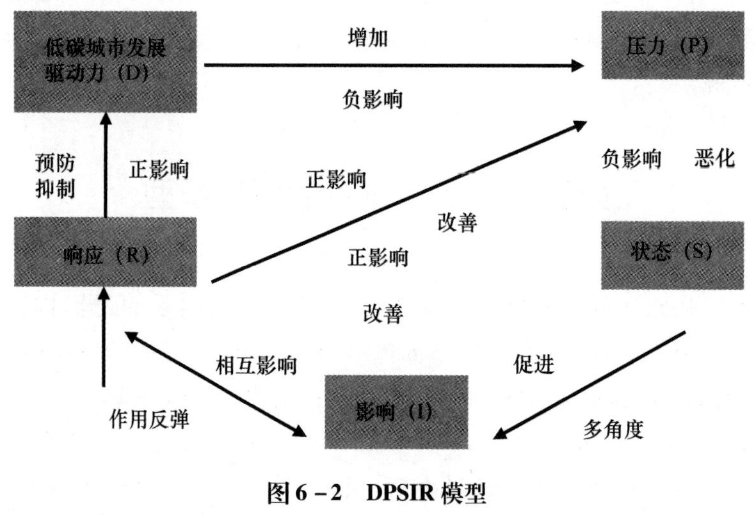

图6－2 DPSIR模型

资料来源：根据文献综合整理。

第四节 遵循原则和主要指标的选取

低碳城市建设涉及可持续发展、生态文明、社会和谐、创新发展等多个维度，是一项系统性工程，因此构建的指标需要具有阶段性、动态性、覆盖性和针对性，能够有效测量和监督城市低碳政策出台和效用情况，能够提供城市之间的横向对比和纵向对比。对于关键指标的识别，需要关注国内外碳排放的重要领域、结合中国国内政策规划，按照一定原则进行选取。

一 遵循的原则

低碳相关性：指标选取必须以低碳为主体，除与碳排放强相关的指标外，部分环境及消费类指标与低碳发展无直接关系，但这些指标可以呈现人体健康及生活品质与低碳发展的关联性、协同性。

内涵差异性：碳排放总量、单位 GDP 碳排放等指标相关性高，但内涵上存在差异。单位 GDP 碳排放属于强度指标，能够反映碳排放的结构特征，同时也是绿色 GDP 在低碳经济时代具体的、可量化、可操作的指标。碳排放总量属于总量指标，当能源结构优化时，能源消费总量有可能增加，但碳排放总量仍会出现下降。

自身特色性：人均 CO_2排放这个指标，虽然国家层面没有相关考核标准，但从公平性角度来说，对于中国城市的低碳发展具有现实意义。

政策导向性：低碳城市的发展必须审视低碳经济内涵和发展趋势，将优化的能源结构、产业结构、消费模式、技术水平等纳入经济和社会发展规划，[①]而低碳政策取得的最终效果则以低碳产出的形式反馈于城市最直接的碳排放相关水平上。因此，低碳城市规划、低碳体制机制、低碳发展组织力度、执行力度、公众意识、“互联网 +”、“交通 +”带动的碳排放管理与创新措施可以综合衡量城市低碳转型的力度。

区域差异性：中国疆域辽阔，在全面评估城市碳排放水平时，部分指标适用于普遍城市，部分指标需考虑不同区域的资源禀赋、经济发展水平、人口规模等因素，需要从理论层面和实际操作层面统筹考虑。

二 重要领域选取

（一）重要领域选取依据

选取依据需要考虑应对气候变化出台的各项规划目标、低碳试点方案和国内外重点减排领域，具体包括如下方面。

国家自主贡献目标：《巴黎协定》确定了国家自主贡献的核心机制，标志着“由下至上”的多边或者分散式的非政府组织和城市可以成为新的全球治

① 庄贵阳、朱守先、袁路：《中国城市低碳发展水平排位及国际比较研究》，《中国地质大学学报》（社会科学版）2014 年第 2 期。

理主体。中国在2015年提交了自主贡献（NDCs），包括CO_2排放在2030年左右达峰并争取尽早达峰、单位国内生产总值CO_2排放比2005年下降60%—65%、非化石能源占一次能源消费比重达到20%左右、森林蓄积量比2005年增加45亿立方米左右、继续主动适应气候变化等。为了实现自主贡献目标，这些方案被细化到了国家战略规划、区域规划、能源体系、产业体系、建筑交通、森林碳汇、生活方式、适应能力、发展模式、科技支撑、资金支持、市场机制、统计核算、社会参与和国际合作15个领域。① 从这些领域对关键性指标以及目标制定与实施配套公共政策间的衡量标准进行量化，有助于探索不同低碳城市发展的路径。

国家应对气候变化规划目标：《巴黎协定》后新的国际气候治理格局对中国低碳建设带来了新的机遇和挑战，中国目前已制定了《中国应对气候变化国家方案》《“十二五”控制温室气体排放工作方案》《“十三五”控制温室气体排放工作方案》《国家适应气候变化战略》《国家应对气候变化规划（2014—2020年）》等规划来应对气候变化，其中重点是通过加快转变经济发展方式、调整经济、能源结构、推进产业革命、增加碳汇、加强生态环境保护、提升防灾减灾能力等来加快推进绿色低碳发展，推进生态文明建设。

联合国政府间气候变化专门委员会（Intersonernmental Panel on Climare Change）报告提出的重点减排潜力领域：IPCC第五次工作报告指出，减缓气候变化必须通过国家和部门的政策与机制，使能源生产和使用、交通运输、建筑、工业、土地利用和人类居住等部门或行业减少温室气体排放。

低碳试点城市目标：中国从2010年开始开展低碳试点城市工作，迄今为止已有三批低碳试点城市。国家发展和改革委员会对三批试点城市提出了相应的要求，包括：明确目标和原则、编制低碳发展规划、制定支持绿色低碳发展的配套政策、加快建立以低碳排放为特征的产业体系、建立温室气体排放数据和管理体系、积极倡导低碳生活方式和消费模式。

（二）碳排放重点覆盖领域

根据选取依据和国内外碳排放较为集中的行业，认为指标体系重点领域的选取可包含产业、能源、交通、建筑、土地利用、资源环境、生活消费、政策

---

① 柴麒敏、傅莎、祁悦：《应对气候变化国家自主贡献的实施、更新与衔接》，《中国发展观察》2018年第10期。

创新等方面。

产业：深化产业结构调整，加快发展绿色工业、发展知识密集型和技术密集型的高精尖产业、战略性新兴产业，加快“中国制造”向“中国创造”的转型升级，抓住“低碳设计”“低碳制造”“低碳品牌”三个关键环节，进一步降低规模以上工业增加值能耗；发展绿色服务业，提供更多绿色服务产品，对城市低碳发展有举足轻重的战略意义。①

能源：把调整能源结构与提高能源效率相结合，发展低碳技术、节能技术、减排技术，逐步降低对化石能源的依赖、提升非化石能源和新能源占一次能源消费的比重。

低碳交通：交通是未来控制城市碳排放的关键领域之一，发展步行和自行车结合的慢行交通；加快建设公共交通和快速轨道交通；加强公共交通的基础设施建设；减少私家车出行；倡导电动汽车、混合燃料汽车等交通工具的使用均是实现城市低碳交通的有效途径。

低碳建筑：加大既有建筑节能改造力度、在建筑设计和运营中强化低碳理念、实施绿色建筑行动方案、增加绿色建筑占新建建筑比例、提高绿色建筑星级标准等。

土地资源利用：土地集约利用是城市发展的重要保障，合理的空间布局可以缓解城市生态环境、产业发展、公共设施不足等多方面压力，符合集约、绿色、低碳的道路。生态红线划定、合理布局公共绿地、共享绿道、生态公园等可以提供更为普惠的低碳公共产品。

资源环境：低碳发展需要从事物的整个生命周期中有意识进行低碳化活动，前提是在资源环境容量有限的范围内，坚持节约优先、保护优先，自然恢复为主的基本方针，在低碳发展过程中协同解决相关的生态环境问题，因此有必要把自然资源和环境质量作为科学发展指标，作为各级政府政绩考核指标。

政策创新：政府制定高碳能源、高碳行业、高碳产品的税收政策，制定低碳产业的优惠政策、低碳个人行为的奖励政策，从生产生活中提升整体公民的低碳意识和责任感。

---

① 鲍健强、苗阳、陈锋：《低碳经济：人类经济发展方式的新变革》，《中国工业经济》2008 年第 4 期。

三　核心指标选取

指标应首先从上述关键领域中选取代表性强、数据获取性好的指标，同时最好能够与国家战略对接，增强创新性，体现指标的低碳导向性、全面性和稳健性。

（一）对接国家宏观战略

低碳城市发展不是纯理论的研究，没有固定的发展模式，需要在实践中探索前进，因此对低碳城市的评价需要加强与国家发展宏观战略、政策的有效对接，发挥其协同效应。党的十九大明确了“两步走”战略，要求到2035年实现基本现代化和美丽中国发展目标，到2050年建成富强民主文明和谐美丽的社会主义现代化强国。而2020年是全面建成小康社会的决胜期，低碳城市建设的评价指标可以和国家的污染防治攻坚战、绿色精准扶贫相互协同，与地方的规划协同，争取在新形势下释放更多的低碳红利。

1. 与污染防治攻坚战协同

以改善生态环境质量为核心，打赢蓝天、碧水、净土保卫战。对于大气的污染防治，需要进一步降低PM 2.5浓度、削减重点行业和领域的碳排放、优化能源结构、产业结构、运输结构和用地结构；对于水体和土壤的污染防治，一方面需要源头防治、综合治理，另一方面需要提高低碳、循环的节约意识，实现资源化利用。①

2. 与绿色精准扶贫协同

在贫困地区因地制宜，对贫困人口实行政策倾斜，探寻绿色旅游、绿色产业脱贫路径，发展低碳技术、低碳产品，达到低消耗的生态环境投入和高效率的贫困人口收入水平增长。② 特别是以农业为主的城市，需要遵循生态系统发展规律，打造绿色、环保、生态的产业，实行集约化生产并制定规范化的运营机制。此部分的指标灵活性较大，可根据当地实际情况选取指标和设定评估标准。

3. 与地方规划协同

通过制定气候变化专项行动规划、把低碳发展专项行动规划和方案融入更

---

① 中共生态环境部党组：《以习近平生态文明思想为指导 坚决打好打胜污染防治攻坚战》，《求是》2018年第6期。

② 张琦、冯丹萌：《绿色减贫：可持续扶贫的理论与实践新探索（2013—2017）》，《福建论坛》（人文社会科学版）2018年第1期。

加综合的规划和长远期发展战略目标体系中，提出建设碳中和城市、更绿色和更宜居城市、韧性城市（社区）、100%可再生能源城市、气候友好型城市、零碳城市、后碳城市等发展愿景，[①] 推动气候变化应对和城市治理的有机统一，以达到改善城市公共服务体系的服务质量、提高城市区域的环境质量、保障公共健康和活跃城市区域经济的治理目标；碳排放约束下的城市公共物品和公共服务质量、多样性的社会环境和生态环境、市民生活水平、公共导向型的城市增长管理等，则成为评价这些国家城市发展绩效水平的政策重点和基本框架。

（二）增加创新性

中国经济进入新常态，城市需要积极转型，培育新经济增长点。而以低碳发展为理念，把科技创新、制度创新、文化创新等融入社会发展的各领域，可以带来城市生产生活的变革。依托低碳技术和制度管理的创新，可以提高能源利用效率，开发新能源、提升温室气体减排能力，形成节约资源和环境保护的城市空间格局、产业格局；把低碳技术、低碳文化融入人们的日常生活，可以形成长期、稳定和明确的引导，推动整个城市朝高能效、低能耗的低碳模式转型。

绿色创新也可带动低碳合作，充分发挥区位优势，根据自身比较优势来调整贸易结构，特别是地处“一带一路”倡议的节点城市，可以借助低碳创新的契机来促进合作交流，提高城市竞争力和软实力。而对于东中西部城市，可以进行有梯度的产业转移，但必须保障有效的技术转移和帮扶，这就需要设定特色性的低碳贸易、低碳投资、低碳技术转移等指标和评判标准，保证其公平性。

四　其他综合考虑的因素

低碳经济与城市发展阶段、资源禀赋、消费模式、技术水平、成本收益等紧密联系在一起，在整个社会经济动态变化过程中，也需要统筹考虑上述因素相关的指标。一是把握好城市发展阶段与城市生产—消费模式、能源结构的低碳化。当城市经济发展到一定程度，对经济资本存量累积的需求减少，就可以将较多的能源消耗用于服务业，提升居民消费水平。中国现阶段的服务型城市不多，更多地仍然处于靠生产和投资带动的资本存量碳排放，因此在评价城市

---

① Stephens, Z., “Low Carbon Cities-an International Perspective-towards a Low-carbon City: A Review on Municipal Climate Change Planning”, Beijing: The Climate Group, 2010.

低碳发展水平时，必须考虑现阶段城市所处的水平，注重低碳转型过程中人文发展的公平性，保障人们经济水平和生活质量的提升。二是资源禀赋决定了城市低碳发展的物质基础，是不同城市低碳路径选择的前提条件，低碳城市评价需要考虑城市承载力，包括不同地区、一定时期内资源环境的数量、质量和空间分布；需通过经济、社会发展所贡献的碳排放阈值，判定生态环境的承载力是否可以消耗和容纳碳排放，界定生产力价值开发的上限和生态价值实现的下限；需关注能源结构比重、新能源开发能力，以及能够提供碳汇的森林覆盖率、森林蓄积量等。三是技术水平可以直接提升城市低碳经济的速度，促进能源效率提升、促进绿色建筑、低碳交通的发展。四是消费模式直接反映了人们对能源利用、环境保护等的程度，间接反映人们对低碳认识的意识形态，有助于从传统的生产端到消费端全面地推动低碳城市发展。五是评估低碳城市转型的成本收益，转型意味着传统能源、产业、交通、建筑、消费等重点领域需要进行变革，社会成本在一定时期内会增加，特别是由于高额的固定成本和技术路径的锁定效应，很多高碳行业的转型无法短期内完成，转型成本过大，[①] 因此需要研究不同产业模式、阶段、水平与碳排放的关系，分析减排的短、中、长期成本效益，从“理性人”的角度遏制全球气候变暖趋势。六是增加效率评估，把绿色低碳纳入生产率测算中，拟合为综合性指标，全面系统反映城市的低碳竞争力。

另外，具体指标的最终选定需要根据低碳针对性、数据可得性和阶段性等特征，灵活筛选。比如：个别指标在所有城市中的得分或达标率接近满分或100%，则说明随着低碳阶段性地发展，该指标已经不能满足低碳评价的要求，没有实际意义，需要提高标准或更换指标。

第五节 主要评价方法

主要评价方法分为单项评价和复合评价，而评价方法选取与评价目的密切相关，低碳城市建设涉及众多领域和部门，需要整体考量，因此本部分的评价

① 孙永平、胡雷：《全球气候治理模式的重构与中国行动策略》，《南京社会科学》2017 年第 6 期。

方法学以复合型评价为主。

复合指标的评价方法是将多因素指标经转化或加总纳入到总体评价结果中，综合反映评价对象的特征，其中权重系数确定尤为重要。按照权数方法的不同，一般分为主观赋权和客观赋权，前者主要根据专家知识、经验获取权数，包括层次分析法、指数加权法、模糊评价法等；后者根据指标间相关关系或指标的变异系数确定权数，包括变异系数法、熵值法、主成分分析法、神经网络法、TOPSIS 法等。第三种方法是组合评价法，即基于不同评价方法在处理权重、评价信息上的不同特点和优势，经数学处理，集中反映在最终评价结果中。

一　主观评价法

（一）层次分析法

层次分析法（Analytic Hierarchy Process，AHP）是用于解决相互关联的多目标、多层级间复杂问题的决策分析方法。其原理是根据目标，将问题分解为不同的因素，再按照重要程度或隶属关系形成一个多层次结构模型，使最终问题归结为最低层（方案）相对于最高层（目标）相对权数重要性的确定，从而能够在不同方案中做出最佳选择。

层次分析的步骤和方法：

1. 建立层次模型

把相关因素层次化，形成目标层、准则层、指标层的树状结构图。其中最上层为目标层，一般只有一个元素；中间层为准则层或指标层，可以有一层或几个层次；最下层为其选择的方案或具体对象（见图 6 – 3）。

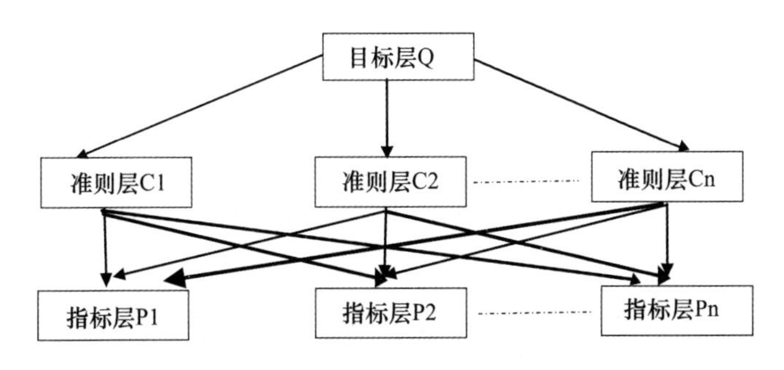

图 6 – 3　层次分析模型

资料来源：笔者根据文献综合整理。

2. 构建判断矩阵

比较下一层元素相对上一层元素的相对重要性时，采用两两对比的 9 位标度法。设有 n 个元素，O 为目标层，C 为准则层，P 为指标层，用 a_{ij}表示 P_i 和 P_j 对 O 的影响（见表 6－1），可得到判断矩阵 $A=(a_{ij})_{n\times n}$，且 a_{ij}满足以下条件：

$$a_{ij}>0\ ,\ a_{ij}=\frac{1}{a_{ji}},a_{ii}=1,(i,j=1,2,\Lambda,n) \qquad (\text{式}6-1)$$

表 6－1　　　9 位标度法

标度 a_{ij}	定义
1	i 因素与 j 因素同等重要
3	i 因素比 j 因素略重要
5	i 因素比 j 因素较重要
7	i 因素比 j 因素非常重要
9	i 因素比 j 因素绝对重要
2，4，6，8	为以上判断之间的中间状态对应的标度值
倒数	若 i 因素与 j 因素比较，得到判断值为，$a_{ji}=1/a_{ij}$，$a_{ii}=1$

资料来源：笔者根据文献综合整理。

3. 一致性检验

完全一致的判断矩阵其绝对值最大特征值等于矩阵维数，但在实际工作中不能完全达到，故转化为判断矩阵的绝对值最大特征值和矩阵维数相差不大。

$$CI=\frac{\lambda_{\max}(A)-n}{n-1} \qquad (\text{式}6-2)$$

其中，CI：一致性指标，A：成对比较矩阵（$n>1$），

$$CR=\frac{CI}{RI} \qquad (\text{式}6-3)$$

其中，CR：比较矩阵 A 的随机一致性比率；RI：平均随机一致性指标，通常由实际经验给定。

当 $CR<0.1$ 时，判断矩阵 A 具有一致性或可以接受的；若 $CR>0.1$，则不断调整矩阵 A 至可以接受为止。

（二）模糊综合评价法

模糊综合评价法指借用模糊数学隶属度的方法把受多种复杂因素影响的事

物或对象进行定量评估。其原理是确定评价对象的集合评价集，再确定各元素的权重及隶属度矢量，构建评判矩阵，最后把评判矩阵与因素的权矢量进行归一化处理，得最后结果。

模糊综合评价法的步骤和方法：

1. 确定评价对象因素集合

设 M 是评价对象的因素集合，$M = \{m_1, m_1, \cdots, m_n\}$，$m$ 为因素个数；各因素又可分为若干类，每一类作为一级评价因素，每一级因素下可设置多层级评价因素，即 $M = M_1 \cup M_2 \cup M_3 \cdots \cup M_m$。

2. 确定评价对象评语集

设 W 是评价对象对被评价对象做出评价的等级模糊集合，$W = [w_1, w_2, \cdots, w_n]$，$w_j$ 代表 j 个评价结果，$j = 1, 2, \cdots, n$。

3. 确定评价因素的权重向量

设 A 是权重集合，$A = (a_1, a_2, \cdots, a_n)$，$a_j$ 是第 i 个因素的权重。具体权重方法可参照层次分析或德尔菲法等。

4. 单因素模糊评价

在模糊矩阵构建基础上，确定每个被评价对象各因素对各等级模糊子集的隶属度，构建模糊关系矩阵，即

$$S = \begin{pmatrix} s_{11} & \cdots & s_{1n} \\ \vdots & \ddots & \vdots \\ s_{m1} & \cdots & s_{mn} \end{pmatrix} \qquad (式6-4)$$

其中，s_{ij} 为因素 m_i 对等级模糊子集 w_j 的隶属度，$0 \leqslant s_{ij} \leqslant 1$。

5. 合成模糊综合评价结果矢量

根据模糊权重 A 与模糊矩阵 R，得到模糊综合评价结果矢量 F，即

$$F = A \times S \qquad (式6-5)$$

二　客观评价法

（一）变异系数法

变异系数法是利用各项指标平均值和标准差等信息，直接通过计算得到权重的客观评价方法。其原理是指标的差异性越大表示越难实现，更能够真实反映评价对象的差距。

变异系数法的操作步骤和方法：

为统一量纲，用各指标变异系数来衡量各指标间的差距。指标的变异系数公式为：

$$W_i = \partial_i / x_i \quad (i=1, 2, \cdots, n) \qquad (式6-6)$$

其中，Wi 为第 i 项变异系数，∂_i 为 i 项标准差，X_i 为第 i 项平均数。

各项指标权重为：

$$M_i = W_i / \sum_{i=1}^{n} W_t \qquad (式6-7)$$

(二) 熵值法

熵值法是指采用指标离散程度来评价指标重要程度的客观方法。其原理是事物的信息量越小，不确定性越大，熵越大；信息量越大，不确定越小，熵越小，说明该指标对指标体系的影响程度更大。

熵值法步骤和方法：

1. 构建数据矩阵

设 A 为各方案各指标的数值矩阵，即

$$A = \begin{bmatrix} x_{11} & \cdots & x_{1m} \\ \vdots & \ddots & \vdots \\ x_{n1} & \cdots & x_{nm} \end{bmatrix} \qquad (式6-8)$$

其中，x_{ij}为 j 方案 i 指标数值。

2. 数据的非负数化处理

指标越大越好处理：

$$X'_{ij} = \frac{X_{ij} - \min(X_{1j}, X_{2j}, \cdots, X_{nj})}{\max(X_{1j}, X_{2j}, \cdots, X_{nj}) - \min(X_{1j}, X_{2j}, \cdots, X_{nj})} + 1, \ i=1, 2, \cdots, n, \ j=1, 2, \cdots, m \qquad (式6-9)$$

指标越小越好处理：

$$X'_{ij} = \frac{X_{ij} - \min(X_{1j}, X_{2j}, \cdots, X_{nj}) - X_{ij}}{\max(X_{1j}, X_{2j}, \cdots, X_{nj}) - \min(X_{1j}, X_{2j}, \cdots, X_{nj})} + 1, \ i=1, 2, \cdots, n, \ j=1, 2, \cdots, m \qquad (式6-10)$$

3. 第 j 项指标的熵值

设 P 为第 j 项指标下第 i 个方案占该指标比重，即

$$P_{ij} = v_{ij} / \sum_{i}^{n} - 1 v_{ij}, \ \mathrm{i}=1, \cdots, \mathrm{n}, \ \mathrm{j}=1, \cdots, \mathrm{m} \qquad (式6-11)$$

e_j 为第 j 项指标的熵值，即

$$e_j = -k \times \sum_{ni} -1P_{ij}\log\left(P_{ij}\right) \qquad (式6-12)$$

其中，$k>0$，$e_j \geqslant 0$，$k=1/\ln m$，则 $0 \leqslant e \leqslant 1$。

4. 求权数

$$W_j = 1 - e_j / \sum_{j-1}^{m} 1 - e_j, j = 1,2,\cdots,m \qquad (式6-13)$$

其中，W_j 为 j 项权数。

5. 综合得分

$$T_j = \sum_{j-1}^{m} W_j \times P_{ij}(i = 1,2,\cdots,n) \qquad (式6-14)$$

其中，T 为综合得分。

（三）主成分分析法

主成分分析法是通过正交变化把相关性的变量转化为不相关变量的一类统计方法。基本原理是在研究多变量问题中，变量具有重叠性质，把多个具有相关性的变量通过线性变换，降维成两两不相关的新变量，且新变量能够覆盖到原有信息，以期剔除重叠的变量。

主成分分析步骤和方法：

1. 形成主成分新指标

设 O 为原指标，Q_1 为新建立的第一组主成分指标，即

$$Q_1 = a_{11}X_1 \cdots\cdots + a_{\rho 1}X_\rho, \qquad (式6-15)$$

Q_1 的方差 Var（Q_1）越大，说明 Q_1 包含信息越多。若 Q_1 不能包括原指标 O 的所有信息，则建立第二主成分，并以此类推，建立第 m 个主成分。

$$\begin{cases} Q_1 = a_{11}X_1 + \cdots + a_{1\rho}X_\rho \\ Q_2 = a_{21}X_1 + \cdots + a_{2\rho}X_\rho \\ \cdots\cdots \\ Q_m = a_{m1}X_1 + \cdots + a_{m\rho}X_\rho \end{cases} \qquad (式6-16)$$

2. 确定指标在各主成分线性组合中的系数

3. 确定主成分方差贡献率

把不同主成分的方差贡献率作为不同主成分权重，并对指标在主成分线性组合中的系数加权平均。

4. 对指标权重进行归一化处理

（四）TOPSIS 法

TOPSIS 法（Technique for order preference by similarity to ideal solution,

TOPSIS）又称为“逼近理想值的排序方法”，是一种适用于多方案多指标排序的综合评价方法。其原理是求解预期最佳方案（最好值）与最差方案（最坏值）之间的欧氏距离，通过判断实际方案与理想方案间的距离来选取最优标准。

TOPSIS 的步骤和方法：

1. 构建初始判断矩阵

设 R 为初始判断矩阵，Xij 为 i 目标 j 属性的评估值

$$R=\begin{bmatrix} x_{11} & \cdots & x_{1n} \\ \vdots & \ddots & \vdots \\ x_{m1} & \cdots & x_{mn} \end{bmatrix} \quad (式6-17)$$

2. 统一量纲

使采用倒数法，将所有指标的变化方向归为一致，即

$$R'=\begin{bmatrix} x'_{11} & \cdots & x'_{1n} \\ \vdots & \ddots & \vdots \\ x'_{m1} & \cdots & x'_{mn} \end{bmatrix} \quad (式6-18)$$

3. 构造加权矩阵

设 B 为权重矩阵，Z 为所求规范化加权矩阵，即

$$Z=R\times B=\begin{bmatrix} r'_{11}w_1 & \cdots & r_{1n}w_{1n} \\ \vdots & \ddots & \vdots \\ r_{m1}w_1 & \cdots & r_{mn}w_m n_{mn} \end{bmatrix} \quad (式6-19)$$

4. 确定正负理想解

指标为效益型时，值越大越理想；指标为成本型时，值越小越理想，即正理想解：

$$v_j^*\begin{cases} \max\ (\nu_{ij}),\ j\epsilon J^* \\ \min\ (\nu_{ij}),\ j\epsilon J' \end{cases} \quad j=1,\ 2,\ \cdots,\ n \quad (式6-20)$$

负理想解：

$$v_j'\begin{cases} \mathrm{man}\ (\nu_{ij}),\ j\epsilon J^* \\ \mathrm{mix}\ (\nu_{ij}),\ j\epsilon J' \end{cases} \quad j=1,\ 2,\ \cdots,\ n \quad (式6-21)$$

其中，v^* 为效益型指标，v' 为成本型指标。

5. 目标值与理想值间的距离

$$D_i^* = \sqrt[2]{\sum_{j=1}^{n} (\nu_{ij} - \nu_j^*)^2} \qquad (式 6-22)$$

目标值与负理想值之间的距离：

$$D_i^- = \sqrt[2]{\sum_{j=1}^{n} (\nu_{ij} - \nu_j^-)^2} \qquad (式 6-23)$$

6. 相对接近度的排序

运用目标值与理想值间的距离计算出相对接近度 Ci，并对其进行排序，Ci 值越大说明方案越好。

$$C_i = \frac{D_i^-}{(D_i^- + D_i^*)} \quad i=1, 2, \cdots, m \quad 0 \leqslant Ci \leqslant 1 \qquad (式 6-24)$$

三　组合评价法

组合评价法（Combined Evaluation）是根据评价目的选择单一评价方法进行搭配组合，得到最优组合以及评价结果。

组合评价的步骤和方法：

1. 选择单一评价方法

采用不同的评价方法进行评价。单一评价方法可以是 TOPSIS 法、因子分析、熵值法等。

2. 组合评价事前检验

对各种评价方法的单一排序进行检验，看是否具有一致性，剔除不相容的方法。Kendall 协同检验时常用事前检验的方法，通过计算 Kendall 系数，若系数越接近 1，说明方法越具有一致性。

3. 建立组合模型

将筛选后具有一致性的单一评价方法进行组合，得到组合评价结果。常用的组合方法包括 Borda 法、Copeland 法和均值法等。

4. 组合评价事后评价

对各个模型评价结果进行事后检验，检验组合方法与单一方法得出评价结果的相关程度，选择最优的组合结果作为最终评价结果。

四　方法对比及选取因素

低碳城市评价的方法众多，每一类方法均具有特定的理论、方法学、适用范围和优缺点（见表6－2），需要与评价目的、评价对象、时空特征、数据可得性等具体问题相结合，才能发挥出评价的最大效果。

表6－2　　低碳城市建设评价指标体系方法比较

方法	优点	缺点
层次分析法	可以把复杂因素通过分层确定，结合定性与定量方法，提供优选方案，操作简单、适用性广	主观性偏强；指标数量较多时，各层级因素较难靠经验判断重要性大小，使判断矩阵容易出现不一致
模糊综合评价法	有效解决事物模糊和不确定因素；结果包含信息量大	不能有效排除指标重叠问题；主观性偏强；对多目标评价中隶属度确定存在困难
变异系数法	适用于评价目标较为模糊的情形，操作简单	对指标的实际意义解释度不够，存在误差
熵值法	客观性强，应用广泛	纯客观方法会忽视指标意义，得出结果与预期差距较大；较难减少指标间的重叠性
主成分分析法	能够有效解决指标重叠问题，应用广泛；权重根据综合因子贡献率获取，避免人为干扰，且评价结果唯一	样本量大，且要求指标间为线性关系，操作繁琐
TOPSIS法	对评价样本要求低，样本真实信息损失少	较难解决指标重叠问题，评价结果可能存在不唯一性
组合法	避免单一评价片面性，提高评价结果可信度	方法复杂，不宜操作

资料来源：笔者根据文献制作。

在方法选择上，除了方法本身具备的特征，需要关注的其他关键因素包括以下几个方面。

第一，最大限度体现城市的发展绩效。排名与得分是目前低碳城市相关评价方法中最主要的两种呈现方式，其中排名方式是坚持以低碳城市建设目标为导向，但排名本身不能体现一个评价目标优于或劣于另一个评价目标的程度，而不论专家打分还是客观方法获得的分数均能够在一定程度上反映评价目标之间的差异程度。因此，若选择以排名作为最终呈现方式，需要加强定量的对比分析。

第二，依据数据可获取性选择方法。数据来源主要分为三类：一是官方统计机构、国际统计组织数据库的统计公报、统计年鉴，该类统计数据质量较高，具有公开性，是重要的数据来源，但时间上有滞后性，且基于国际区域、国家层面的数据较多，地市级的数据不健全。二是通过访谈、参与观察和调研获得的数据，该类数据针对性强、时效性高，但对第三方机构来说不宜获取。三是需要推算的数据，特别是能源数据、碳排放数据以及对缺省数据的处理，这类数据需要对计算方法进行论证，保证方法的科学性和一致性。在评价之初，需要预判数据的主要来源渠道，以便选取评价方法。

第三，注意方法的组合搭配，尽量形成评价导则。低碳城市建设是在实践中进行，其中不可避免会涉及定性指标，如果仅利用纯定量数学方法评价，得出的结论会不全面或存在误区，行业专家意见及指标使用者的意见较为关键。因此利用主客观结合的方法效果最佳，但基于指标体系阶段性、持久性作用的发挥，任意搭配组合的方法最好形成规范性的指南或导则，便于操作。

第六节　政策启示

一　加强与国家宏观战略对接

党的十九大报告明确提出了我国“两步走”战略，其中针对生态环境方面提出了到2030年美丽中国目标基本实现，到2050年生态文明得到全面提升的总体目标，而低碳城市建设正是实现上述目标的有效途径之一。

按照阶段性计划，我国需要打赢有效防范化解重大风险、精准脱贫、污染防治“三大攻坚战”，到2020年全面建成小康社会。而低碳城市建设可以和污染防治、精准脱贫有效协同。对于污染防治来说，重点防控的污染因子PM2.5与碳排放同根同源，二者可以协同治理；污染防治关注的重点行业和领域、优化的能源结构、产业结构、运输结构、用地结构等同样也是城市低碳转型关注的领域，指标体系的考核也以这些领域的关键性、敏感性指标为主。对于精准脱贫来说，绿色低碳减贫能够有效践行“绿水青山就是金山银山”理念，为减贫工作确立了一条生态红线，在保证生态环境承载力前提下提供可持续的外部条件。同时，构建低能耗、低排放、低污染的生产行为方式，产生的价值又再次投入到当地绿色资源上，形成了贫困地区可持续的内部动力，这对于资源型城市以及小城镇的脱贫致富尤为重要。

在我国中长期规划中，低碳城市指标体系的构建和评估工作可以发挥政府“指挥棒”的作用，加快绿色发展方式的转变。以“低碳 +”和“ + 低碳”作为指导，通过评估考核，辅助城市制定详细的低碳发展路线图。根据城市的发展水平和侧重点不同，可以分别打造以产业低碳化和低碳产业化为主体的低碳经济体系，以低碳价值观为准则的低碳文化体系，以治理体系和能力为保障的低碳制度体系，助推生态文明建设。

除衔接国家战略规划外，低碳城市指标体系也助力于部委相关规划完成。国家发展和改革委员会已经开展了三批低碳试点工作，每一批有各自明确目标，并趋于完善。通过对试点评估，可以总结地区成功的经验做法，提升低碳发展管理能力，并提出碳排放达峰年份及低碳发展的创新重点。

二　完善指标体系的全套开发应用和标准化建设

指标体系开发往往不能一蹴而就，而是一个需要反复斟酌调试，积累经验，逐步推广应用的过程，这其中涉及三个重要方面，分别是指标和方法的完善、应用界面的友好性建设以及标准化建设。

指标和方法的完善：在低碳城市建设评价指标构建的研究阶段，主要任务是科学分析城市低碳发展蓝图（路径）的重要表征指标，强化指标导向和评价考核，可以按照绿色低碳循环的新发展理念，兼顾宏观和微观，涵盖碳排放总量、碳排放强度、能源和产业结构、低碳效率等多方面构建低碳城市建设指标体系，具体可包括投入产出、结构动力、技术效益、民生福祉、政策创新等多个领域；注重定性定量的结合、差别化和综合性的结合、结果与过程的结合。在低碳城市建设评价指标体系应用阶段，通常表现为通过多次试验和修正，研发出兼顾目标城市发展阶段和特色的指标。在低碳城市建设评价指标体系中间试验（中试）阶段，主要任务是按照大规模应用的要求，解决关键指标选择及标准制定等问题，增强评估过程中的透明度分析，设定规范的可测量、可汇报、可核查的审核机制，定期接受评审专家评审和反馈建议。在低碳城市建设评价指标体系应用推广阶段，通过评价技术导则、资金、人力资源等关键要素的整合，对潜在的目标城市评价需求，开展小规模评价应用、评价结果反馈及更大范围的应用推广等活动；低碳城市建设评价指标体系大规模、广范围应用，主要是在管理机构、第三方机构开展普遍性应用，通过应用中的管理、方法和设计再创新不断提高评价指标体系的使用质量和应用效率。

打造智能友好操作界面：一套能用、适用、好用的指标体系需要具备人性化的操作界面，要建立交互式的数据统计平台，最大化便利数据的统计和录入，并创建与评价体系软件对接的数据导入路径。在建立了统计体系和明确排放边界的基础上，应该建立联通工信、环保、城建等部门的数据录入端口，按照能源低碳、社会经济、城市建设三类模块中的指标要求真实、全面并实时地更新统计数据，形成数据库的原始数据资源。同时建立对接指标体系各个模块的数据输出功能，输出的数据能够直接导入评价体系，通过软件操作得到评价结果并对外公布，保证透明性。

加强标准化建设：以标准化为抓手，争取更多绿色低碳的国际话语权是我国未来发展的重要手段。各级政府要充分认识和把握国际标准化趋势，建立完善标准化体制机制，发挥“标准化 +”的效益；积极参与、组织国际标准化活动，宣传我国“创新、协调、绿色、开放、共享”的发展理念和建设成效，推广我国低碳城市试点成功经验，努力把我国低碳城市建设指标体系确立为世界标准，争取更多的绿色低碳国际话语权，真正成为全球低碳建设的重要参与者、贡献者、引领者。

三 实施低碳城市分类指导与调整

我国城市需要探索新的经济增长点，而低碳城市更倾向于提高资源能源利用率，降低各行业和整个社会的碳排放，虽然低碳城市不是城市发展唯一的终极目标，但是是达到城市生态文明建设和可持续发展的一种有效发展模式。城市可以根据空间布局，产业结构等演变规律，主动适应经济发展新常态，引导城市转型发展，适时调整低碳政策，推动城市个性化导向发展，突出城市发展的特色。

从规模性上看，大型城市和超大型城市在各领域全面实现低碳化短期内存在较大困难，可以依托街区、社区，从局部开始设计针对性的低碳指标体系，制定低碳发展方案，以点带面引领发展。对于中小城市来说，需要充分挖掘其潜力，可以从两方面着手，一是加强中小城市低碳发展政策扶持力度。中小城市实力还较为薄弱，政府应该通过技术帮扶、绿色消费市场对接、投融资支持、低碳扶贫等激励政策，拉动中小城市突破技术瓶颈和资金困境，提升其低碳生产力，促进其低碳转型和快速成长。二是推动中小城市低碳政策创新。从中小城市自身发展来说，应加强低碳政策创新力度，注重低碳技术和人才培养，将低碳作为带动城市转型、发掘绿色经济增长点的突破口。

从不同类型上来看，服务型城市应该重点控制交通、建筑和生活领域碳排放的快速增长；以制造业为主的工业型城市应注重引导初级资源型产业的退出，结合资源禀赋优势培育战略性新兴产业、高新技术等低碳特色产业，提高生产发展质量；综合型城市应实施碳排放强度和总量双控，努力实现经济社会的跨越式发展；生态优先型城市应严守生态红线，合理布局产业，优化能源消费结构，推动生态资源的保值增值。

四　加强指标体系配套能力建设

低碳城市评价指标体系在应用与推广过程中，需要加强人员储备、设备储备及资金储备能力作为保障。

人员储备：我国低碳城市评价指标体系存在专业人才缺乏和了解低碳知识的群众基础薄弱等问题，这会导致自下而上开发的指标体系应用受到限制。因此可以从三方面加强人员储备能力。一是建立低碳城市专家库，方便不同地区、不同行业的专家依据区域特性适时调整低碳城市评价指标体系的指标、参数等，以更好地适应地区的差异性；提供更多国内和国际专家合作交流的机会，更好开发出与国际接轨又能体现本土特性的指标体系。二是加强基层专业人员培训，包括系统专业课程设置与技术操作培训等。三是加强对广大群众的低碳宣传，积极参与配合到指标体系应用与推广中，这对低碳文化价值体系的构建大有裨益。

设备储备：低碳政策工具包的智能化、工具化需要以软硬件设备作为载体，发挥推广作用。一是提高硬件设备的供给能力，加强数据采集、监测、处理等过程的基础设施建设，增加后期设备正常运转等维修工作。二是提高系统软件技术水平，完善软件设备的开发，包括数据库、模型库、知识库的完善，与大数据、GIS 相结合，达到智能化、可视化的效果。

资金储备：资金花销主要在前期评价系统操作经费方面、后期评价结果分析经费方面和低碳城市宣传推广经费方面。在前期评价系统操作经费中，低碳城市评价指标体系开发的专家数据库建设、专业技术人员培养、国内外专家的交流以及指标体系所需软件设备的购买、开发、维护需要专项资金的支持。在后期评价结果分析中，低碳城市建设的评估报告、行动计划和路线图等成果的顺利形成及实施，这些都需要提供充足的经费支持。在低碳城市宣传推广中，低碳城市建设的相关知识自上而下的普及、技术推广、指标评价的应用等环节都需要资金的支持。所以，需要根据这三方面经费的使用，建立相应的专项资金并细化名录，以实现低碳城市建设评价指标体系建设与推广的资金保障。而资金储备建设除了企业投资等方面的资金来源，当然也少不了来自政府的资金投入，政府的资金支持是评价指标体系建设与推广的重要保障。

延伸阅读

1. 庄贵阳：《中国低碳城市建设评价：方法与实证》，中国社会科学出版社 2020 年版。

2. 潘苏楠、李北伟、聂洪光：《中国经济低碳转型可持续发展综合评价及障碍因素分析》，《经济问题探索》2019 年第 6 期。

3. 蒋庆哲：《中国低碳经济发展报告蓝皮书（2019—2020）》，石油工业出版社 2020 年版。

4. 项目综合报告编写组：《〈中国长期低碳发展战略与转型路径研究〉综合报告》，《中国人口·资源与环境》2020 年第 11 期。

练习题

1. 设计低碳城市指标体系需要考虑的重要方面和基本步骤是什么？
2. 各类评价方法的优缺点各是什么？
3. 如何筛选最佳的评价方法？

第七章

低碳城市建设的政策工具

低碳城市依靠市场这只“看不见的手”并不能自发建设成型。本章首先从公共产品、外部性等市场失灵的角度来分析低碳城市建设中存在的问题，然后从市场失灵的角度来阐述为什么需要政府通过公共政策支持低碳城市的建设，并从常见的政策类型的分类方法的角度，将我国低碳城市建设的政策工具分为强制性政策工具、混合性政策工具、自愿性政策工具三大类。同时从低碳城市建设政策的重点领域，即低碳产业、低碳建筑、低碳交通和低碳消费来介绍我国城市低碳建设的政策工具。最后总结了我国低碳城市试点的最具特色的政策工具。

第一节　政策促进低碳城市建设的理论基础

一　市场失灵理论

在经济学家们看来，对资源配置效率含义的最严谨的解释是由意大利经济学家V. 帕累托作出的。按照帕累托的理论，如果社会资源的配置已经达到这样一种状态，即任何重新调整都不可能在不使其他任何人境况变坏的情况下，而使任何一人的境况更好，那么，这种资源配置的状况就是最佳的，也就是具有效率的。如果可以通过资源配置的重新调整而使得某人的境况变好，同时又不使任何一人的境况变坏，那就说明资源配置的状况不是最佳的，也就是缺乏效率的。这就是著名的帕累托效率准则。然而在现实生活中，仅仅依靠价格机制来配置资源无法实现帕累托效率。市场失灵的存在导致私人自发的经济活动无法满足社会福利函数最大化的分配结果，产生资源分配的低效率。正因为市场失灵的存在，公共部门的政策干预，即政府的活动成为必要。

导致市场失灵的主要因素有：垄断、公共物品和外部性。这其中，在完全垄断和寡头垄断的市场结构中，市场缺乏竞争，意味着市场价格高于边际成本，垄断企业将选择生产过少的商品，保护较高的价格，这样就会产生市场失灵。公共物品是指一个人对某些物品或劳务的消费并未减少其他人对该物品或劳务的消费，如国防、天气预报、无线电广播等等。公共物品的特征主要表现为非竞争性和非排他性。非竞争性意味着某人对某种物品或服务的消费并不妨碍其他人对该物品或服务的消费；非排他性是指，对一种物品未付费的个人不可能被阻止享受该物品的好处。

外部效应又称为外溢作用，是指经济主体（包括自然人与法人）的经济活动对他人有影响但未将这些影响计入市场交易的成本与价格之中。外部效应分为正外部效应和负外部效应。正外部效应是指某个经济主体的活动使他人或社会获益，而获利者又无须为此支付成本，所以又称利益外溢。负外部效应是指某个经济主体的活动使他人或社会受损，而造成外部不经济的人却没有为此承担成本，即该活动的部分成本由他人主体承担了，所以又称为成本外溢。如果按照外部性产生的时空特征来分，还可以分为代内外部性与代际外部性。通常的外部性是一种空间概念，主要是从即期考虑资源是否合理配置，即主要是指代内的外部性问题。而代际外部性问题主要是要解决人类代际之间行为的相互影响，尤其是要消除前代对当代、当代对后代的不利影响。

随着工业化发展，燃烧化石能源而导致全球气温升高就是一种典型负外部效应，而当一个国家承担温室气体减排的责任和成本积极减排，其他国家不承担减排成本也能获益，此时产生的是一种正的外部效应。在全球城市化进程的推进过程中，城市的基础设施建设、工业活动、交通运输及居民生活都将消耗大量的能源，城市已成为全球温室气体排放的主要领域之一。城市人口和经济的过快发展将会带来比较严重的气候升温及气候方面的灾害，而这些破坏并没有人愿意主动承担，将产生负的外部性。对城市进行低碳发展转型，减少温室气体的排放，需要额外的资金投入，这种资金投入能够带来城市的绿色、低碳发展，是一种正的外部效应。

二 政府失灵

正是由于市场失灵，人们逐渐认识到，市场不是万能的，经济社会的发展需要政府的调节作为补充。按这一推论，市场机制发生失灵的领域，正是政府发挥作用的范围，从而逐渐形成了在现代经济生活中的国家对经济的干预和调节的理论和实践。但是，政府也非万能，也会有失灵的时候。在某些经济领域或许存在市场失灵，但政府的介入可能使情况变得更糟，这便是政府失灵。

政府的运行依赖于人的各种决策，包括选举者、政治家、内阁、公务员等人，都会对政府的行为产生影响。公共选择理论认为，尽管人的动机复杂且多样，但在资源有限的情况下，这些人有动机通过政府来改善自身利益。寻租是政府失灵的典型表现形式。寻租是私人企业通过向政府官员投入时间或金钱，来购买政府管制，从而获得垄断利润。寻租的手段通常有竞选资助费、广告宣传费、贿赂金等。从理论上来说，寻租成本要小于垄断利润，只有这样，私人企业才有动力去追求政府管制。

寻租成本的支付对于私人企业来说是值得的——通过这种支付，他买到了稳定、有保障的超额利润收入。因此，对私人企业来说，这种成本支出是“生产性的”——它为私人企业“生产”出超额利润。然而，从社会角度看，寻租带来的超额利润并没有生产出任何新的产品，因而是一种非生产性利润收入，是一种纯粹的浪费。

除了上述原因外，政府部门效率的缺乏和政策实施的困难也是造成政府失灵的重要因素。政府部门效率缺乏，一方面是因为公共物品的供给缺乏竞争，由官僚机构垄断。这就导致政府部门不适当地扩大机构，造成大量浪费。另一方面，由于缺乏追求利润的动机，加上公共物品的成本和效益难以核算，政府官员对决策的成本和效率关注较少。此外，信息获取的充分性也会影响政府部门做出相关决策，很多情况下，政府很难掌握充分的信息，即使政府能够掌握充分的信息，也难以做出准确的判断，即使政府作出准确的判断，也难以推动政策的执行。因此，政府在政策的制定和实施过程中存在许多困难，不可避免导致在某些经济领域的政府失灵。

低碳城市建设的政府失灵主要是指政府由于对低碳城市建设过程中的政策制定及执行体系不够完善而导致的市场秩序紊乱，或由于对低碳经济发展相关资源配置的非公平行为而最终导致政府形象与信誉丧失。具体来说，由于低碳城市建设是一种公共物品，投资周期长，需要大量的人力和财力支撑，而地方政府如果追求短期的绩效，就会导致地方政府对低碳城市建设的动力不足。而且当前中央和地方政府在推动低碳城市建设方面的相关法律法规仍存在短板，一些激励政策出台以后，如果监管不足或缺失，则存在政策“套利”空间，从而导致政府失灵。

三　环境经济政策工具理论

环境经济政策工具是政府环境管理当局为解决环境外部性而制定的一种非强制性的激励性政策。既要解决市场失灵的问题，也要避免政府失灵的问题。大多的环境政策依据政策的成本—收益来引导经济人采取对环境有利的行为。环境经济政策工具依据庇古理论和科斯理论建立。

英国经济学家庇古最先提出的庇古税是根据污染所造成的危害程度对排污者征税，用税收来弥补排污者生产的私人成本和社会成本之间的差距，使两者相等。庇古税是一种侧重于用“看得见的手”即政府干预来解决环境问题导致的外部效应的经济手段。庇古税的理想税率应该是由排污者的边际社会成本等于边际收益的均衡点来确定，此时的污染排放税率为最佳税率。征收庇古税使排污者社会成本与私人成本相一致，从而降低最终产量，导致排污量减少，环境改善。庇古税可以为政府提供税收收入，推动环境治理的投资，进而改善环境质量。庇古税还可以倒逼企业改进生产工艺或转变生产行业，降低生产成本，进而推动技术进步及产业的升级。

利用市场手段解决环境污染导致的外部性的政策工具，其理论基础是科斯定理。Felder（2001）将科斯定理视为一个定理组[①]：科斯第一定理是说，当交易成本等于零时，可交易权利的初始界定对产权交易的经济效率无影响。科斯第二定理是说，当交易成本不为零时，可交易权利的初始配置将对交易权利的最终配置产生影响，也可能会对社会总体福利带来影响。此时，交易只能消除由于权利初始配置产生的部分社会福利损失，并非全部。科斯第三定理是说，当交易成本不为零时，通过产权交易并非一定为最优福利改善方案，通过重新分配原始产权界定方案也有可能。此时，还要假定政府能够公平、公正地界定权利，并能近似估计并比较不同权利界定的福利影响。根据科斯定理，交易的形式可以有两种，一种是通过将几个交易主体合并为一个，从而消除外部

① Felder, J., “Coase Theorems 1 - 2 - 3”, *The American Economist*, Vol. 45, No. 1, 2001, pp. 54 - 61.

性影响。另一种是通过引入市场，允许买卖损害的权利，使外部性在产权交易中消除。

科斯定理在环境经济政策领域的主要运用为排污权交易制度。排污权是指排污者对环境容量资源的使用权，是指在一定区域的排污总量确定的前提下，排污者向环境排放污染物的权利，排污的量是由排污许可所决定的。交易的类型在康芒斯的《制度经济学》中被分为“买卖的”交易、“管理的”交易和“限额的”交易三种类型。排污权交易手段也包含这三种交易类型：排污者之间的排污权交易就是买卖的交易；在排污者（如企业集团）内部通过垂直管理进行的排污权交易就是管理的交易；政府与排污者之间的排污权交易就是限额的交易。如果不考虑企业内部的排污权交易，那么，仅仅考察“买卖的”交易就是狭义的交易，既考察“买卖的”交易又考察“限额的”交易就是广义的交易。广义的排污权交易就是初始排污权在排污者之间的分配（即政府主导的一级排污权交易）与排污权在排污者及其他主体之间的再分配（即市场主导的二级排污权交易）的总称。

建设低碳城市是应对全球气候变化的一种重要战略选择。因此环境经济政策工具是低碳城市建设工具箱中的一类重要政策。在低碳城市建设过程中，常用到的环境经济政策工具是碳税和碳交易。这其中碳税是应对气候变化的一种重要的政策，属于庇古税范畴。碳税是对排放二氧化碳产品和服务征税，主要针对化石燃料（如汽油、柴油、煤炭、天然气等）中碳的含量或碳的排放量来征收。北欧是世界上实施碳税的主要地区。碳排放权交易市场是一种国际上重要的气候治理工具，属于科斯定理的理论应用范畴。欧盟排放交易体系（EUETS）是截至2020年全球已经运行的最大的碳交易市场。

第二节　中国低碳城市建设政策工具的内涵及分类

经济学家认为，市场经济不是完美无缺的，它存在许多缺陷，因而需要政府的调节作为补充。按这一推论，市场机制发生失灵的领域，也就是政府发挥作用的范围。例如，政府可以提供公共物品或服务，即由政府部门负责提供那些社会边际效益大于社会边际成本，不能通过市场有效供给的物品或服务。政府还能矫正外部效应，即由政府部门采取措施来解决私人边际成本和社会边际成本以及私人边际效益和社会边际效益之间的非一致性。同时维持有效竞争即由政府部门制定有关政策法令，实施禁止垄断、维持市场有效竞争的措施，以保证市场的竞争性，从而实现资源配置效率。所有这些政府政策的实现，都需要一定的政策工具。

一　政策工具的内涵和分类

（一）政策工具的内涵

政策工具是一个多元的概念，国内外学者对此有不同的界定，一般认为政策工具是实现政府一定行为目标的体制和机制；或是政府实施政策的一种手段和活动方式。可见，尽管学者们的认识不太相同，但大致可以从三种角度加以解释：一是从主体来看，政策工具是政府施策的手段；二是从目标来看，政策工具是政府实现其政策目标的一种行为方式；三是从内容来看，政策工具是为实现特定政策目标而采取的一系列手段、技术、方法和机制。

（二）政策工具的分类

政策工具并非单一的、孤立的政策措施，而是一个有机的、动态发展的体系。罗威、达尔和林德布罗姆按照强制性标准将政府工具分为强制性工具和非强制性工具两大类。[①] 加拿大学者迈克尔·豪利特和 M. 拉米什根据在提供公共物品的过程中政府介入程度的高低，在“自愿性—强制性光谱”上对政策工具进行定位，将政策工具分为三类：自愿性工具、混合性工具、强制性工具。自愿性政策工具的干预对象主要是家庭和社区、自愿性非营利组织和相关市场机制，自愿性政策工具没有约束力，政策效果较难评估；强制性政策工具是通过政府的行政管制和公益性企业的直接参与等途径，强制性政策工具具有较强的可操纵性；混合性政策工具介于两者之间，主要通过对不良行为的规劝、税收和罚款等手段和对良好行为的奖励与补贴等经济手段（见表 7 -1）。[②] 麦克唐奈和埃尔莫尔将政策工具分为命令性工具、激励性工

① 陈振明：《政府工具研究与政府管理方式改进》，《中国行政管理》2004 年第 6 期。

② M. Howlett and M. Ramesh, *Studying Public Policy*: *Policy Cycles and Policy Subsystems*, Toronto: Oxford University Press, 1995.

具、能力建设工具和系统变化工具等四种，它在传统“胡萝卜加大棒”二分法的基础上强调要重视“能力建设”和“系统变化”等政策工具。[①] 施奈德和英格拉姆将政策工具分为五种，即权威、激励、能力、象征与忠告、学习，其特色在于对“象征”“学习”等政策工具的重视。[②] 戴维·韦默将政策分为五个一般类型：（1）解放市场、推动市场和模拟市场；（2）利用税收和补贴来改变激励；（3）建立规则；（4）通过非市场机制提供物品；（5）提供保险和缓冲。[③]

表7－1　　政策工具光谱图

<table>
<tr><td colspan="10">国家干预程度</td></tr>
<tr><td>弱</td><td colspan="7">→</td><td colspan="2">强</td></tr>
<tr><td colspan="3">自愿性</td><td colspan="4">混合性</td><td colspan="3">强制性</td></tr>
<tr><td>家庭和社区</td><td>自愿性组织</td><td>私人市场</td><td>信息与劝诫</td><td>补贴</td><td>产权与拍卖</td><td>税收和使用费</td><td>规制</td><td>公共企业</td><td>直接提供</td></tr>
</table>

根据我国政府管理的特征，可以将政策工具类型划分为强制性政策工具、混合性政策工具、自愿性政策工具三大类。

强制性政策工具，是指政府通过权威和强制力来强行介入相关领域，实施的具有约束力的政策。强制性政策通常表现为三种形式：管制、依托国有企业执行、政府直接执行。管制可以分为经济管制和社会管制。经济管制是指通过政府机关发布相关法律、法规，实施价格管制、市场准入以及直接间接信息提供等政策要求，目标企业或团体单位只能接受相关政策。社会管制是指通过民法或刑法等法律形式，强迫社会组织接受相关规定。而依托国有企业执行主要体现为通过国有企业来销售相关产品或服务。政府直接执行主要体现为通过政

① McDonnell, L. & Elmore, R., “Getting the Job Done: Alternative Policy Instrument”, *Educational Evaluation and Policy Analysis*, Vol. 9, No. 2, 1987, pp. 133－152.

② Schneider, A. & Ingram, H., “Behavioral Assumptions of Policy Tools”, *Journal of Politics*, 1990, p. 52.

③ 戴维·L. 韦默，艾丹·R. 瓦伊宁：《公共政策分析理论与实践（第四版）》，中国人民大学出版社2012年版，第125页。

府财政购买相关产品或服务，并供给目标团体，目标团体只能接受相关产品或服务。

混合性政策工具是指政府通过公共权力来介入市场与社会事务，但将最终选择权留给私人部门的政策工具。混合性政策工具，融合自愿性政策工具与强制性政策工具的特色，政府的介入程度中等。混合性政策工具的表现形式通常分为三种，宣传和引导、征税和财政补贴和环境产权交易等。其中信息传播是一种消极的工具，通常由政府向个人、公司和社会发布或提供相关消息，以期待所期望的事情发生。规劝是政府试图说服人们去做某种事情，但不采取强制性的奖惩来使行动发生，如提倡使用公共交通工具等。税收是政府对一些不可接受的行为或希望引发的行为征税，使目标团体选择是否改变原来行为减少税收或继续缴税。补贴是指各种由政府或政府指导的机构给个人、公司及社会团体的财政转移形式。产权与拍卖是指政府利用产权拍卖的方式，在缺乏市场的公共物品和服务领域建立起市场，市场通过确立一定数量的对消费者指定的资源和可转移的产权来建立起市场，创造人为的稀缺，并让价格机制起作用。

自愿性政策工具是指政府在一些公共事务上往往不做什么或者不主动介入，而留给社会来处理，因为它相信市场、家庭或自愿者组织自身能够处理好这些问题。自愿性政策工具的特征是它没有或很少有政府参与，很多任务都是在自愿的基础上完成的。自愿性政策工具通常表现为家庭与社区、自愿性组织以及私人市场三种形式。家庭和社区可以做很多政府不愿意做或做不好的事情，无需政府干预和支出。而自愿性组织是由社会组织发起的活动，政府并未参与，但这些活动却与政府的政策目标一致。私人市场是一种提供私人物品的非强制性政策工具，它可以通过买卖双方来自发调节以达到政策目标。

二　中国低碳城市建设政策工具的分类

城市的低碳转型需要政府来纠正市场失灵，我国低碳城市的政策工具主要指为实现城市碳减排的目标，所采取的一系列约束、控制、管理、调节、推动等行为和活动的集合体。从政策制定的内容上看，低碳城市政策包括国家颁布的法律、法规、条例、部门规章、地方条例、办法；从政策范围来看，低碳城市政策包括多方面、多维度的政策，从部门上看，包括产业、交通、能源、建筑等方面的低碳政策，从范围上看，包括社区、产业园区和生活等方面的政策。低碳政策从高到低形成了国家、地方、部门三个层次，国家层面主要是制定指导性政策纲要，地方层面主要是制定实施方案和机制路径，部门层面主要是制定具体的执行政策，各层面的政策形成了一个政府主导、自上而下的政策体系。具体而言：

国家层面，结合国际气候治理格局和我国经济社会发展阶段，提出应对气候变化和温室气体减排的国家方案，从总量上设定减排目标，明确温室气体减排的重点领域和部门，按照先试点再推广的政策思路，对城市低碳发展做出纲领性规划；

地方层面，各地区和各城市，按照国家方案的总体部署，确定本地区和本城市的低碳发展目标和温室气体减排目标，并制定本地区和本城市的低碳政策实施方案；

部门层面，结合本地区和木城市的低碳发展目标，产业、能源、建筑、交通等相关部门，制定本部门落实相关减排目标的具体政策。

低碳城市建设涉及多个利益相关方，需要对各种政策工具进行整合，发挥政策工具的集成优势，依靠单一的政策机制或手段难以实现。

虽然不同学者所使用的名称各异，考虑到中国的低碳城市建设政策的实际情况，可以从政策机制维度和政策领域维度来对低碳城市建设的政策工具进行划分。

（一）政策机制维度的城市低碳发展政策

由于不同政策工具的特点不同，适用条件以及作用机制也不同，导致政策工具的有效性存在局限性。因此理性主义和渐进主义相结合的理念需要贯穿于政策制定过程中。本书采取混合扫描的分析模式，构建城市低碳发展的政策工具箱，工具箱的特点可以结合不同的条件灵活选择，并有机结合政策手段，实现不同类型政策的相互配合和协同作用。

如表 7 - 2 所示，政府通过行政管制的政策工具，建立约束机制，实现对企业和公众的行为限制；通过市场调节的政策工具，形成激励机制，通过经济激励型政策对企业和公众的行为进行刺激；通过社会引导型的政策工具，引导公众参与。科学合理地设计和统筹安排各类政策工具，是形成有效政策工具的根本保障。

表7－2　城市低碳发展的政策机制类型

政策机制	约束机制	激励机制	参与机制
行为主体	政府	企业	公众
政策手段	行政管制	市场调节	社会引导
政策类型	命令控制型	经济激励型	公众参与型
政策工具	法律法规、标准规范、考核问责、行政处罚、排放禁令	税费、补贴奖励、碳交易、绿色信贷、合同能源管理、政府采购	信息公开、宣传劝导、环境标签、自愿协议、模范表彰

1. 约束性政策机制及其工具的运用

城市低碳发展约束机制的形成主要靠命令控制型政策工具。

由于具有强制性的特征，命令控制型政策工具具有针对性强、效果明确、易于操作等特点，将是未来推动低碳发展的主导性政策。

命令控制型政策工具包括：法律法规、标准规范、行政命令和考核问责等。中国政府和地方层面的相关政策工具包括：1）准入标准，包括高耗能产业准入标准和产业能耗限额标准、污染物排放标准、建筑能耗标准、车辆能耗标准、低碳技术标准等，通过准入标准的限定，强制淘汰落后产能；2）考核问责，对现有的温室气体减排目标进行细化和完善，强化监管措施，建立对温室气体排放的统计、监测、考核和问责体系。

明确性和强制性是此类政策工具的两个主要特点：明确性是既要让受规制的一方能够明确遵守，又要监管部门能够有法可依进行监管；强制性是指规制一方必须严格按照规定的标准执行，否则依照法律将会面临相应的行政或司法处罚。

2. 激励性政策机制及其工具的运用

经济激励型政策工具是城市低碳发展中所依赖的主要政策工具。

经济激励型政策工具是利用市场机制，通过经济的奖惩措施，对企业和个人的行为进行干预，使企业和个人通过权衡成本和收益来选择有利于低碳发展的行为。经济激励型政策工具在许多国家被广泛运用，但是在中国的运用还不够广泛，有进一步提升的空间。

城市低碳发展的经济激励型政策工具可分为三类：

一是财政的正向激励，主要是指利用财政补贴、专项基金、税收优惠、贷款贴息、政府采购等政策的支持，给予低碳行为以正向激励。具体政策包括：(1) 低碳技术研发与产品开发，低碳服务和低碳发展能力建设，这些方面的政策工具主要有专项资金和财政补贴；(2) 项目实施，包括可再生能源开发和低碳发展重大项目和产业化示范项目，主要通过财税优惠和贷款贴息等政策；(3) 低碳消费，通过政策引导和鼓励低碳产品的消费，主要包括政府采购和低碳产品购置补贴等。

这其中，财政补贴是一种对减少碳排放的组织或个人给予经济补偿的激励行为。由于财政补贴的非强制性，这意味着组织和个人自觉参与其中时，该政策工具才能发挥实际的作用。政府承担着提供公共服务的职能，通过政府采购可以推进低碳技术和产品应用到公共服务领域，从而达到减少碳排放量的目的，由于政府采购的应用领域仅限于政府提供的公共服务领域，因此政府采购的激励强度和范围比财政补贴要小很多。

二是增加企业排放成本的反向激励政策，主要包括价格调节、信贷控制、税费征收等政策工具。能源价格的形成机制可以通过价格调节的形式进行调节，从而合理确定非化石能源在全部能源中的占比；通过限制对高耗能项目的信贷，实现对高排放项目的信贷控制。

这其中，税费征收是指开征环境税提高企业污染物排放成本。碳税是根据化石能源的使用量对企业和个人进行征税。碳税与直接规制的强制性政策工具相比，既有一定的灵活性。直接规制使企业和个人没有选择余地，必须将排放量控制在一定量以下，而碳税为企业和个人提供了愿意为多余的碳排放量付费的选择余地。

三是推行双向激励政策，包括碳市场、合同能源管理等，将节能减排行为市场化。中国应对气候变化的市场化政策主要有碳交易市场、排污权交易市场、水权交易市场、林权交易市场、用能权交易市场和绿色电力证书交易市场等。

3. 参与性政策机制及其工具的运用

全社会的共同参与是低碳城市建设的基本保障，低碳城市建设的政策工具必须重视公众参与型政策工具的运用。公众参与型政策工具是通过推广和传播，使社会公众对低碳的行为规范形成共识，从而形成自觉的低碳行为。这类行为不依赖于行政管制和利益驱动，而是在共同的价值观下引导全社会的合作。主要包括信息公开、宣传劝导、环境标签、资源协议和模范表彰等。

具体政策工具包括两类，一类是针对企业，制定相关的自愿减排政策，引导企业自愿参与低碳建设，并对主动参与自愿减排的企业给予公开表彰和精神奖励，引导形成低碳发展的社会价值观；另一类是针对个人，通过环境信息公开、宣传教育、引导社会舆论、低碳积分制度等，引导和鼓励市民的低碳环保行为。

（二）政策领域维度的城市低碳发展政策

低碳城市建设主要包括低碳产业、低碳建筑、低碳交通和低碳消费四个重点领域和若干个重点行业和部门。通过政策的制定，实现降低化石能源消耗，调整能源结构，减少二氧化碳排放。

1. 低碳产业政策

低碳产业政策可结合国家和城市的发展实际和发展要求，采用强制性和激励性政策相结合的手段，促进低碳技术改造和传统产业升级。主要分为正反两个方面：一是通过出台财政补贴和奖励政策，鼓励企业技术升级和改造，提高资源利用效率，降低能耗和碳排放强度；另一方面，可以通过行政处罚手段，对未实现碳排放配额履约的企业处以高额行政罚款，并要求限期整治。还可以设定高能耗、高排放行业强制性的准入和退出机制，加快淘汰过剩行业的落后生产能力，以遏制高能耗行业的发展，控制高碳产业的碳排放总量和增量。针对高能耗、高排放的企业，还可以采取排放禁令，设置排放限额等行业性法规，来限制企业排放，必要时可以强制关停等。

2. 低碳建筑政策

在低碳建筑领域，可通过不断完善国家绿色建筑评价相关标准体系，研究和推广绿色节能建筑设计标准和施工规范，限制建筑报建的能源准入条件，积极发展绿色建筑，促进节能减排技术在建筑领域的应用。采用促进低碳建筑发展的经济激励政策，促进绿色建筑的发展。例如，研究制定绿色建筑容积率奖励办法，通过给予一定的资金支持，鼓励绿色建筑的建设和购买，提高绿色建筑在城市建筑中的比重。还可以通过做好存量建筑的节能改造。严格执行建筑能耗限额要求，对现有存量公共建筑进行限期改造，对于未完成限期改造的企业，给予行政性处罚。加强建筑的能源管理，鼓励合同能源管理项目的实施，鼓励热电联产、家庭太阳能发电、地源热泵和太阳能热水系统在建筑中的应用。

3. 低碳交通政策

完善城市规划及标准。城市可以通过制定具有前瞻性的城市交通规划并实施低碳交通标准（排放标准、油耗标准等），全面深化交通领域的减排潜力。城市规划应统筹考虑多重因素，如交通安全性、便利性、通达性、低碳性等。推行公交优先，鼓励共享出行。不断提高公共交通出行比例、不断提高轨道交通占公共交通出行比例。地面公共交通方面，可注重大、小型公共汽（电）车搭配应用，发展多层次、多样化的公共交通服务，改善公共交通线路和站点的设置及布局，提升多模式换乘效率和体验，增强公共交通的吸引力。地铁方面，实施地铁票价优惠政策。促进轨道交通、常规公共汽（电）车，甚至是共享单车之间换乘优惠政策的实施。城市也应加强客运枢纽的建设，提高不同交通方式衔接的便捷性，如地铁站与公交站的衔接。采用限购、拥堵收费和停车收费政策来控制私人汽车保有量。低碳城市建设还应注重改善交通运输结构，尤其是加大新能源车推广力度，分时序推动各领域应用。推广清洁能源技术在交通领域的运用，促进交通领域的能源结构加速优化。

4. 低碳消费政策

强化宣传教育，提高低碳消费意识也是低碳城市建设的重要内容。政府可以通过运用信息、宣传、教育等政策工具，向消费者提供更多的低碳消费信息和知识，加强对低碳消费价值观的培养和引导，从而提高消费者的低碳购买意愿。企业可以通过披露更多产品的低碳消费信息，增强消费者对其低碳品牌的认可。同时，加强经济手段对低碳消费行为的激励作用。例如针对新能源汽车、低碳照明设备、节能家电等消费型产品给予消费补贴，引导市民购买低碳节能产品；针对电、燃油等消耗性能源，采取阶梯型收费和附加税费等形式，节约化石能源的使用和消耗。

通过税收减免、财政补贴等政策，鼓励租衣、家电租赁、二手商品交易平台等经济模式发展，实现消费的减量化和低碳化。以行政手段规范低碳产品消费标准体系。低碳认证和低碳标签是提高消费者认知的重要手段。推进现有低碳产品认证工作，完善低碳产品认证、能效标准和能效标识制度，有助于降低消费者筛选低碳产品的成本，提高低碳产品在市场上的认知度和占有率。结合“领跑者计划”，完善高耗能产品和终端用能产品的能效指标，并纳入能效标准中。

第三节　低碳城市建设的多目标协同

一　低碳城市建设的目标

关于低碳城市的建设目标，国内外的理解不尽相同。发达国家的低碳发展以全球生态安全为目标，以最终碳排放绝对量的减少为依据，以实现经济增长和碳排放的绝对脱钩，更注重实现低碳经济的结果。中国的低碳发展更为注重碳减排的过程，低碳发展的目标在于如何通过经济发展模式的转型，走上发展低碳经济的道路，因此需要结合自身发展阶段特征，用碳排放量的相对减少来衡量低碳目标。[①]

正因为低碳发展目标的差异，世界各国的低碳城市建设的探索与实践才展现出了各具特色、别开生面的局面。例如，欧洲一直以来是气候变化行动的积极推动者，欧盟于2019年12月发布"欧洲绿色新政"并提出到2050年成为全球首个碳中和的大洲；瑞典于2017年提出到2045年实现净零排放的目标，并通过颁布《气候法案》以法律的形式保障其应对气候变化目标的实现；挪威于2016年提出到2030年实现碳中和的目标，提前20年完成原先设定的2050年目标；哥本哈根、雷克雅未克等城市也出台了净零排放目标和实施方案。

在中国，低碳城市是应对气候变化的基本行政单元，是发展低碳经济、建设低碳社会的重要载体。作为一种新的发展形态和城市建设运营模式，低碳城市不仅具有低碳经济的一般特征，即"低碳排放"，还具有使"全体居民共享绿色、低碳建设成果"的包容性发展特征和保障全体居民低碳人文发展水平不断提高的政策实践需求。[②] 这就要求在中国新型城镇化的建设进程中，推动低碳城市建设不仅要从产业和技术层面大力开展低碳经济建设工作，还要重视从消费结构和品质方面推动生活方式和消费模式的低碳转型。

我国幅员辽阔，东部、中部、西部地区城市发展阶段各不相同、资源禀赋

① 王国倩、庄贵阳：《低碳经济的认识差异与低碳城市建设模式》，《学习与探索》2011年第2期。

② 周枕戈、庄贵阳、陈迎：《低碳城市建设评价：理论基础、分析框架与政策启示》，《中国人口·资源与环境》2018年第6期。

迥异，各省（市）城市低碳发展目标也不尽相同，表现出了从城市内部经济领域（部门），向城市内部多个领域（部门）的融合发展，以及向城市地区经济社会生态全局融合发展的多元化建设形态。①

二 低碳城市建设的多目标协同

城市低碳发展系统是一个结构复杂、功能多样的系统，可将其划分为经济、社会、生态三个子系统。其中，在三个子系统中，经济是区域协同发展的核心，为城市的低碳发展提供物质基础；社会和谐是低碳城市建设的主要任务，是体现各地低碳发展绩效的重要指标；而生态良好也是低碳发展的重要目标和基础。

协同理论的创始人赫尔曼将协同定义为各组成部分相互之间合作而产生的集体效应或整体效应。② 在多个子系统的相互影响和合作下，使系统产生出微观层次所无法实现的新的系统结构和功能。③ 根据协同学理论，低碳城市建设就是要实现多目标协同，其协同效应主要体现在以下三个方面。

低碳城市建设对生态系统保护起到促进作用。低碳城市高质量发展的实现，有助于城市气候安全目标实现，为生态环境系统恢复其再生能力和自我净化能力提供稳定的地球系统支持。其对生态系统的作用可以分为三个方面。第一，从森林生态系统来看，通过增加森林碳汇来促进天然林资源保护、退耕还林、防沙治沙、石漠化综合治理、三北及长江流域的防护林体系建设等林业重点工程的建设实施。第二，从草原生态系统来看，通过增加草原碳汇，推动了退牧（退耕）还草、西南岩溶地区草地治理等重大草原生态修复工程的实施，促进了草原生态保护建设。第三，从湿地生态系统来看，通过增加湿地碳汇和海洋碳汇，可促进湿地全面保护和一批湿地保护修复重点工程的实施。

低碳城市建设对环境污染治理起到推动作用。第一，气候变化和大气污染同根同源，应对气候变化和大气污染治理是具有高度的协同性的。一方面，工业污染物和废弃物与甲烷、氮氧化物、黑炭、臭氧等气候污染物可以协同控

---

① 庄贵阳、周枕戈：《高质量建设低碳城市的理论内涵和实践路径》，《北京工业大学学报》（社会科学版）2018 年第 5 期。

② ［德］赫尔曼·哈肯：《协同学：大自然构成的奥秘》，凌复华译，上海译文出版社 2005 年版。

③ 范如国：《复杂网络结构范型下的社会治理协同创新》，《中国社会科学》2014 年第 4 期。

制。另一方面，对煤矿甲烷和油气系统挥发性有机物及甲烷逃逸加强监测和控制，可以实现温室气体和大气污染的双控目标。第二，农业领域的低碳化，通过提升农业温室气体减排与化肥农药减量增效等技术协同作用，发挥畜禽粪污资源化和其温室气体减排协同作用。农村沼气建设及农村沼气转型升级可以在改善农村人居环境的同时降低温室气体排放。第三，垃圾资源化和无害化处理可以在改善城市环境的同时，实现其温室气体减排的协同作用。第四，在能源领域，减少煤炭消费和实施煤替代技术的气候变化应对策略不仅能减少二氧化碳等温室气体排放，同时还能显著减少颗粒物，二氧化硫、氮氧化物、烃类等大气污染物的排放。①

低碳城市建设对社会精细化管理起到提升作用。智慧城市是未来城市发展的方向，智慧和低碳是两个相辅相成的概念，"智慧城镇"建设的内容包含了绿色低碳的实质，而"低碳城镇"发展的可持续和创新也需要现代化智能技术的有力支持。一方面，信息通信技术是城市绿色转型的重要动力。信息通信技术能够通过改造传统产业、催生新兴产业、提高管理质量及效率来促进城市产业结构升级和节能减排。另一方面，智慧城市的每一个建设方向都直接或间接涉及到绿色低碳相关问题。如规划管理信息化包括园林绿化与环境保护等市政基础设施管理的数字化和精准化；基础设施智能化包括了交通、电网、水务、管网和建设的智能化管控；社会治理精细化包括了环境监管领域的应用等。

第四节　中国低碳城市试点的政策工具

我国低碳城市建设中使用了多样化的政策目标和与之相适应的政策工具。以中国开展的低碳城市试点为例。第一批低碳城市试点明确的任务包括：编制低碳发展规划、制定支持低碳绿色发展的配套政策、加快建立以低碳排放为特征的产业体系、建立温室气体排放数据统计和管理体系、积极倡导低碳绿色生活方式和消费模式；第二批低碳城市试点增加了要求领导高度重视、明确试点目标、发挥绿色低碳发展的示范带头作用以及试点申报地区编写并提交《低

① 中国碳排放交易网：http：//www. tanpaifang. com/tanjiaoyi/2019/0108/62787. html

碳试点工作初步实施方案》的任务；第三批低碳城市试点的任务则突出了积极探索创新经验和做法以及提高低碳发展管理能力的要求，并要求城市提出达峰的时间。总结近十年来我国低碳城市建设的政策工具，可以发现，我国低碳城市的政策工具类型在引进国际低碳城市政策工具的同时，结合我国具体国情和政治体制，进行了创新。我国低碳城市建设的政策工具涉及面广、推行力度大、减排效果显著，集中体现了我国低碳城市建设的制度创新，比较有代表性的政策工具是节能和温室气体排放目标责任制、碳排放峰值倒逼机制和碳交易市场机制。

一　节能和温室气体排放目标责任制

节能目标责任制是我国低碳城市建设中的重要约束机制。节能目标制作为一种约束性制度，最早出现于2006年发布的《国民经济和社会发展第十一个五年规划纲要》（以下简称《“十一五”规划纲要》）。《“十一五”规划纲要》提出“本规划确定的约束性指标，具有法律效力，要纳入各地区、各部门经济社会发展综合评价和绩效考核”。2007年6月发布的《国务院关于印发节能减排综合性工作方案的通知》，提出“要建立健全节能减排工作责任制和问责制，一级抓一级，层层抓落实，形成强有力的工作格局”，还要求在政府领导干部综合考核评价和企业负责人业绩考核中，要将节能工作作为一项重要内容，实行“问责制”和“一票否决制”。清晰的国家目标、严格的压力传导机制，以及明确的信息反馈机制，构成了中国降低单位GDP能耗的目标管理体系。目标责任制的确立，明确了地方政府在节能工作中的主体地位，使既有的节能政策能够得以贯彻和落实。①

城市温室气体排放目标责任考核是我国开展低碳城市建设的又一重要约束制度。“十二五”期间，单位GDP碳排放强度下降目标已经成为国务院对各省、自治区、直辖市层面的约束性指标。2016年中央政府通过《“十三五”控制温室气体排放工作方案》，加强对省级人民政府控制温室气体排放目标完成情况的评估、考核，建立责任追究制度。国家发展改革委2017年制定了《“十三五”省级人民政府控制温室气体排放目标责任考核办法》，并组织开展

① 赵小凡、李惠民：《40年节能政策中的目标管理》，载齐晔、张希良主编《中国低碳发展报告（2018）》，社会科学文献出版社2018年版。

对全国31个省（区、市）2016年度控制温室气体排放目标责任评价考核。2018年，国务院机构改革之后，生态环境部联合相关部门完成对各省（区、市）2017年度控制温室气体排放目标责任评价考核。省级政府通过制定本地区碳排放指标分解和考核办法，加强对各责任主体的减排任务完成情况的跟踪评估和考核。目前，温室气体排放目标责任考核是各级政府和有关部门作为领导班子综合考核评价、干部奖惩任免和领导换届考查、任职考察的重要依据。一些低碳试点城市还将本地温室气体排放目标与任务分配到下辖区县，强化了基层政府目标责任和压力传导，逐步形成温室气体排放目标责任层层推进的常态化工作机制。

二　城市碳排放峰值倒逼机制

城市碳排放峰值倒逼机制是我国低碳城市建设的重大创新机制之一。从全球角度来看，《巴黎协定》规定，缔约国将加强对气候变化威胁的全球应对，把全球平均气温较工业化前水平升高幅度控制在2℃之内，同时为把升温幅度控制在1.5℃之内而努力。《巴黎协定》所设定的到本世纪末的2°C温控目标对各国应对气候变化政策也产生了倒逼机制，各国通过提交国家自主贡献的承诺来实现分阶段的碳减排目标。从我国的情况来看，中国2015年向国际社会承诺“二氧化碳排放2030年左右达到峰值并争取尽早达峰”，由于碳排放总量还处于上升趋势，碳排放峰值无疑也会产生倒逼机制。为推动我国二氧化碳排放尽早达到峰值，2016年国务院印发了《“十三五”控制温室气体排放工作方案》，提出要支持优化开发区域碳排放率先达峰，力争部分重化工业的碳排放在2020年左右达峰。当前我国绝大部分低碳试点城市提出了二氧化碳排放峰值年份的目标。截至2018年6月，北京、天津、山西、山东、海南、重庆、云南、甘肃、新疆等9省（区、市）在其发布的省级“十三五”控制温室气体排放的相关实施方案或规划中提出了明确的整体碳排放达峰时间。其中，北京提出2020年并尽早达峰；天津提出2025年左右达峰；云南提出2025年左右达峰；山东提出2027年左右达峰。上海在《上海市城市总体规划（2017—2035年）》提出碳排放量在2025年前达到峰值。部分省市虽未针对全省提出碳排放峰值目标，但结合本省情况，提出了重点城市、重点区域或重点行业的碳排放达峰时间，并进行了相关研究工作。如江苏提出支持苏州、镇江优化开发区域在2020年前实现碳排放率先达峰，广东提出广州、深圳等发达城市争取在2020年达峰，江西提出力争部分重化工业2020年左右实现率先达峰，四川提出部分重化工业2020年左右与全国同行业同步实现碳排放达峰。参与试点的绝大多试点城市均在各自试点方案中提出了具体的峰值目标。

碳排放峰值倒逼机制能够产生规范效应、导向效应和创新效应，从而实现有效转变经济增长方式的目标。倒逼机制促使企业增强自主创新能动性的动力，来自“社会需求—社会资源”缺口催生的创新驱动，倒逼机制具有鲜明的负反馈特性、传导路径的逆向性和比较明显的外部性。尽管社会矛盾的存在对于社会发展具有不同程度的负面效应，但在一定条件下，社会矛盾的倒逼机制也创造改革发展的积极推动力量。

实现中国低碳城市碳排放峰值目标的主要政策工具有：一是加强政策的顶层设计，即利用我国发展转型的战略机遇期，在综合考虑我国经济社会发展形势和需求的基础上，从国家层面尽早制订碳排放达峰行动路线图，并提出落实碳排放达峰目标的配套政策和保障措施。各城市通过提升对碳排放达峰的认识和宣传，结合本地区在经济发展水平、低碳产业培育、低碳能源利用、生态功能定位等方面的特点，研究提出本地区碳排放达峰的路线图，明确推动碳排放达峰的重点领域和关键措施。二是强化总量控制，完善相关机制。为推动碳排放达峰目标的顺利实现，应积极推动建立碳排放总量控制制度，在做好全国碳排放总量控制目标设计的同时，研究提出碳排放总量控制目标的行业、地区分解机制，并加强目标责任考核和配套机制完善，引导各行业、各地区加快推进低碳转型。

三　建立碳交易机制

碳交易是一种激励型碳减排的政策工具。利用市场机制对碳排放进行控制的理论可以分为两大类，一类是以政府为主导的庇古方法，即利用“看得见的手”对碳排放进行调节；一类是以市场为主导的科斯方法，即利用“看不见的手”对碳排放权进行界定，通过交易的方式达到排放权的最优配置。根据前述科斯定理的界定，如果产权界定清晰，产权的初始分配不会对最终的分配造成影响。同时，在市场有效的情况下，由于初始分配不会改变厂商的边际减排成本，产权的价格亦不会受到初始分配的影响。碳交易是在科斯定理的基础上构建的控制污染排放的一种政府引导下的市场体制，即将碳排放权在不同的减排主体间进行分配和交易。

碳交易市场建设需要配套的碳减排目标及碳配额分配方案、碳市场运行所需要的法律法规、交易平台。一般而言，参与碳交易的企业或单位要求首先量化并报告其在该年度内的二氧化碳排放量，然后由第三方核查机构对其排放报告的数据和真实性进行核查。企业在保证其碳强度不高于政府所规定碳强度的基础上，可以将盈余配额结转至后续年使用或直接在碳交易市场上出售以获取一定的经济收益。

我国碳市场试点工作始于2011年。国家发展改革委2011年发布《关于开展碳排放权交易试点工作的通知》，正式批准北京、天津、上海、重庆、湖北、广东及深圳开展碳排放权交易试点。2013年—2014年，7个省市的碳交易市场相继开市，拉开了我国碳交易的序幕。国家碳市场建设也在有序推进。2017年12月，国家发展改革委印发《全国碳排放权交易市场建设方案（发电行业）》，动员部署全国碳市场建设任务，要求以“稳中求进”为总基调，以发电行业为突破口，分阶段、有步骤地建立归属清晰、保护严格、流转顺畅、监管有效、公开透明的全国碳市场。2019年5月，生态环境部印发《关于做好全国碳排放权交易市场发电行业重点排放单位名单和相关材料报送工作的通知》，为全国碳交易市场的启动做好配额分配、系统开户和市场测试运行等准备工作。

北京、天津、上海、重庆、广东、湖北、深圳已基本形成要素完善、运行平稳、成效明显、各具特色的区域碳排放权交易市场。试点碳交易市场以自下而上和自上而下相结合的方式，按照各地市的实际发展情况，建立起了包括法律法规、监管规定、覆盖范围、总量控制目标和配额分配等在内的碳交易体系，基本形成了较为完整的碳交易市场的制度框架。7个试点碳市场覆盖了电力、钢铁、水泥等多个行业近3000家重点排放单位，履约率逐年递增趋势，并保持较高水平。上海试点碳市场连续5个履约期实现重点排放单位按时100%履约，纳管企业碳排放量比2013年累计下降了7%，煤炭消费总量累计下降11.7%。试点碳市场不断提升企业低碳意识，有力地推动了试点范围内碳排放总量和强度双降。截至2018年10月，7个试点碳市场累计成交量突破2.5亿吨二氧化碳，累计成交金额约60亿元。①

比较来看，7个试点的碳交易市场的政策设计有所不同。其中，在覆盖行业来看，各区域碳管理的覆盖范围均有所差异。区域碳交易市场大多数将大型工业行业

① 国务院：《中国应对气候变化的政策与行动2018年度报告》，2018年。

纳入到碳排放管理之中，深圳、上海、北京和广州覆盖了非工业领域的减排行业和单位，天津覆盖了民用建筑领域。在配额分配上，各区域碳市场的配额分配原则主要是基于历史法、行业基准法和博弈法来确定企业和单位所获得的配额，配额分配方式上，各试点地区是通过免费和有偿结合的方式，为参与主体一次性或按年度发放所应得的碳排放配额，并制定了相应的奖罚调整机制。

延伸阅读

1. 戴维·L. 韦默，艾丹·R. 瓦伊宁：《公共政策分析理论与实践（第四版）》，中国人民大学出版社 2012 年版。

2. 汤姆·蒂坦伯格、琳恩·刘易斯：《环境与自然资源经济学（第八版）》，中国人民大学出版社 2016 年版。

3. 潘家华、庄贵阳、郑艳、朱守先、谢倩漪：《低碳经济的概念辨识及核心要素分析》，《国际经济评论》2010 年第 4 期。

练习题

1. 请回答市场失灵和政府失灵的表现及原因。

2. 中国低碳城市政策工具的内涵是什么？有哪几种主要的政策工具分类？

3. 从低碳建设的重点领域来划分，中国低碳城市建设的主要政策工具有哪些？

第八章

中国低碳城市试点的政策与实践

我国幅员辽阔，如何在不同发展阶段、不同类型地区因地制宜地推进低碳发展，是一项新的课题。开展低碳试点是牢固树立低碳发展理念、强化低碳发展目标引领、探索低碳发展模式及制度创新的重要抓手。2015 年 6 月，习近平总书记主持召开中央全面深化改革领导小组第十三次会议时强调，试点是改革的重要任务，更是改革的重要方法。试点能否迈开步子、趟出路子，直接关系改革成效。要牢固树立改革全局观，顶层设计要立足全局，基层探索要观照全局，大胆探索，积极作为，发挥好试点对全局性改革的示范、突破、带动作用。

第一节　中国低碳城市的背景

一　中国低碳城市的自发实践和行动

在应对节能减排和经济发展两方面需求的背景下，中国的地方政府纷纷把目光投向了低碳发展规划，希望能通过结合当地的实际情况，全面规划区域发展模式，即从调整产业结构、优化能源结构、提倡低碳生活方式等方面着手，引导地方未来的产业方向和社会发展的低碳模式，取得发展与环境的平衡。中国最早开始明确低碳城市建设的地方政府是上海市和保定市，[①] 在国际 NGO 的推动下，于 2008 年 1 月与世界自然基金会（WWF）签订“中国低碳城市发展项目”。随后，又有一些城市陆续发布政策文件或开展国际合作，明确提出

① 齐晔主编：《中国低碳发展报告（2011—2012）》，社会科学文献出版社 2011 年版。

“低碳城市”的概念，将其纳入城市发展理念。2009 年 11 月国务院提出我国 2020 年控制温室气体排放行动目标后，多个省市主动采取行动落实中央决策部署。到 2010 年，不少城市提出发展低碳产业、建设低碳城市、倡导低碳生活等政策建议，一些省市开展了低碳发展的国际合作项目或自发的低碳城市建设，包括：

• 2008 年 1 月，保定市与上海市入选 WWF“中国低碳城市发展项目”首批试点城市。

• 2008 年初，珠海市两会中政协首先提议要把珠海建设成为低碳城市。

• 2008 年，吉林市编制了《吉林市低碳经济路线图》。2009 年底在北京举办新闻发布会。

• 2008 年 12 月，保定市出台《关于建设低碳城市的意见》《低碳城市发展规划纲要（2008—2020）》。

• 2009 年起，英国繁荣基金（SPF）先后支持吉林市、南昌、重庆和广东等低碳发展研究。

• 2009 年 10 月，南昌市政府审议《关于进一步深化“花园城市绿色南昌”建设等若干意见》。

• 2009 年 12 月，德州提出实施太阳城战略，编制了《低碳德州发展规划》。

• 2009 年 12 月，杭州市发布《低碳新政 50 条》，构建“六位一体”的低碳城市。

• 2009 年 12 月，成都市发布《成都低碳城市建设工作方案》。

• 2009 年，广元市成立应对气候变化工作领导小组，实施“科学重建、低碳发展”理念。

• 2010 年 1 月，住建部与深圳市签署合作框架协议，共建国家低碳生态示范市。

• 2010 年 1 月，《厦门市低碳城市总体规划纲要》，将交通、建筑和生产列为重点行业。

• 2010 年 3 月，《无锡低碳城市发展战略规划》获得专家评审通过。

• 2010 年 5 月，国家新能源示范城市暨自治区和谐生态城区和城乡一体化吐鲁番示范区开工建设。

• 2010 年 7 月，德州、眉山、银川和北京东城区成为首批中瑞合作低碳城市。

二　宏观政策要求

在各地积极建设低碳城市的背景下，不少地方提出发展低碳产业、建设低碳城市、倡导低碳生活，一些省市还向中央政府申请开展低碳试点工作。[①] 为了积极探索我国工业化城镇化快速发展阶段既发展经济、改善民生又应对气候变化、降低碳强度、推进绿色发展的做法和经验，2010 年 7 月，国家发改委发布《关于开展低碳省区和低碳城市试点工作的通知》（发改气候〔2010〕1587 号），组织了首批低碳省区和低碳城市试点工作。

低碳省市试点是中国控制温室气体排放政策的重要组成部分，作为国家低碳发展理念、路径、模式、技术、政策的探索，主要的宏观政策中对低碳试点均提出了明确要求：

2011 年国务院发布的《“十二五”控制温室气体排放工作方案》中明确指出，开展低碳发展试验试点。通过低碳试验试点，形成一批各具特色的低碳省区和城市，建成一批具有典型示范意义的低碳园区和低碳社区，推广一批具有良好减排效果的低碳技术和产品，控制温室气体排放能力得到全面提升，并加大对试验试点工作的支持力度。

2014 年国家发展改革委出台的《国家应对气候变化规划（2014—2020 年）》中提到，支持低碳发展试验试点的配套政策和评价指标体系逐步完善，形成一批各具特色的低碳省区、低碳城市和低碳城镇，建成一批具有典型示范意义的低碳城区、低碳园区和低碳社区，推广一批具有良好减排效果的低碳技术和产品，实施一批碳捕集、利用和封存示范项目。

2016 年《“十三五”控制温室气体排放工作方案》中明确要求，创新区域低碳发展试点示范。探索产城融合低碳发展模式，将国家低碳城市试点扩大到 100 个城市，将国家低碳城（镇）试点扩大到 30 个城（镇），将试点扩大到 80 个园区，组织创建 20 个国家低碳产业示范园区，推动开展 1000 个左右低碳社区试点，组织创建 100 个国家低碳示范社区。并选择条件成熟的限制开发区域和禁止开发区域、生态功能区、工矿区、城镇等开展近零碳排放区示范

① 国家发改委：《关于开展低碳省区和低碳城市试点工作的通知》（发改气候〔2010〕1587 号），2010 年。

工程，到2020年建设50个示范项目。并以投资政策引导、强化金融支持为重点，推动开展气候投融资试点工作。

第二节 中国低碳省市试点政策概况

一 低碳省市试点政策要求

2010年7月，国家发展改革委正式启动了国家低碳省区和低碳城市试点工作，确定在广东、辽宁、湖北、陕西、云南五省和天津、重庆、深圳、厦门、杭州、南昌、贵阳、保定八市开展探索性实践。2012年11月，国家发展改革委下发《关于开展第二批低碳省区和低碳城市试点工作的通知》，在北京、上海、海南等29个省市开展第二批低碳省区和城市试点。2017年1月，国家发展改革委下发《关于开展第三批国家低碳城市试点工作的通知》，新纳入了乌海、沈阳、大连等45个低碳城市试点。至此，全国范围内国家低碳省市试点达到三批共87个。（见表8-1）

表8-1　三批低碳省市试点名单和任务要求

批次	名单	任务要求
第一批2010年7月	广东、辽宁、湖北、陕西、云南、天津、重庆、深圳、厦门、杭州、南昌、贵阳、保定（5省8市）	编制低碳发展规划 制定支持低碳绿色发展的配套政策 加快建立以低碳排放为特征的产业体系 建立温室气体排放数据统计和管理体系 积极倡导低碳绿色生活方式和消费模式
第二批2012年11月	北京、上海、海南、石家庄、秦皇岛、晋城、呼伦贝尔、吉林、大兴安岭地区、苏州、淮安、镇江、宁波、温州、池州、南平、景德镇、赣州、青岛、济源、武汉、广州、桂林、广元、遵义、昆明、延安、金昌、乌鲁木齐（1省28市）	明确工作方向和原则要求 编制低碳发展规划 建立以低碳、绿色、环保、循环为特征的低碳产业体系 建立温室气体排放数据统计和管理体系 建立控制温室气体排放目标责任制 积极倡导低碳绿色生活方式和消费模式

续表

批次	名单	任务要求
第三批 2017 年 1 月	乌海、沈阳、大连、朝阳、逊克县、南京、常州、嘉兴、金华、衢州、合肥、淮北、黄山、六安、宣城、三明、共青城、吉安、抚州、济南、烟台、潍坊、长阳土家自治县、长沙、株洲、湘潭、郴州、中山、柳州、三亚、琼中黎族苗族自治县、成都、玉溪、普洱市思茅区、拉萨、安康、兰州、敦煌、西宁、银川、吴忠、昌吉、伊宁、和田、新疆兵团第一师阿拉尔市［（45 市县）］	明确目标和原则 编制低碳发展规划 建立控制温室气体排放目标考核制度 积极探索创新经验和做法 提高低碳发展管理能力

在低碳省市试点的政策实施过程中，主要有以下几个环节。

（一）启动第一批试点

为落实国家控制温室气体排放行动目标，调动地方低碳转型的积极性，积累对不同地区分类指导的工作经验，探索工业化、城镇化深入发展阶段既发展经济又应对气候变化的可行路径，努力建设以低碳为特征的产业体系和消费模式，2010 年 7 月 19 日，经国务院批准同意，国家发展改革委印发了《国家发展改革委关于开展低碳省区和低碳城市试点工作的通知》（发改气候〔2010〕1587 号），致力于低碳试点的基础能力建设，要求试点省市编制规划、制定政策、调整产业、加强数据管理等，正式启动了国家低碳省区和低碳城市试点工作。

（二）开展第二批试点

第一批低碳试点工作启动后，各试点省市高度重视，按照试点工作有关要求，制定了低碳试点工作实施方案，逐步建立健全低碳试点工作机构，积极创新有利于低碳发展的体制机制，探索不同层次的低碳发展实践形式，从整体上带动和促进了全国范围的绿色低碳发展。为进一步探寻不同类型地区的控制温室气体排放路径和绿色低碳发展模式，根据国务院印发的《“十二五”控制温室气体排放工作方案》（国发〔2011〕41 号），国家发展改革委于 2012 年 11 月 26 日正式印发《关于开展第二批国家低碳省区和低碳城市试点工作的通知》（发改气候〔2012〕3760 号）。与第一批试点相比，第二批试点通知中增加了“明确工作方向和原则要求”和“建立控制温室气体排放目标责任制”两个任务，要求试点省市要把全面协调可持续作为开展低碳试点的根本要求，以全面落实经济建设、政治建设、文化建设、社会建设、生态文明建设五位一体总体布局为原则，进一步协调资源、能源、环境、发展与改善人民生活的关系，同时要确立科学合理的碳排放控制目标，并将减排任务分配到所辖行政区以及重点企业；制定本地区碳排放指标分解和考核办法，对各考核责任主体的减排任务完成情况开展跟踪评估和考核。

（三）前两批试点工作评估

为及时总结低碳试点地区形成的绿色低碳发展模式，梳理其在体制机制、政策体系创新等方面的成功经验，分析其面临的重大挑战，深化低碳试点，推动形成一批各具特色的低碳省区和低碳城市，并为全国低碳发展提供有益经验，2016年2月22日，国家发展改革委办公厅下发了《关于组织总结评估低碳省区和城市试点经验的通知》，要求试点省市深入总结低碳试点创建工作，完成自评估报告。4—5月，国家发展改革委气候司组织专家先后在秦皇岛、镇江、景德镇召开了三次总结评估交流现场会，依据各试点省市提交的自评估报告及现场答辩，对32个试点城市进行了专家打分。7—8月，国家发展改革委气候司结合“十二五”单位地区生产总值二氧化碳排放降低目标责任考核工作，对6个省区和4个直辖市的试点工作进行了评估。虽然此次评估结果最终未向全社会公开，但评估的过程中，通过现场交流会和专家点评，本身就是对试点地区的一次能力建设，并对随后国家发改委开展第三批试点和出台相关文件奠定了基础。

（四）开展第三批试点

2016年10月，国务院印发了《“十三五”控制温室气体排放工作方案》（以下简称《方案》）（国发〔2016〕61号），《方案》要求以碳排放峰值和碳排放总量控制为重点，将国家低碳城市试点扩大到100个城市。按照“十三五”规划《纲要》和《国家应对气候变化规划（2014—2020年）》的要求，落实《方案》中100个试点城市的目标，深化低碳试点工作，鼓励和推动更多的城市先行先试，国家发改委组织各省、自治区、直辖市和新疆生产建设兵团发展改革委开展了第三批低碳城市试点的组织推荐和专家点评。经统筹考虑各申报地区的试点实施方案、工作基础、示范性和试点布局的代表性等因素，确定在内蒙古自治区乌海市等45个城市（区、县）开展第三批低碳城市试点。与前两批试点相比，第三批试点在通知中明确了所有试点的达峰年份目标；任务要求方面，第三批试点通知中增加了“积极探索创新经验和做法”和“提高低碳发展管理能力”两项，响应我国“创新、协调、绿色、开放、共享”的五大发展理念，并将温室气体排放清单、数据统计（监测与核算）、低碳能力建设等工作融进了低碳发展管理能力的提升中；工作要求中，尤其提到要推进试点工作的制度创新，要与相关生态建设、节能减排、环境保护等工作统筹协调，避免工作重复。国家对第三批低碳试点的工作增加了“创新”和“统筹”两个关键词，并在试点通知中明确了对每个试点的制度创新要求，这来源于对前两批低碳试点工作的考察与评估，是前两批试点先行先试得到的宝贵经验，同时再次明确未来中国城市低碳事业的工作方向。

二　三批87个试点概况

（一）地域分布

前两批低碳试点共有6个省份，36个城市（含直辖市），共计42个地区。第三批低碳试点共涉及23个省区的45个城市（含34个地级市和11个县/县级市）。从地域分布看，低碳试点涵盖了东中西部地区。表8-2为三批试点地理分布情况。

表8-2　三批低碳试点的地理分布情况

地区	合计	试点数量		
		第一批	第二批	第三批
东北地区	1省（区）7市	1省	3市	4市
华北地区	7市	2市	4市	1市
华中地区	1省（区）7市	1省	2市	5市
西北地区	1省（区）13市	1省	3市	10市
华东地区	31市	3市	11市	17市
华南地区	2省（区）7市	1省1市	1省2市	4市
西南地区	1省（区）9市	1省2市	3市	4市
合计	87［6省（区）81市］	5省8市	1省28市	45市

注：市包括直辖市、地级市、县级市以及区县。

（二）经济社会发展

三批低碳试点涵盖省、直辖市、地级市、县区等不同层级，覆盖人口规模差别较大。2015年，除省区以外的81个城市试点中，一批试点重庆市覆盖人口最多，为3017万人，三批次试点江西省共青城市最少，为8.45万人。前两批低碳试点地区（除省区外）的总人口共5.31亿人；第三批试点地区总人口共1.59亿人。相较于前两批，第三批低碳试点地区中小城市比例增加。图8-1为三批低碳试点地区常住人口分布情况。

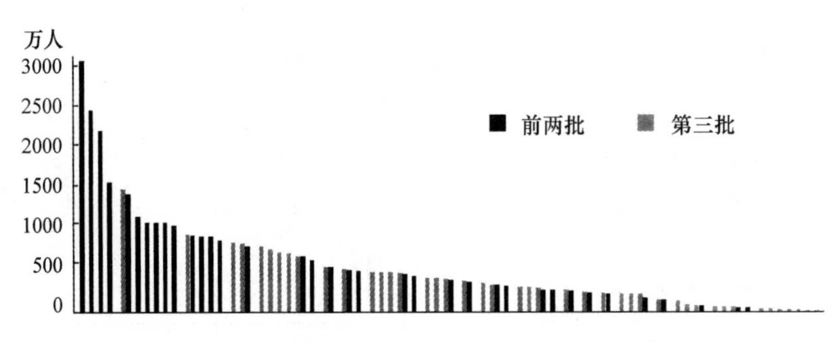

图8－1 三批低碳试点地区常住人口分布（不含省区）

资料来源：各试点地区的试点工作实施方案。

GDP 总量方面，2015 年，除省区外的 81 个城市中，第一批试点上海市 GDP 总量最高，为 24598 亿元，第三批试点逊克县最低，为 25.6 亿元。前两批低碳试点地区 GDP 总量为 32.0 万亿元，占全国当年 GDP 总量的 46.4%；第三批低碳试点地区 GDP 总量为 10.6 亿元，占全国当年 GDP 总量的 15.4%。图 8－2 为三批低碳试点地区 GDP 总量分布情况。

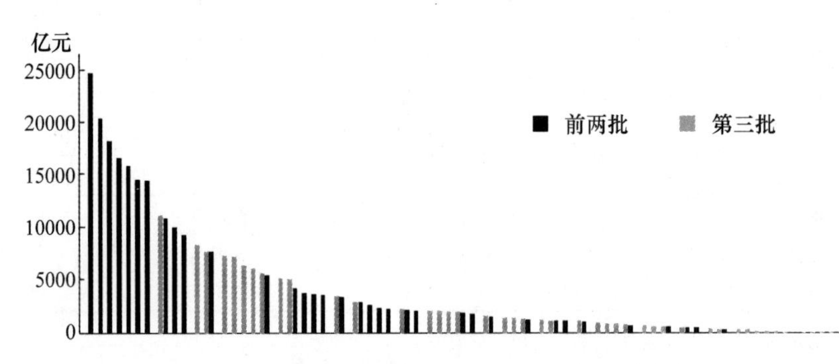

图8－2 三批低碳试点地区 GDP 总量分布（不含省区）

资料来源：各试点地区的试点工作实施方案。

三批低碳试点地区涵盖了各个发展阶段的地区，其人均 GDP 差别较大，其中第二批试点地区深圳市人均 GDP 最高，为 13.88 万元/人，第三批低碳试点琼中黎族自治区人均 GDP 最低，为 1.67 万元/人。前两批 42 个低碳试点地区人均 GDP 均值为 6.03 万元/人（其中 36 个城市的人均 GDP 为 7.94 万元/人，6 个试点省区的人均 GDP 为 5.08 万元/人），第三批为 6.68 万元/人。

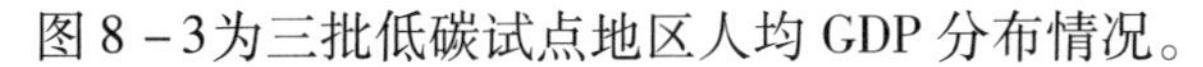
图 8 -3为三批低碳试点地区人均 GDP 分布情况。

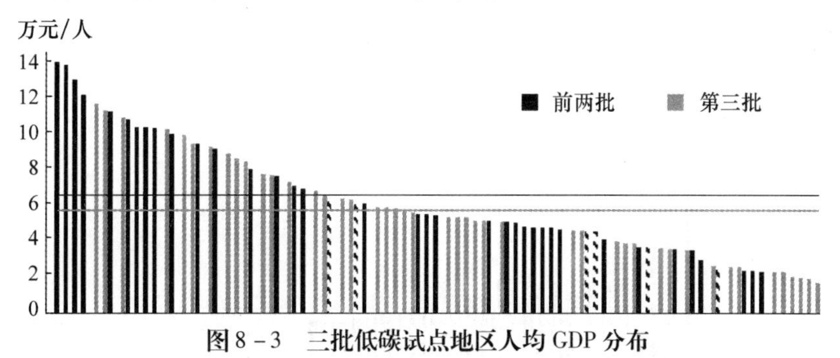

图 8 -3　三批低碳试点地区人均 GDP 分布

注：虚线填充柱为省区，横线分别为前两批和第三批试点地区的平均值。

资料来源：各试点地区的试点工作实施方案。

（三）碳排放

2015 年的碳排放总量方面，除省区外的 81 个试点城市中，第一批低碳试点上海市碳排放总量最高，为 24351 万吨；第三批低碳试点共青城市碳排放总量最低，为 15. 12 万吨。前两批低碳试点地区碳排放总量为 37. 26 亿吨，第三批低碳试点地区为 14. 52 亿吨。图 8 -4 为三批低碳试点地区碳排放总量分布情况。

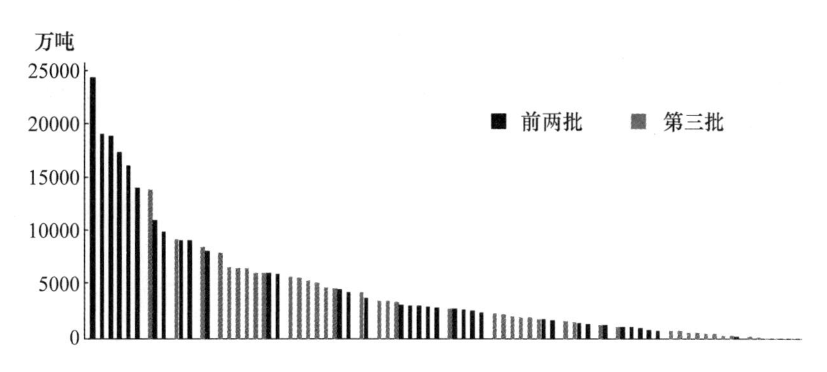

图 8 -4　三批低碳试点地区碳排放总量分布

资料来源：各试点地区的试点工作实施方案。

人均碳排放量方面，三批低碳试点地区中，第三批低碳试点中银川市人均碳排放量最高，为 28. 46 吨二氧化碳/人，琼中黎族自治区最低，为 0. 75 吨二氧化碳/人。前两批低碳试点地区人均碳排放为 7. 02 吨二氧化碳/人，第三批低碳试点地区人均碳排放为 9. 13 吨二氧化碳/人。第三批试点地区平均的人均碳排放量较前两批试点高 30%。图 8－5 为三批低碳试点地区人均碳排放量分布情况。

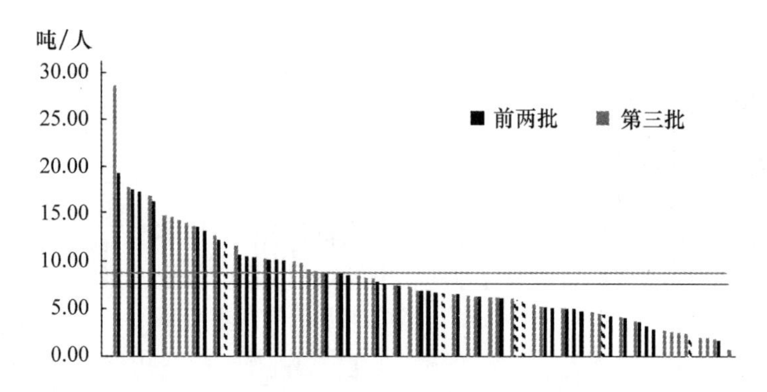

图 8－5　三批低碳试点地区人均碳排放量分布

注：虚线填充柱为省区，横线分别为前两批和第三批试点地区的平均值。

资料来源：各试点地区的试点工作实施方案。

单位 GDP 的碳排放方面，三批低碳试点地区中，第三批试点吴忠最高，为 4.6 吨二氧化碳/万元，共青城最低，为 0.24 吨二氧化碳/万元。前两批低碳试点地区平均的单位 GDP 碳排放强度为 1.16 吨二氧化碳/万元，第三批低碳试点地区平均的单位 GDP 碳排放强度为 1.37 吨二氧化碳/万元。第三批试点地区平均人均碳排放量较前两批试点高 18.1%。图 8－6 为三批低碳试点地区单位 GDP 碳排放分布情况。

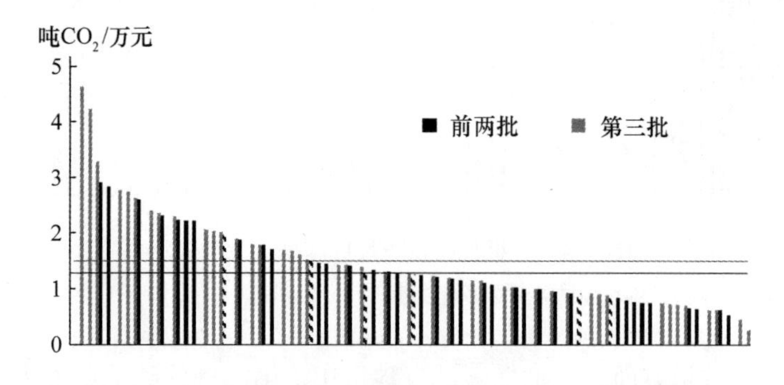

图 8－6　三批低碳试点地区单位 GDP 碳排放分布

注：虚线填充柱为省区，横线分别为前两批和第三批试点地区的平均值。

资料来源：各试点地区的试点工作实施方案。

第三节　中国低碳省市试点进展与成效

根据2016年国家发改委对低碳省市试点的评估结果，可看出低碳试点总体进展良好，低碳试点省市围绕批复的试点工作实施方案，认真落实各项目标任务，加快形成绿色低碳发展的新格局，不断深化低碳发展理念，明确低碳发展目标，强化低碳规划引领，创新体制机制，寻求经济发展和碳排放脱钩的路径。①

一　低碳试点总体进展

一是以低碳发展规划为引领，积极探索低碳发展模式与路径。截至2016年4月，在前两批42个低碳省市试点中，共有33个试点省市编制完成了低碳发展专项规划，有13个试点省市编制完成了应对气候变化专项规划，其中有22个省市的32份规划以人民政府或发展改革委的名义公开发布。试点地区通过将低碳发展主要目标纳入国民经济和社会发展五年规划，将低碳发展规划融入地方政府的规划体系。试点地区通过编制低碳发展规划，明确本地区低碳发展的重要目标、重点领域及重大项目，积极探索适合本地区发展阶段、排放特点、资源禀赋以及产业特点的低碳发展模式与路径，充分发挥低碳发展规划的引领作用。

二是以排放峰值目标为导向，研究制定低碳发展制度与政策。截至2016年4月，共有37个试点省市研究提出了实现碳排放峰值的初步目标（其中大部分并未向社会公开），其中提出在2020年和2025年左右达峰的各有13个和12个。北京、深圳、广州、武汉、镇江、贵阳、吉林、金昌、延安和海南等省市陆续加入了“率先达峰城市联盟”，向国际社会公开宣示了峰值目标并提出了相应的政策和行动。试点地区通过对碳排放峰值目标及实施路线图研究，不断加深对峰值目标的科学认识和政治共识，不断强化低碳发展目标的约束力，不断强化低碳发展相关制度与政策创新，加快形成促进低碳发展的倒逼机制。

① 国家应对气候变化战略研究和国际合作中心：《中国低碳省市试点进展报告2017》，中国计划出版社2017年版。

三是以低碳技术项目为抓手，加快构建低碳发展的产业体系。试点省市大力发展服务业和战略性新兴产业，加快运用低碳技术改造提升传统产业，积极推进工业、能源、建筑、交通等重点领域的低碳发展，并以重大项目为依托，着力构建以低排放为特征的现代产业体系。截至2016年4月，共有29个试点省市设立了低碳发展或节能减排专项资金，为低碳技术研发、低碳项目建设和低碳产业示范提供资金支持。海南省在全国率先提出“低碳制造业”发展目标，把低碳制造业列为全省“十三五”规划的12个重点产业，使其成为新常态下经济提质增效的重要动力和新的增长点。“十二五”时期，10个试点省和直辖市中有9个地区的单位GDP碳排放下降率高于全国水平，低碳产业体系构建带来的低碳经济转型效果已经显现。

四是以管理平台建设为载体，不断强化低碳发展的支撑体系。截至2016年4月，所有试点省市均开展了地区温室气体清单编制工作，有10个试点省和直辖市建立了重点企业温室气体排放统计核算工作体系，有17个城市建设了碳排放数据管理平台，借此能够及时掌握区县、重点行业、重点企业的碳排放状况。共有41个试点省市成立了应对气候变化或低碳发展领导小组，其中18个试点省市成立了应对气候变化处（科）或低碳办。共有29个试点省市将碳排放强度下降目标与任务分配到下辖区县，其中22个试点省市还对分解目标进行了评价考核，强化了基层政府目标责任和压力传导。

五是以低碳生活方式为突破，加快形成全社会共同参与格局。试点地区创新性开展了低碳社区试点工作，通过建立社区低碳主题宣传栏、社区低碳驿站，通过试行碳积分制、碳币、碳信用卡、碳普惠制等方式，积极创建低碳家庭，探索从碳排放的“末梢神经”抓起，促进形成低碳生活的社会风尚，让人民群众有更多的参与感和获得感。截至2016年4月，有14个试点省市开展了低碳产品的标识与认证，推动低碳产品的生产与消费。另有部分试点省市通过成立低碳研究中心、低碳发展专家委员会、低碳发展促进会、低碳协会等机构，加快形成全社会共同参与的良好氛围。

二　低碳试点的创新与亮点

几年来，低碳试点省市围绕加快形成绿色低碳发展的新格局，不断强化低碳发展理念，不断强化低碳规划引领，积极探索低碳发展的新模式与新路径，积极创新低碳发展的体制与机制，初步形成了一批可复制、可推广的经验和好的做法，值得各地学习和借鉴。

（一）加强组织领导，落实低碳理念

镇江市委市政府牢固树立并践行低碳发展理念。一是设立双组长的低碳发展领导小组，强化对低碳发展的党政同责。镇江市把低碳城市建设作为推进苏南现代化示范区建设、建设国家生态文明先行示范区的战略举措，统一认识，强化领导，不仅成立了以市委书记为第一组长、市长为组长的低碳城市建设领导小组，同时还成立了区县低碳城市建设工作领导小组，形成了“横向到边、纵向到底”的工作机制。二是建立项目化推进机制，强化目标任务落实到位。市政府出台了《关于加快推进低碳城市建设的意见》，将低碳城市建设重点指标、任务和项目分解落实情况纳入市级机关党政目标管理考核体系。市低碳办通过《镇江低碳城市建设目标任务分解表》，将低碳城市建设九大行动计划分解细化为102项目标任务，按月督查、每季调度低碳建设项目，并以简报形式及时通报相关情况。三是加快构建全民参与机制，强化市民的获得感。市政府将低碳建设目标写入政府工作报告，接受人民代表监督，成功举办了镇江国际低碳技术与产品交易展示会，研究发布了低碳发展镇江指数，建立了“美丽镇江·低碳城市”机构微博和“镇江微生态”微信公众号，每周发送低碳手机报，并于市区重要地段、机关单位电子屏、公交车车身等投放低碳公益广告，不断提升市民的认同感与获得感。

广元市委市政府坚持一张绿色低碳蓝图绘到底。一是设立“低碳发展局”作为专门办事机构，持之以恒抓落实。广元市坚持“以创建森林城市、低碳产业园区和低碳宜居城市为抓手”的低碳发展思路，强化生态立市、低碳发展的战略地位，在全国率先创新性设立了正县级的市低碳发展局（与市发展改革委合署办公），配备了专职副局长，市发展改革委内部增设了低碳发展科。二是以立法形式设立广元低碳日，坚持不懈抓引导。在全国率先以市人大通过地方立法的形式，确定每年8月27日为“广元低碳日”，并成立了广元市低碳经济发展研究会，不断壮大由市民自发成立的低碳志愿者队伍，通过政策解读以及步行、轮滑、骑车等方式宣传低碳生活，积极倡导广大市民低碳旅游、低碳装修、低碳出行、低碳消费。

（二）编制发展规划，促进转型发展

云南省率先建立全省低碳发展规划体系。一是将低碳发展纳入全省国民经济和社会发展中长期规划。云南省“十二五”规划《纲要》明确提出从生产、

消费、体制机制 3 个层面推进低碳发展，推动经济社会发展向“低碳能、低碳耗、高碳汇”模式转型，并在“十三五”规划《纲要》中进一步提出建立全省碳排放总量控制制度和分解落实机制。二是率先由省人民政府印发实施了《低碳发展规划纲要（2011—2020 年）》，明确提出温室气体排放得到有效控制，二氧化碳排放强度大幅度降低，低碳发展意识深入人心，有利于低碳发展的体制机制框架基本建立，以低碳排放为特征的产业体系基本形成，低碳社会建设全面推进，低碳生活方式和消费模式逐步建立，低碳试点建设取得明显成效，成为全国低碳发展的先进省份。三是率先组织完成了 16 个州（市）级低碳发展规划编制并由本地区人民政府印发实施。将全省低碳发展规划中提出的“到 2020 年单位国内生产总值的二氧化碳排放比 2005 年降低 45% 以上，非化石能源占一次能源消费比重达到 35%，森林面积比 2005 年增加 267 万公顷，森林蓄积量达到 18. 3 亿立方米”等量化目标的责任和压力传导到各州（市），并率先开展对州（市）人民政府低碳发展目标年度考评工作。

深圳市探索建立低碳发展规划实施机制。一是出台十年规划谋划低碳发展长远蓝图。《深圳市低碳发展中长期规划（2011—2020 年）》系统阐明了全市低碳发展的指导思想和战略路径，成为深圳低碳发展的战略性、纲领性、综合性规划。二是实施五年方案落实低碳试点重点任务。《深圳市低碳试点城市实施方案》从政策法规、产业低碳化、低碳清洁能源保障、能源利用、低碳科技创新、碳汇能力、低碳生活、示范试点、低碳宣传、温室气体排放统计核算和考核制度、体制机制 11 个方面明确了具体任务和 56 项重点行动。三是推动低碳发展有机融入城市发展全局。从深圳市“十二五”规划《纲要》开始，将低碳理念融入到发展规划，不断提高低碳城市建设水平，将低碳技术融入到创新能力建设，持续解决技术、产业与低碳发展深度融合问题，将低碳标准要求融入到产业规制，加快促进传统产业的低碳转型与升级，实现绿色低碳与经济社会发展有机融合。

（三）提出峰值目标，倒逼发展路径

宁波市积极探索峰值目标约束下的低碳发展“宁波模式”。一是强化峰值目标的政治共识与落地，早于国家提出碳排放峰值年份目标。《宁波市低碳城市试点工作实施方案》首次提出到 2015 年碳排放总量进入平缓增长期，到 2020 年，碳排放总量与 2015 年基本持平（在“十三五”期间达到峰值）。2013 年，宁波市又在《关于加快发展生态文明建设美丽宁波的决定》中重申

了“到2020年，低碳城市试点工作扎实推进，碳排放总量与2015年基本持平”的目标。“十三五”规划《纲要》明确提出“力争在2018年达到碳排放峰值”目标，并在市政府印发的《宁波市低碳城市发展规划（2016—2020年）》中进一步提出建立碳排放总量和碳排放强度“双控”制度，出台加强碳排放峰值目标管理的有关法规及制度性文件，力争率先在全国实现碳峰值。二是强化峰值目标的引领与倒逼作用。积极探索峰值目标约束下低碳发展的“宁波模式”，一方面强化低碳引领，明确提出实行燃煤消费总量控制，原煤消费总量不得超过2011年水平，并将这一目标正式纳入《宁波市大气污染防治条例》规定；另一方面强化峰值倒逼作用，率先对电力、石化、钢铁等三大行业进行碳排放总量控制，到2020年分别控制在6580万吨、2480万吨、1100万吨以内，以此倒逼电力行业不再新上燃煤电厂、石化行业重大装置优化布局、钢铁行业着力调整产品结构。

上海市积极探索峰值目标约束下的低碳发展“上海路径”。一是将碳排放峰值目标摆在低碳发展的突出地位。在《上海市开展国家低碳城市试点工作实施方案》中，明确提出力争到2020年左右上海市碳排放总量达到峰值，“十三五”规划《纲要》进一步提出努力尽早实现碳排放峰值，并要求将绿色低碳发展融入城市建设各方面和全过程，为创建国内领先、国际知名的低碳特大型城市而努力探索和实践。二是提出总量控制目标探索达峰路径。上海市率先在“十三五”规划《纲要》中明确提出：“到2020年全市二氧化碳排放总量控制在2.5亿吨、能源消费总量控制在1.25亿吨标准煤以内”的目标，并试点开展重点排放单位碳排放总量控制。同时，结合2040年城市总体规划、“十三五”规划《纲要》以及相关行业规划编制工作，研究提出了全市及工业、交通、建筑、能源等领域碳排放达峰路径。

（四）探索制度创新，完善配套政策

一是加快建立重点企业温室气体排放统计报告制度。广东省围绕低碳发展管理和碳交易需求，率先建立起较为完善的重点企事业单位温室气体排放数据报告制度，并建立了相应的信息化平台，包括温室气体综合数据库、碳排放信息报告与核查系统、配额登记系统等。上海市结合非工业重点用能单位能源利用状况报告、上海市碳排放交易企业排放监测和报告以及重点排放单位的温室气体排放报告等制度，开发推广并不断更新“三表合一”软件，将能源利用状况报告、节能月报、温室气体排放报告整合，成为目前国内唯一实现一次性

填报生成的系统。

二是探索建立重大项目碳排放评价制度。镇江市人民政府印发了《镇江市固定资产投资项目碳排放影响评估暂行办法》，并在能评和环评等预评估的基础上，分析项目的碳排放总量和排放强度，建立包括单位能源碳排放量、单位税收碳排放量、单位碳排放就业人口等8项指标构成的评估指标体系，从低碳的角度综合评价项目合理性并划定为用红灯、黄灯、绿灯表示的三个等级。北京和武汉市尝试在已有的固定资产投资项目节能评估基础上增加碳排放评价的内容，严格限制高碳产业项目准入，北京市两年来共完成碳排放评估项目475个，核减二氧化碳排放量53万吨，核减比例达到8.8%。广东省探索碳评管理和新建项目配额发放有机结合，以碳评结果核定企业配额发放基准。

三是组织实施低碳产品标准、标识与认证制度。广东省编制了低碳产品认证实施方案，完成了指定铝合金型材低碳产品评价技术规范，完成了电冰箱和空调两类低碳产品评价试点工作，并在中小型三相异步电动机和铝合金型材两类产品中开展低碳产品认证示范工作，还与香港开展了复印纸、饮用瓶装水、玩具等产品的碳标识互认研究。云南省开展了高原特色农产品低碳标准和认证制度研究，组织了全省低碳产品认证宣贯会，在硅酸盐水泥、平板玻璃、中小型三相异步电动机、铝合金建筑型材等行业的重点企业中开展试点，“十二五”期间，云南省共有4家企业获得15张国家低碳产品认证证书。

（五）发挥市场手段，引导资源配置

北京市着力建设规范有序区域碳排放权市场并探索跨区交易。一是构建了“1+1+N”的制度政策体系，即一项人大决定、一部办法、N项配套政策与技术支撑文件。市人大发布了《关于北京市在严格控制碳排放总量前提下开展碳排放权交易试点工作的决定》，市政府发布了《北京市碳排放权交易管理办法（试行）》，市发展改革委会同有关部门制定了核查机构管理办法、交易规则及配套细则、公开市场操作管理办法、配额核定方法等17项配套政策与技术支撑文件。二是探索建立跨区域碳交易市场。北京市积极与周边地区开展跨区碳交易工作，2014年12月，北京市发展改革委、河北省发展改革委、承德市政府联合印发了《关于推进跨区域碳排放权交易试点有关事项的通知》，正式启动京冀跨区域碳排放权交易试点。2016年3月，北京市发展改革委又与内蒙古发展改革委、呼和浩特市政府和鄂尔多斯市政府共同发布了《关于

合作开展京蒙跨区域碳排放权交易有关事项的通知》，联合在北京市与呼和浩特和鄂尔多斯两市之间开展跨区域碳排放权交易。

广东省积极探索配额有偿发放及投融资等体制机制创新。一是率先探索配额有偿发放。广东省从试点启动之初即确定了配额有偿分配机制，并逐步加大有偿分配比例。2013 年企业有偿配额比例为 3%，2014 年、2015 年、2016 年电力企业有偿配额比例提高到 5%，充分体现了碳排放配额“资源稀缺、使用有价”的理念，有效提升了企业的碳资产管理意识。到 2016 年 4 月，已开展 13 次配额有偿拍卖，共计成交 1588 万吨 CO_2、成交金额 7.96 亿元，通过一级市场拍卖底价实现了与二级市场交易价格的挂钩。二是率先探索设立省级低碳发展基金。为管好用好配额有偿发放收入，广东省率先探索设立全国首个省级政府出资的低碳发展基金，省财政出资 6 亿元，其中首期 1.04 亿元已下达粤科金融集团（托管机构），中信银行广州分行（托管银行）、广州碳排放权交易中心有限公司、广州花都基金管理有限公司也已达成 14 亿元的出资协议，基金合计总规模将达到 20 亿元。三是率先探索碳普惠制试点。2015 年广东省启动碳普惠制试点，印发了《广东省碳普惠制试点工作实施方案》，尝试将城市居民的节能、低碳出行和山区群众生态造林等行为，以碳减排量进行计量，建立政府补贴、商业激励和与碳市场交易相衔接等普惠机制，并将广州、东莞、中山、韶关、河源、惠州六市纳入首批试点城市。

（六）建立统计体系，夯实数据基础

一是建立温室气体排放统计核算体系。上海市 2014 年发布实施了《上海市应对气候变化综合统计报表制度》，2015 年发布出台了《关于建立和加强本市应对气候变化统计工作的实施意见》，明确了温室气体排放基础统计和专项调查制度的职责分工，其中：市统计局负责应对气候变化统计指标数据的收集、评估以及温室气体排放基础统计工作，市发展改革委负责温室气体排放核算与相关专项调查工作。目前已实现 2014 年和 2015 年的统计数据上报，为温室气体清单编制、碳排放强度核算等工作提供数据保障。

二是建立常态化的清单编制机制。杭州市自 2011 年起开始编制市级温室气体清单，制定发布了“温室气体清单编制工作方案”，目前已完成了 2005—2014 年全市温室气体清单编制工作，市级温室气体清单编制工作已经进入常态化，并率先建立了县区级温室气体清单编制常态化机制，目前全市 13 个区、县（市）及杭州经济技术开发区，均已完成了 2010—2014 年度温室气体清单

编制。同时结合市区两级温室气体清单编制，开发了“杭州市温室气体排放数据统计及管理系统”。

三是建设数据收集统计系统和数据管理平台。镇江市在全国首创了低碳城市建设管理云平台，围绕实现2020年碳排放峰值目标，以碳排放达峰路径探索、碳评估导向效能提升、碳考核指挥棒作用发挥、碳资产管理成效增强为重点，构建完善的城市碳排放数据管理体系，并依托碳平台的技术支撑，深入推进产业碳转型、项目碳评估、区域碳考核、企业碳管理，进一步打造镇江低碳建设的突出亮点和优势品牌。武汉市重点推进低碳发展三大平台上线运行，基本建成“武汉市低碳节能智慧管理系统”，实现实时掌握全市及各区、重点行业、重点企业的能耗和碳排放数据，进行分析预警；基本完成“武汉低碳生活家平台”，实现低碳商品交易与兑换、低碳基金服务、低碳志愿者联盟、低碳出行倡导、低碳企业家俱乐部等七大服务功能；基本建成“武汉市固定资产投资项目节能评估和审查信息管理系统”，实时掌握项目的能耗及碳排放情况。

（七）强化评价考核，落实责任分工

一是建立完善温室气体排放目标责任考核机制。云南省人民政府与16个州市人民政府签订了低碳节能减排目标责任书，把“十二五”碳强度下降目标和年度目标分解落实到各州市，并通过将低碳发展目标完成情况列为常态化考核项目，印发目标完成情况考评办法、组织目标完成情况考评、安排200万元奖励金等措施，健全了目标责任评价考核机制。

二是探索开展碳排放强度与总量目标双控考核机制。镇江市实行碳排放强度目标与总量目标双分解，在双分解的基础上建立了以县域为单位实施碳排放总量和强度的双控考核制度，并将考核结果纳入年度党政目标绩效管理体系。广元市出台《广元市生态文明建设（低碳发展）考核办法》，加强绿色GDP考核力度，增加低碳目标考核在全市目标管理考核中的占比，实行碳排放总量和强度双控考核，强化低碳目标的约束作用和倒逼机制。

三是不断强化主要部门重点行业碳排放评估考核机制。上海市按照“节能低碳管理与行政管理相一致”进行条块分工，提出了工业、交通运输业、建筑施工业等10个领域的碳排放增量控制目标，行业主管部门除了负责本领域节能低碳工作的面上监督推进，还需承担本领域中央和市属企业的节能低碳管理和目标责任，强化相关部门的管控意识和职责。北京市建立有效的目标责

任分解和考核机制，将节能减碳目标纵向分解到市、16 个区县、镇乡街道三个层面，横向分解到 17 个重点行业主管部门和市级考核重点用能单位，形成了“纵到底、横到边”的责任落实与压力传导体系。

（八）协同试点示范，形成发展合力

一是与低碳社区、低碳小镇等区域内不同层次试点协同推进。杭州市委在 2009 年底率先提出《关于建设低碳城市的决定》，并将低碳社区和特色小镇建设作为重要抓手和平台。在全市 40 多个社区开展了“低碳社区”试点，研究制定并推行了“低碳社区考核（参考）标准”、“低碳（绿色）家庭参考标准”、“家庭低碳计划十五件事”等创新制度，开展了“万户低碳家庭”示范创建活动。并将低碳发展融入到特色小镇创建之中，在发展理念上体现低碳，将特色小镇定位于产业鲜明、低碳、生态环境优美、兼具文化韵味和社区功能的新型发展平台；在产业定位上体现低碳，明确特色小镇的产业发展应紧扣产业升级的趋势，集聚资本、知识等高端要素，聚焦信息、健康、金融等七大新产业以及茶叶、丝绸等历史经典产业。

二是与低碳交通、低碳建筑等区域内不同领域试点协同推进。深圳市坚持办好不同层面、不同类型的试点，系统推进、形成合力。将国家低碳城市试点与国家低碳交通运输体系试点相结合。截至 2015 年底，公交机动化分担率提升至 56.1%，累计推广新能源汽车 3.6 万辆，新能源公交大巴占公交车总量比重超过 20%。将低碳试点与国家可再生能源建筑应用示范城市建设相结合。截至 2015 年底，全市共有 320 个项目获得绿色建筑评价标识，绿色建筑总建筑面积达到 3303 万平方米，太阳能热水建筑应用面积规模达到 2460 万平方米。

三是与智慧城市、生态文明先行示范区等国家综合试点相协同。试点地区充分利用相关行政资源，加强协同治理，力求形成合力。延安市以绿色循环低碳发展为重点，编制好生态文明先行示范区建设实施方案。杭州市以智慧城市“一号工程”为抓手，以打造万亿级信息产业集群为目标，全力推进国际电子商务中心、全国云计算和大数据产业中心等，全面打造低碳绿色的品质之城。

（九）开展地方立法，提供法规保障

石家庄市、南昌市率先立法促进低碳发展。《石家庄市低碳发展促进条例》于 2016 年 1 月经市人大通过，2016 年 5 月经河北省人大批准，并于 7 月 1 日起施行，该条例共 10 章 63 条，包括低碳发展的基本制度、能源利用、产

业转型、排放控制、低碳消费、激励措施、监督管理和法律责任等。该条例在低碳制度创新方面实现了一定的突破，提出了建立碳排放总量与碳排放强度控制制度、温室气体排放统计核算制度、温室气体排放报告制度、低碳发展指标评价考核制度、碳排放标准和低碳产品认证制度、产业准入负面清单制度、将碳排放评估纳入节能评估等。《南昌市低碳发展促进条例》于2016年4月经市人大审议通过，并于9月1日起施行。该条例共9章63条，包括总则、规划与标准、低碳经济、低碳城市、低碳生活、扶持与奖励、监督与管理、法律责任和附则，其立法目的聚焦于依法构建城市低碳发展的体制机制，依法巩固城市低碳试点好的做法与探索。

湖北省加强顶层设计强化支撑保障。湖北省先后出台了《中共湖北省委湖北省人民政府关于加强应对气候变化能力建设的意见》《湖北省人民政府关于发展低碳经济的若干意见》《湖北省低碳省区试点工作实施方案》《湖北省"十二五"控制温室气体排放工作实施方案》《湖北省碳排放权交易试点工作实施方案》《湖北省碳排放权管理和交易暂行办法》等一系列法规和文件，为全省低碳发展和试点工作提供了有力的依据和准则。

（十）开拓国际视野，加强合作交流

一是搭建国际交流平台。北京市通过成功主办第二届"中美气候智慧型/低碳城市峰会"，充分利用峰会的交流平台和交流机制，宣传中国近年来的低碳发展成果，借鉴美国州、市在低碳转型过程中的经验和教训，扩大中国城市管理者的国际化视野，触动城市低碳转型的内生动力。深圳市通过每年举办一届国际低碳城论坛，广泛吸引国内外政府机构、国际组织和跨国企业参与，宣传试点示范经验，营造低碳发展氛围，凝聚低碳发展共识，逐步成为展示国家及省市绿色低碳发展的窗口和汇聚低碳国际资源的重要平台。

二是提升中国低碳城市影响力。深圳市通过与美国加州政府、荷兰阿姆斯特丹市、埃因霍温市、世界银行、全球环境基金、世界自然基金会、C40城市气候领导联盟、R20国际区域气候组织等签署低碳领域合作协议，借助对外合作成果提升城市低碳影响力。深圳、广州、武汉、延安、金昌等城市参加了第一届中美气候智慧型/低碳城市峰会，签署了《中美气候领导宣言》，参加了城市达峰联盟，其中武汉市还通过举办C40城市可持续发展论坛以及C40年度专题研讨会，主动利用国际低碳交流平台，提升城市影响力。上海市通过世界银行提供的1亿美元贷款和500万美元赠款，专项用于长宁区低碳发展实践

区创建工作，提升城市低碳示范价值。

延伸阅读

1. 国家应对气候变化战略研究和国际合作中心等编著：《中国低碳省市试点进展报告》，中国计划出版社2017年版。

2. 绿色低碳发展智库伙伴编：《中国城市低碳发展规划峰值和案例研究》，科学出版社2016年版。

3. 庄贵阳等：《中国城市低碳发展蓝图：集成、创新与应用》，社会科学文献出版社2015年版。

练习题

1. 国家实施低碳试点政策的目标是什么？

2. 地方申请成为低碳试点的动机和目的是什么？

3. 处于不同发展阶段的地区开展试点工作，目标和工作重点应该有什么区别？

第九章

中外低碳城市建设对比

在漫长的农耕文明阶段，城市化进程缓慢，城市对能源的需求和消费长期处于较低水平，温室气体排放不会对气候变化造成明显影响。随着西方工业革命的爆发，人类进入了波澜壮阔的工业化时代，西方国家人口迅速向城市聚集，城市急剧扩张，城市能源消费带动城市碳排放水平急速上升，逐渐形成了威胁人类可持续发展的气候变化危机。面对这一危机，西方发达国家率先提出全球应对气候变化的诉求，并且在城市层面积极寻求节能减排和低碳转型发展，力求通过产业结构调整、节能技术创新、清洁能源替代等手段减少城市碳排放，长期的努力和探索使西方发达国家在低碳城市建设领域积累了丰富的实践案例。

第一节　中外低碳城市建设的思想轨迹

20 世纪 60 年代，西方发达国家的环境保护意识开始觉醒，知识分子开始对工业社会进行反思。1962 年蕾切尔·卡逊出版了《寂静的春天》，1972 年罗马俱乐部基于对公共资源有限性的忧虑完成《增长的极限》一书，人们开始考虑人类环境的未来，并且开始强调环境问题的全球意义，同年召开的联合国斯德哥尔摩世界环境会议成为环保运动的里程碑，会议通过了《人类环境宣言》。进入八九十年代，人类可持续发展理论被提出，以 1987 年联合国环境与发展委员会报告《我们共同的未来》和 1992 年里约热内卢环境与发展大会为标志，可持续发展理论在世界范围内达成共识，该理论强调人类不同时代之间、经济发展与环境质量之间、富人和穷人之间都承载着可持续发展责任，在可持续理论框架下，人们在生物多样性问题、酸雨污染问题、臭氧层空洞问题、水资源问题等领域的努力都取得了显著的成效，形成了较为完整的绿色增长、绿色发展和绿色经济理论，20 世纪 90 年代开始，全球环境问题的焦点开始集中到气候变暖问题上来。

气候变化源于经济社会发展产生的温室气体排放，减缓气候变化需要控制温室气体排放，气候变化问题与发展问题紧密结合在一起。西方学者从气候伦理的角度对新自由主义和消费主义提出了尖锐的批评，甚至从基督教传统反对奢侈浪费提出全球变暖的非道德性，提出什么是合乎道德的气候，认为把“自然资源”过度地市场化和商品化，打破了原有的生态、社会和经济平衡，肆意扩张的物质消耗侵占气候资源，在穷人和富人之间产生不公平分配，富人向属于公众的大气层过度排放温室气体是对穷人的“偷窃行为”，与穷人相比，富人在气候灾难面前有更加多样的选择和处置能力，这些都加剧了富人和穷人之间的气候问题鸿沟，造成发达国家因过多消费气候容量对贫穷国家的失德，在气候伦理学家眼中应对全球气候变化需要做出全球安排和历史安排，尤其要对发展权和排放权进行合理安排，既要兼顾穷人和富人，又要兼顾穷国和富国，还要兼顾当代和未来，最终落实到要兼顾当前的环境和发展，在此基础上拎清生态正义和自由主义的边界，寻求全球气候治理的未来方向。这些思想为全球气候治理理论和实践做出了铺垫。气候伦理学强调合乎伦理的排放，在气候伦理的铺垫下，气候经济学和气候政治学的观点集中涌现出来，诺德豪斯和斯特恩等大批经济学家和社会学家开始投身到应对气候变化研究中。有些学者从气候政治的角度把气候变化挑战与西方民主失灵联系起来，认为气候变化是西方民主制度的结果，也是民主无法解决的困境，自然界需要权威主义自然状态，人类社会也需要权威主义治理气候变化，自由主义价值观在全球气候变暖事实面前已经崩溃，进入垂死阶段。1992 年巴西里约大会的召开通过了《联合国气候变化框架公约》（UNFCCC），掀开全球气候治理的序幕，1997 年国际社会通过的《京都议定书》搭起了排放权交易的框架。此后围绕着减排的成本效益分析、贴现率等问题展开了看似经济实为代际道德伦理的长期讨论，2015 年英国科学家主持完成的《气候变化风险评估》报告中强调了人类对子孙后代、弱势群体和生态环境的气候责任，种种进展都不约而同地促进了应对气候变化行动政治化，以英国前首相撒切尔夫人、布莱尔和美国前副总统为代表的政治家也加入到应对气候变化进程中，并且成为推动全球应对气候变化的重要力量。在强大的应对气候变化思潮影响下，西方城市发展率先进入应对气候变化的低碳发展阶段，可以说低碳城市建设的思想基础来自西方哲学对人类未来的忧虑，来自对工业文明和城市文明的反思，因此低碳城市建设是将城市置于可持续发展背景下的绿色发展实践。

西方发达国家的低碳思想基础是特定发展阶段资源环境问题引发的可持续发展意识觉醒，而中国的低碳思想根植在传统文化中已经延续了几千年。“天人合一”的哲学思想是中国传统文化的精髓，天人合一的“顺应天意”就是要顺应自然，拒绝对自然过度开发。《礼记》是中国古代的儒家道德哲学经典专著，《中庸》是《礼记》中的一篇，作为传统行为道德标准的“中庸”说：“万物并育而不相害，道并行而不相悖，小德川流，大德敦化，此天地之所以为大也”，这就是说天下万物各自有道，人与自然应该相互依存，彼此都不加伤害，万物才能和谐发展。荀子说的“强本而节用，则天不能使之贫；本荒而用侈，则天不能使之富”，阐述了人类不能过度消耗自然资源，过度消耗会使万物枯竭和环境恶化，从行为层面论述低碳生活方式（行为）和社会发展的辩证关系。现阶段中国在经历了改革开放高速发展阶段，经济社会取得了巨大进步，积累了大量社会财富，但是资源约束趋紧，环境污染严重，生态系统退化，发展与人口资源环境之间的矛盾日益突出，经济社会可持续发展受到严重制约，在这样的发展局面下，中国政府提出深入贯彻以人民为中心的发展理念，强调加快转变经济发展方式，提高发展质量和效益，推进生态文明建设。生态文明建设就是要牢固树立尊重自然、顺应自然、保护自然的观念，坚持绿水青山就是金山银山的信念，形成人与自然和谐发展的现代化建设新格局。

第二节　中外低碳城市建设处于不同的发展阶段

不同的发展阶段决定了中国与西方发达国家低碳城市建设会选择不同的发展模式，西方发达国家的工业化阶段、城市化高峰没有应对气候变化的外部约束，普遍采取大规模高能耗、高排放的发展方式，伴随着人类社会的工业化进程，西方发达国家的城市经历了从低碳到高碳的发展阶段后正在向低碳转型，特别是完成制造业向发展中国家转移之后，西方发达国家在生产领域的能源消耗和碳排放水平趋于下降和稳定，节能减排的重点集中在城市建筑、交通等生活消费领域，西方发达国家城市具有较高的技术创新能力和服务业发展水平，同时处于较低的人口增速下，具备城市发展与能源消耗和碳排放脱钩的条件。但是西方发达国家短期内无法从根本上摆脱对碳基能源和高碳产品的依赖，为了保持较高的城市生活水平和消费状态，仍将长期处于碳锁定的发展状态下。完成了工业化进程的西方国家倡导应对气候变化的同时，发展中国家正在努力实现工业化，正在经历或者进入工业化不可避免的高碳发展阶段，但是着眼于人类共同的未来，在气候变化危机面前，以中国为代表的发展中国家选择了与西方国家共同应对气候变化挑战。为了有效推进减排事业的发展，发展中国家更注重在发展经济的同时推进低碳发展，寻求低碳发展和经济增长、脱贫减困的协同发展，在这个战略下发展中国家尤其关注有利于推动经济增长和脱贫减困的低碳城市建设行动，关心低碳城市建设是否有利于促进经济社会的发展，力求转变节能减排对发展经济的约束作用，避免重复西方社会所走过的高碳发展之路。为了实现2025年比1990年碳排放减少60%的目标，英国伦敦政府出台了《伦敦规划修订草案》《交通战略草案》《经济发展战略草案》以及《气候缓和与能源战略》《适应气候战略草案》等一系列政策以促进伦敦低碳发展。美国纽约以“创造更绿色更美好的纽约”为主题制定了贯穿低碳发展理念的低碳城市规划——《纽约2030气候变化规划》。日本东京2006年提出《十年后的东京》行动计划，其后制定出《东京CO_2减排计划》《2008东京环境总体规划》《东京绿色建筑计划》等一系列低碳城市建设规划和方案，对东京的低碳城市建设进行全方位的谋划，提出工业、居民、企业和交通部门的能源消费与碳排放量减排目标，并且将目标分解到企业、家庭、城市建设、交通和政府部门，通过这些部门的一致行动共同推动低碳城市建设。丹麦城市哥本哈根从1990年就开展了减少CO_2排放行动，在地区供热、可再生能源利用及废弃物管理等方面积极实践，成为欧洲乃至世界领先的低碳城市样板，哥本哈根在低碳城市规划和实践中特别注重低碳出行模式，提出50%的市民使用自行车满足日常出行需求。西方低碳城市建设已经从一种城市建设发展理念转变为城市建设的重要内容，形成一种普遍的城市发展和更新模式。世界自然基金会对低碳城市建设的描述是在城市在经济发展的前提下，保持能源消耗和二氧化碳排放处于较低的水平，强调低碳城市建设与城市发展目标的一致性。这样的宗旨把发展中国家和发达国家低碳城市建设的诉求统一到一起，使得不同的发展背景的中外城市在应对气候变化共同目标下可以选择各具特色的发展道路。西方国家城市发展经历了 200 多年的高碳发展阶段，21 世纪开始向低碳发展模式转型。中国在经历了 40 年改革开放经济发展后开始转向低碳社会发展模式，中外各国都将低碳城市建设作为应对气候变化，实现可持续发展的重要内容，为实现低碳发展努力贡献。

第三节　发达国家低碳城市建设案例

低碳城市是在保障城市经济和社会的活力，提高居民福祉的基础上，降低能源消耗、提高能源效率、增加清洁能源利用，减少温室气体排放并主动适应气候变化的城市发展模式。世界自然基金会提出的“CIRCLE”原则包括遏制城市膨胀、城市紧凑发展、减少资源消耗、减少碳足迹、保持土地的生态和碳汇功能、提高能效和发展循环经济。减少城市碳排放作为低碳城市建设的核心内容，狭义的低碳城市强调城市的碳基能源排放处于较低的状态，最终实现碳的零排放。广义低碳城市强调城市在保持经济社会有效运转前提下，在生产、生活、消费等各领域中，通过转变生产方式、生活方式和消费方式，减少城市碳基能源排放，达到经济增长与碳排放相脱钩。在此基础上中外各国都把绿色生态和可持续的内涵融入低碳城市建设，不仅着眼于减少城市碳排放，应对和适应气候变化，而且将低碳城市建设作为实现可持续发展的战略任务融入经济社会发展要求，把人与自然和谐共生作为低碳城市的重要特征，注重城市自然生态系统与人的有机融合。

欧洲是全球应对气候变化的先驱者和引领者，低碳城市建设领域的大量实践为全球低碳城市建设提供了示范样板。丹麦地处北欧，是低碳发展的领跑国家，20 世纪末到 21 世纪初，丹麦以经济总量增长 50%，能源消耗只增长了 3%，二氧化碳排放减少了 13% 的成绩成为低碳发展的成功样本。丹麦首都哥本哈根是低碳城市建设的先驱，哥本哈根城市快速发展的同时能源消耗与碳排放却保持在较低水平，创造了经济发展与碳排放脱钩的“哥本哈根模式”。2009 年世界气候大会在哥本哈根召开后，哥本哈根的低碳城市建设模式在全球声名鹊起。哥本哈根在低碳城市建设中探索了以低碳节能示范社区为主体的发展模式，通过社区共享办公区、车间、洗衣房、健身房、咖啡厅等公用设施和共享空间减少私人空间的能源和资源的分散利用，不仅有利于社区的节能降耗，减少温室气体排放，而且有利于提高社区的优美环境和增加邻里交流。哥本哈根低碳城市建设在能源利用方面强调开发新能源和提高能源效率，通过风能和生物质能为哥本哈根减少 20% 的碳排放，在交通领域大力提倡自行车出行，建立了以自行车出行为主，公共交通为辅，配以少量私家车所构建的绿色交通体系。私家车的生产和销售课以较高的税收，同时每年要缴纳一定的环保费，汽油也保持在较高的价格，通过这些手段减少民众对私家车的依赖。另外，政府为自行车通行设置了专用车道，甚至建设了自行车高速路，城市道路交通信号按照自行车使用特征设置变化频率，通过这些办法鼓励民众倾向于自行车出行，低碳交通已经承担了哥本哈根低碳城市建设中 10% 的减碳任务。在城市建筑领域推广建筑节能技术，建筑外窗、外墙保温改造等建筑节能行动都可以得到政府的财政补贴，节能灯具在建筑中被广泛应用，建筑能效提升计划也对降低城市碳排放做出了 10% 的减排贡献。在低碳生活方式方面，哥本哈根大力推广低碳教育，广泛开展公益性低碳宣传活动提高人们的低碳意识，为青少年举办气候夏令营，各种媒体反复讲授实际生活中的气候行动，教育部门要求大学教育要具有与气候相关的内容。“哥本哈根模式”将节能和零碳排放作为低碳城市的发展方向，通过能源改造、绿色交通和建筑、市民减排行动、城市合理规划等一系列措施实现减碳目标，正是基于以上各项措施和行动，哥本哈根提出要在 2025 年前成为世界上第一个零碳排放城市，以每年减碳 50 万吨为目标打造世界上第一个碳中和城市。

瑞典同样是北欧的低碳发展先进国家，20 世纪 90 年代就开始打造以低碳、零碳为目标的低碳示范城镇。瑞典的低碳城市建设不仅从能源利用的角度驱动低碳进步，而且从人类社会对于环境的依赖角度引导低碳城市发展，结合国家经济社会状况、法律法规和人文环境特征从人类社会可持续发展的高度制定综合性的低碳发展方案，以可持续发展社区为基础，促进全民健康、应对人口挑战和推动经济可持续增长。瑞典小城维克舒尔是欧洲人均碳排放最低的城市，2007 年被欧盟授予“欧洲可持续能源奖”。早在 1969 年，维克舒尔就全票通过并颁布了在地区实施环境保护政策的议案。1996 年维克舒尔制订了世界领先的《零化石燃料使用计划》，在供热、能源、交通、商业和家庭领域停止对化石燃料的使用降低碳排放。政府采取一系列具体行动推动城市减排，逐步取消电力和热力的直供，鼓励使用环保型汽车。城市交通设计和道路体系有利于步行、自行车及公共交通系统的使用，环保型机动车可免费停放于市区的停车场。维克舒尔 51% 的能源来自于生物能、水力能、地热能和太阳能，人均每年碳排放量仅为 3.2 吨，远低于欧洲 8 吨和世界 4 吨的人均排放水平，成为欧洲乃至世界上人均碳排放量最低的城市之一。哈马碧新城是瑞典低碳城市建设的代表，哈马碧新城以系统化的规划设计和成熟适用技术的系统集成成为全球低碳城市建设的典范。哈马碧新城低碳建设强调政府的主导作用，在政府的有力推动下普及低碳城市建设理念，设立新城低碳建设和发展目标，并建立详细的低碳发展目标体系推进新城建设。哈马碧新城从能源、交通、废弃物循环利用、给排水、建筑材料、土地利用、受污染土地、湖泊恢复以及噪声 9 个领域细化实施目标和途径，政府部门依据目标制定城市建设的各项规划和方案，依据规划和方案进行建设招商，要求参与者根据规划和方案制定出详细的投标文件，达到规划和方案要求才能有资格竞拍土地，参与建设。参与者必须严格按照规划和方案实施建设活动，政府部门严格监督，及时发现问题和总结经验，采取循序渐进的模式稳步推进低碳城市建设，建设过程中政府通过资金补贴等方式对低碳项目予以支持。

英国是低碳发展的倡导者，致力于统筹国家、地区、城市的能源发展规划以实施低碳能源综合发展战略，经过多年的实践积累，在城市低碳应用技术研发推广、城市减排政策制定和居民绿色发展理念普及等重要环节积累了丰富经验，形成了以市场为基础，政府为主导，企业、公共部门和居民为主体的低碳城市建设互动体系。伦敦是世界低碳城市实践的先驱城市，低碳城市建设处于世界领先位置。伦敦低碳城市建设强调低碳技术、政策和公共治理相结合，制定和实施以减少碳排放总量为目标的各种措施，伦敦市早在 2007 年就公布了《应对气候变化市长行动计划》，提出了低碳城市建设的量化指标，通过推广清洁能源使用和提高能源使用效率将 2007 年到 2025 年间的碳排放总量控制在 6 亿吨之内，每年碳排放量降低 4%。在伦敦市碳排放的总量中住宅占 40%，商用和公共建筑占 33%，交通占 22%，所以建筑和交通是降低伦敦城市碳排放的两个重点领域。伦敦低碳城市建设强调战略性和应用性相结合，例如针对住宅是伦敦最主要的碳排放来源的情况，《应对气候变化的市长行动计划》中要求三分之二的伦敦家庭采用节能灯泡，每年减少 57.5 万吨 CO_2 排放，对住宅炉具进行低碳节能升级和改造，每年减少 62 万吨 CO_2 排放。政府对所有房屋进行节能水平绿色评级，划分出 A 级至 F 级共 6 个级别，政府设立的绿色住家服务中心帮助居民采取改进能源效率的措施。通过引导居民低碳出行减少城市的碳排放总量，试行自行车城市计划，鼓励市民少开车多骑车或乘公交。低碳产业园区建设是英国低碳示范城市建设的重要内容，2009 年伦敦开发署提出了在城市东部布局绿色企业的计划，设立城市可持续投资专门贷款来吸引私营部门对绿色企业园区废弃物处理基础设施进行改善，伦敦政府投入 400 万英镑政府节能资金成立绿色基金种子基金，采用绿色基金周转信贷的方式推动绿色企业园区建设，投资产生的节能回报用于新的节能项目，低碳产业园区通过建设绿色技术集群示范推广低碳技术和方案，在园区内设立可持续技术研究所、绿色技术展示中心，提供专家和技术支持，并借助高效的传播系统推动园区绿色增长、创造就业和城市再生，使低碳减排和经济发展协同推进，政府通过印刷的宣传册及其他媒体向公众免费宣传节能减排服务措施、节能减碳的知识和信息，在政府及社会各民间团体的长期宣传下，低碳减排日益深入人心，得到广泛普及，低碳生态环保意识已经成为伦敦居民的主流价值观。低碳发展已经形成以政府为主导，以全体企业公众部门和居民为主体的互动体系。欧洲为了实现低碳转型提出了雄心勃勃的减排目标，而城市建筑领域是实现减排目标的重点部门，欧盟在 2010 年立法规定新建公共建筑和住宅分别于 2018 年和 2020 年实现近零能耗，新建建筑必须运用各种形式的可再生能源满足建筑正常运转的能源，为了实现该目标，欧洲一些城市积极探索新的建筑能源，寻求经济成本可行的先进建筑能源技术。德国汉堡市积极探索新的节能和能源技术在建筑领域的研发和应用，在政府和环境保护机构的资金支持下，大力推广日光温室技术在建筑领域的应用，建设了世界上首个住宅外墙使用生物反应板减少碳排放的试点项目，生物反应板能够从藻类与太阳能热反应中产生出再生能源，为建筑提供所需的能源，并通过生物的碳汇作用吸收向外界排放出的碳，是能够实现碳汇吸收的建筑。

美国是世界上经济实力最强大的国家，也是二氧化碳排放历史“贡献”最大的国家，在应对气候变化行动中率先减排责无旁贷。美国在低碳城市发展战略中强调通过技术途径应对气候变化挑战，以节能环保措施促进低碳经济发展。为了推进低碳技术发展，美国在高效电池、智能电网、碳储存和碳捕获、可再生能源等领域投入了大量人力物力财力，利用太阳能、地热、风能和潮汐能等可再生能源替代传统火电和燃油发电，《美国复苏与再投资法案》提出到 2025 年可再生能源应用达到 25%。低碳城市建设的低碳新技术为美国创造了大量的产业机会和就业机会，对城市经济的发展产生了积极影响。西雅图是美国率先达到《京都议定书》温室气体减排标准的城市，是通过能源结构改善达到减碳目标的一个成功案例。西雅图市利用可再生能源发电替代传统火电和燃油发电，能源改进促进了城市低碳进步也创造了大量就业机会。公众参与是西雅图低碳城市建设的重要特征，市民自觉主动参与节能减排和保护生态环境的行动中，很多西雅图的居民主动将自己的房屋进行能源系统的改装，以提高能源效率，减少温室气体排放。西雅图公众参与建设低碳城市的做法在高素质人才中产生了强烈的认同感和吸引力，树立了低碳城市建设为特点的高品质城市形象，使得西雅图的就业人群具有较高的环境保护意识和较强的公共事务参与意愿，提升城市形象的同时城市吸引力和竞争力都得到提升。美国旧金山市把城市绿色建筑的应用和推广作为低碳城市建设的重要内容，为了鼓励绿色建筑发展，旧金山市政府建立了完整的政策制度体系，包括推动既有建筑和新建建筑提升能效和环境表现，新建或翻建居民楼和商业楼必须达到绿色建筑标准，市政设施必须达到 LEED 的金级资质标准，并由加利福尼亚建筑标准委员会创建更具体的州立绿色建筑标准（地方性绿建标准）。在鼓励建筑绿色低碳化的过程中，对申请 LEED 金奖认证的新建和既有建筑改造项目给予优先审批，将原来 18 个月的审批周期缩短到两周完成。设置专门小组监督城市建筑项目的环境表现，在建筑设计和建造阶段参与意见并发挥沟通交流平台的作用，提供建筑节能和绿色建筑的专业知识和建设经验。建立旧金山绿色经济基金为绿色建筑提供资金，对表现优异的绿色建筑提供税收优惠和资金支持，这些措施极大地促进了旧金山建筑的能效表现，使得旧金山的建筑节能水平比加利福尼亚州的平均水平提高 15% 以上。城市生产生活垃圾废弃物是城市碳排放的重要来源，美国旧金山市结合城市自身的禀赋特征，运用先进的科技制度和资金手段将低碳发展融入城市废弃物产业发展和管理中，推出废弃物管理计划，在废物处置基础设施，废物循环利用技术等环节建立起废弃物管理和利用产业链，从废弃物管理和利用等方面找到了商机，实现了 75% 城市垃圾回收再利用，为城市生产生活废弃物利用提供了良好的示范。旧金山废弃物管理和利用产业的建立得益于制定完备的废弃资源再利用条例，对废弃物的回收利用提供了标准和途径，第一，条例对工业包装物和废弃物利用建立相关标准和限制，要求企业回收废弃物，政府部门购买可再生品。第二，餐饮垃圾管理条例明确禁止餐饮行业使用聚苯乙烯泡沫餐盒，大型超市和零售店禁止使用塑料袋。开展自备购物袋活动，鼓励人们在购买食品和商品时使用自带的购物袋，减少污染排放，同时增强居民循环节约意识。第三，提出强制废弃物回收和处理条例，在居住区推行生活垃圾分类回收再利用等强制性规定。市内餐馆开展废油回收行动，将废弃油脂转变为混合生物柴油，形成新型生物质油产品作为汽车燃料提供给旧金山城市公交车，很多餐馆参加这个行动并建立了长期合作关系，金山市采取的城市生产生活垃圾废弃物循环利用行动大大减少了城市废弃物产生的碳排放。

日本是亚洲的发达国家，日本的低碳发展强调从高消费社会向高质量社会转变，以简单生活创造高质量生活的“低碳社会”，低碳城市发展强调保持和维护城市自然环境，创建与大自然和谐共生的城市生态。2007 年日本政府颁布了《日本低碳社会模式及其可行性研究》，以 2050 年 CO_2 排放在 1990 年水平上降低 70% 为目标，提出了可供选择的低碳社会发展模式。2008 年，日本政府进一步提出《低碳社会规划行动方案》。在国家行动方案的指导下，日本的一些地方政府出台了自己的低碳社会发展规划或行动方案，如东京的《东京气候变化战略——低碳东京基本政策》详细制定了东京城市应对气候变化的地方政策，不仅提出实施减少温室气体排放的当前战略，而且提出应对气候变化的中长期战略，并制定了全方位减排政策。东京的低碳城市建设在企业层面为企业提供减排方案，成立专项基金鼓励企业采用节能技术减少 CO_2 排放，在城市建设层面提出新建建筑能耗要低于当前水平标准，新建基础设施要达到节能标准，建筑业要减少建设过程中产生的 CO_2 排放，在家庭层面鼓励居民以家庭为单位采用低碳生活方式减少能源使用，大力提倡使用节能灯具，鼓励居民住房建造时采取节能措施，加装隔热窗户等，在交通层面推广新能源汽车，降低交通系统产生的 CO_2 排放等。长期的节约型社会建设是日本低碳社会发展的一个重要基础，因为自身资源和土地等限制，日本从 20 世纪 50 年代开始就提倡节约使用能源和节约材料，商品的节能水平世界领先。借助在节约型城市建设方面的经验和成果，日本政府选定了横滨、带广、富山等六个不同规模的城市作为环境模范城市，鼓励它们积极采取切实有效的措施防止温室效应。

新加坡被誉为亚洲的“花园城市”国家，城市建筑领域的能耗和电耗占到全社会总能耗和电耗的一半左右，因此对建筑节能非常重视，把推广绿色建筑作为低碳城市建设最突出的任务。20 世纪 80 年代新加坡就出台了建筑节能标准，推动城市建筑节能工作，进入 21 世纪后，新加坡政府开始大力推广绿色建筑，在支持绿色建筑发展过程中制定了多方面的举措。新加坡建设局在国家环境署的支持下推出了适用于热带地区的绿色建筑评价标准，在低碳建筑推广中强制公共建筑通过绿色标识认证，并对各类建筑制定节能减排最低性能标识，鼓励运用被动式建筑方式改善建筑物的保温隔热性能，尽量采用自然采光减少对人工照明的依赖，采用自然通风减少空调的使用，同时减少机械送风换气，从而实现建筑低碳减排。新加坡政府主导绿色标识津贴和低碳建筑研发基金推动绿色建筑技术创新，近年来又推出空中绿意津贴计划来鼓励现有建筑业主在建筑内设置垂直绿化或屋顶花园。由于新加坡地处热带地区，空调是建筑能耗的主要来源，建筑内设置垂直绿化或屋顶花园能够减少空调使用，同时还可以提高空气质量，减少噪声并保护生物多样性。新加坡政府组织开展各类低碳城市培训和宣传活动向大众宣传绿色建筑理念，扩大绿色建筑的社会影响力，建立绿色建筑职业认证机制，建立社会和高校建筑节能培训机构，设立相关奖项培养和激发技术人员进行绿色建筑技术的研发、创新、应用和推广。宣传绿色建筑在投资收益方面的优势，积极为开发商和业主选用绿色建材和家电提供技术支持，激发社会对投资绿色建筑的积极性，带动上下游产业链的发展和绿色升级。新加坡低碳城市的建设之路从建筑节能到发展绿色建筑，再进一步打造出绿色低碳花园城市。

第四节　中外低碳城市建设的主要途径和重点领域

城市在应对气候变化以及低碳发展中具有非常重要的地位，不仅因为城市消耗绝大多数能源，排放绝大多数的二氧化碳，更重要的是城市是工业、商业、交通、建筑等的聚集地，不同部门高度集中在城市中，相互之间发生高强度的能量流和物质流，为综合、高效降低 CO_2 排放提供了巨大潜力和示范机会。因此低碳城市建设是中外应对气候变化行动的主战场。低碳城市建设领域普遍划分为工业、能源、建筑、交通、农林等部门，城市和各部门围绕低碳发展目标制定系统的低碳发展规划，并在城市的产业结构、能源结构、交通、建筑和生活消费等规划中落实低碳目标。发达国家低碳城市减排任务集中在消费性部门，减排重点集中在建筑、交通和市民生活等领域，一般不包括产业部门。对发展中国家而言，发展经济仍然是最重要的任务之一，节能减排的重点在于产业，产业低碳化是发展中国家低碳城市建设的主要矛盾，因此正在崛起的发展中国家低碳城市减排的重点集中在生产性部门，侧重于产业结构调整、能源结构优化和节能技术改造，减排目标往往是相对指标，例如排放量增长速度的下降，碳排放强度的下降比例等，低碳城市建设强调碳排放增长速度低于城市经济增长速度，注重经济增长与碳排放的脱钩。欠发达地区的国家的节能减排主要体现在农业生产领域和环境保护领域。发展绿色低碳产业是低碳城市建设的重要选择，城市绿色低碳产业要立足于产业发展基础和区域资源禀赋寻找产业发展的低碳空间和低碳产业的发展空间，在城市低碳经济的关键性领域找到优势低碳产业延伸产业链作为经济转型发展的突破口。中国的城市系统中，工业是城市的重要组成部分，中国城市把工业减排作为城市低碳发展的重点，更加重视产业领域的减排，提升产业结构、淘汰落后产能、鼓励节能增效，发展新兴产业和低碳产业，中国在产业领域的节能减排为全球应对气候变化做出巨大贡献的同时，低碳城市建设不仅没有制约城市的发展，而且成为促进经济增长的重要手段。例如，保定市瞄准可再生能源装备制造产业，推动风能和太阳能设备制造，促成了城市经济高速增长阶段，摆脱了经济相对落后的状况，成为低碳产业推动城市发展的样板。中国是已经进入工业化中后期的发展中大国，但是国内发展仍然处于不均衡的状态，既有经济高度发达的沿海城市地区，也有还处于正在脱贫阶段的落后地区，更加广泛的是大量的工业化高速发展的城市化地区，因此中国低碳城市建设不仅数量巨大，而且类型复杂、途径繁多，重点不仅包括工业和能源生产部门，也包括农业生产部门和城市建筑、交通、市民生活等领域。既包括生产性部门也包括消费性部门，随着中国低碳城市建设在产业结构调整、能源结构优化和节能技术改造方面的努力，已经逐步实现城市经济增长与碳排放量变化的脱钩，整体处于积极的低碳改进区间。

国内外低碳城市建设都把鼓励可再生能源利用置于突出位置，大力发展可再生能源利用，中国政府目前在建筑领域大力推行太阳能建筑一体化，对于太阳能光电在建筑中的应用国家给予较大幅度的补贴。国内外低碳城市建设都把低碳生活置于突出地位，低碳生活方式包括人们日常生活的诸多方面，如低碳交通、低碳饮食、低碳消费、低碳娱乐等，其中，因为交通在生活方式领域碳排放比重最大，一般政府都把低碳交通作为生活行为方式减碳的重点领域，具体措施包括推行“无车日”活动和评选绿色交通城市，在城市范围内大力发展公共交通以及慢行系统。建筑是城市的基本组成要素，国内外低碳城市建设都把建筑领域减排置于突出地位，中国建筑节能减排的重点是发展绿色建筑和超低能耗建筑，建立了能效测评机构和绿色建筑标识评价制度，建筑能耗和二氧化碳减排都设定了明确的排放标准。国家提供既有建筑节能改造补贴和北方地区采暖改造补贴，大力推行大型公共建筑节能改造与监测。发展城市绿色低碳产业还需要建立有效的资金机制，使得资金能够投向回收周期长，风险高的绿色经济项目。近年来国外许多城市都已经开展了以低碳社会和低碳消费理念为基本目标的实践活动，其中英国和日本都是较好的范例。发展城市绿色低碳产业离不开政府提供配套政策支撑，城市政府是全球应对气候变化向低碳转型的重要推动者，旧金山的生物柴油强制性条例和伦敦的绿色企业园区规划都是政府制度推动的成功案例。

由于低碳城市、生态城市、绿色城市建设既存在目标上的一致性，也存在大量相同的途径和方法，中外低碳城市建设都寻求低碳生态绿色可持续协同发展，都把生态城市、绿色城市和可持续发展城市内涵融入低碳城市建设中。生态城市的建设宗旨是要实现人与人、人与经济活动、人与环境和谐共存，运用生态经济、生态人居、生态环境、生态文化、和谐社区、科学管理的新理念，建设社会和谐、经济高效、生态良性循环的人类城市居住形式，构建自然、城市与人融合，互惠共生的可持续发展城市形态。低碳城市的发展目标重点是减少碳排放，实现人地系统之间的碳平衡，因此低碳城市着重于通过减碳手段应对气候变化，低碳的途径在于减少用能、提高能效、增加非化石能源比重。在这个意义上，致力于节能和利用可再生能源的做法都是在发展低碳城市。生态城市强调人与自然关系的统一，绿色城市强调经济社会发展的绿色化，低碳发展都是着眼于应对全球气候变化，重点在于控制温室气体排放。虽然低碳城市和其他几类城市二者之间在建设目标、核心内容和驱动力方面都有着明显区别，但在谋求城市可持续发展的大框架下却是殊途同归，因此尽管不同国家实施低碳城市的模式有所不同，但是普遍谋求低碳城市建设目标与城市生态目标、绿色目标和可持续发展目标的综合协同，把低碳城市建设与生态城市建设、绿色城市建设和可持续发展城市建设结合在一起，寻求城市低碳生态绿色可持续协同发展路径是中外低碳城市建设共同的选择。

第五节　中外低碳城市建设的组织形式

西方发达国家在推进低碳城市建设中普遍遵循可持续发展理念，在政府引导和民众共识下设定具有前瞻性和适度超前的碳排放目标，制定明确的政策纲领和行动计划，以系统清晰的指标体系引导低碳城市建设。西方国家在低碳城市建设政策制定和实施过程中，非常注重政府、企业、公众三者合作推动低碳城市建设，把促进企业决策者和公众转变观念，发动全民参与低碳城市建设放在首位，为以市场化手段推进低碳城市建设营造社会基础。在推进低碳城市建设过程中强调多方参与协同共治，发挥政府、企业、公众各方的主动性。政府发挥低碳城市建设的宏观统筹和指导管理作用，在通过政策引导、财政补贴和税收鼓励等措施刺激下营造低碳发展的良好政策环境。西方国家在推动低碳城市建设中注重绿色发展和可持续发展，强调技术创新、清洁能源替代、产业结构调整等手段减少城市碳排放，使应对气候变化的政策措施既能降低排放又能带动新兴产业的崛起，协同实现应对气候变化和促进经济增长。以美国为代表的发达国家注重挖掘低碳城市建设蕴含的经济增长潜力，把低碳产业发展作为低碳城市建设重要的动力来源。欧洲发达国家普遍以人类可持续发展为动力，把政府管制、政策引导和舆论监督作为推动低碳城市建设的动力。发达国家低碳城市发展致力于保持高水平生活条件下减缓和适应气候变化，而发展中国家低碳城市发展的重点在于推动经济社会高速发展前提下兼顾减缓和适应气候变化，甚至要在与贫困的搏斗中兼顾减缓和适应气候变化，不同的发展基础导致不同的发展诉求，促使各自在低碳城市建设中探索符合自身条件的发展模式。中国是最大的发展中国家，仍处在大规模、高速度的工业化和城市化阶段，城市能源消耗导致的碳排放还处于高位，在目前技术水平和经济发展阶段条件下，促进城市产业结构调整，改善能源结构和提升能源效率是低碳城市建设的关键。中国的城市正在根据自身发展阶段的特征、资源禀赋的特征、社会治理特征综合寻求符合中国国情的低碳发展道路，探索具有中国特色的城市低碳发展模式。

从推动低碳城市建设的社会主体分工看，中外之间存在较大的不同。在中国，各级政府部门发挥着宏观统筹、引导鼓励和具体推动等多重作用，低碳城市的规划、建设、评价和监督工作普遍在政府组织下开展。2010—2017 年间，中国批准了三批低碳试点城市，这些低碳试点城市的选定、实施、验收等工作都由国家部门具体组织实施。在西方发达国家，低碳城市建设的初期由政府承担了重要的引导作用，随着社会组织的逐渐壮大和积极参与，低碳城市建设的主要推动力转移到各种非政府组织、企业和公众参与上，政府作用主要集中在制定低碳城市发展政策，规范低碳城市建设的市场环境，不会参与更多的具体工作。

传统的城市治理模式难以引导城市发展实现突破性的低碳转型，必须在政府行动中注入低碳发展理念，利用这种理念来正确引导创立低碳时代的政府行为，才能在城市层面有效地组织应对气候变化的行动。从发达国家低碳城市建设经验上看，成功的低碳城市存在很多共性，包括全社会对城市低碳发展理念的共识，政府对城市低碳发展实施积极的引导和管理，城市各主体主动参与低碳建设行动，其中政府部门发挥着至关重要的作用。在树立低碳发展理念，制定低碳行为规范，带动企业和公众参与低碳建设行动，带头落实低碳发展要求等方面发挥着推动作用和带动作用。在低碳城市建设中取得明显成绩的政府都具有比较明确和强烈的应对气候变化风险意识，具有遵循自然规律树立城市低碳发展理念的主动意识，能够以先进的低碳发展理念指导政府管理行为，使城市建设具有低碳目标、低碳内容、低碳任务和低碳方式。政府的低碳引导和规制作用包括通过行政决策和行政立法积极实施低碳引导和低碳规制，如制定低碳发展的地区法律法规和配套政策，编制全面系统的低碳发展规划，运用行政许可征收碳税，对违规排放实施行政处罚等行动控制城市碳排放。政府的低碳宣传和引导作用包括宣传低碳发展理念，号召市民推行低碳生活，采取各种奖惩机制来鼓励减少碳排放行为，对高耗能高排放行为进行约束，运用各种行政手段推行低碳经济、低碳消费和低碳生活方式。政府发挥促进城市低碳经济转型，推动新能源技术的发展和应用，鼓励各种模式的低碳技术创新探索，建立碳融资、碳基金、碳汇和碳交易等低碳市场机制，促进市场化节能减排。城市政府在运行过程中本身就是一个庞大的能源消耗实体，发达国家低碳城市建设取得较好成绩的政府都会首先从自身做起，以低碳方式组织开展城市管理工作，城市管理部门从人员结构和人员设置等方面建立低碳高效的行政构架，减轻行政负担。建立数字化科学、高效、简约的办公方式，减少不必要的行政成本，控制因行政过程的繁琐带来的不合理碳排放。例如美国和荷兰等国的一些城市政府通过行政文书削减行动减少纸张等公共物品消费，间接减少了大量纸张和办公用品的生产和应用排放，在政府行为中节约了能源，减少了碳排放。随着现代办公技术的发展，政府部门的行政行为借助计算机和网络系统来实现，极大地减少了行政行为的排放成本，实现低碳办公方式的减排。

试点示范建设是中国改革开放取得巨大成功的重要经验，低碳城市试点示范也成为中国低碳城市发展的重要策略，以低碳试点示范城市产生的带动作用促进全国低碳城市建设的全面展开。中国从 2010 年开始进行了全国性的低碳城市试点工作，在试点城市进行规划编制、政策制定、能力建设、方案实施和制度建立等工作，在能源、产业、建筑、交通、消费、土地利用、环境和政策八大领域同步推进低碳发展，低碳试点示范城市的低碳建设项目普遍获得政府的政策支持、资金资助、税收优惠，甚至直接得到政府大型项目投资，在低碳试点示范城市建设过程中逐渐形成了系统化的发展模式。低碳试点示范城市将低碳理念融入城市重大发展规划中，根据估算的城市低碳排放峰值作为低碳城市建设的倒逼目标，在峰值目标下编制低碳发展规划和实施方案，在规划中将低碳城市建设重点目标、指标和任务分解落实，强化目标落实到位，提出达峰路线图和路径方案。在低碳试点示范城市探索制度创新，在“重点企业温室气体排放统计报告”“重大项目碳排放评价”“低碳产品认证”“近零排放示范区”和“公共机构低碳发展”等领域进行探索。部分低碳试点城市推进碳排放权交易、用能权交易和节能量交易制度，发挥市场作用，激活企业低碳发展的积极性。在各层级建立低碳城市建设领导小组统筹城市低碳发展，同时发挥城市政府自身低碳化的带动作用，从政府公共机构建筑节能、公务用车改革开始身体力行实施减排。并且把低碳绩效考核作为评价城市政府官员业绩的重要考核内容。建立数据收集统计系统和数据管理平台，实现常态化温室气体排放统计核算，在此基础上建立温室气体排放目标责任考核机制，实施重点行业和重点领域的碳排放评估考核机制，建立碳排放强度和总量目标双控考核机制。中国的低碳城市建设试点示范模式结合国家推进的生态文明建设、智慧城市建设和新型城镇化建设战略，在不同层次试点低碳城（镇）、低碳工业园区、低碳社区、近零排放示范区，在不同领域试点低碳交通运输、低碳建筑示范、新能源示范、循环经济示范，形成全方位多领域协同共进推进低碳城市建设的局面。

中国的社会组织一般在政府安排下参与低碳城市建设的技术指导和推广宣

传工作，企业根据国家的发展战略和政府的引导政策参与低碳城市建设，除少数大型企业外，多数企业自主参与的主动性和积极性都有待提高。中外低碳城市建设的公众参与情况也有着较大的不同，与中国政府发挥的作用相比，西方国家社会组织和企业在低碳城市建设过程中往往发挥着更为积极的作用，很多重要的低碳建设实践都是由企业自主完成的，西方发达国家低碳城市建设行动往往由公众或民间组织提出倡议和发起，低碳城市建设的重大决策也要充分征求公众意见。例如，法国在世界上首次提出“参与性住区”概念，将可持续发展特别是低碳发展作为核心理念主导新住区的规划与建设，在充分征求公众意见和建议的基础上将低碳城市建设理念融入规划与建设实践中，公众参与程度明显加强。西方国家低碳城市建设公众参与程度高的一个重要原因在于西方公众普遍经历了环境灾害严重阶段，公众深刻理解以牺牲资源和环境为代价的无序发展带来的恶劣后果，对选择低碳发展道路有着强烈的参与意识。例如被称为“零碳城市发展的样板间”的英国贝丁顿零碳社区就是由英国生态区域发展集团倡导，由英国建筑公司零碳工厂、皮博迪信托公司、环境咨询组织柏瑞诺公司等共同实施完成的。伦敦前市长利文斯顿和美国前总统克林顿发起成立的 C40 城市集团是致力于应对气候变化的国际城市联合组织，它由不受政府制约的民间发起，在全球范围内普及和推宣低碳发展理念，鼓励在低碳能源、低碳交通、废弃物减量处理等方面表现出色的城市，C40 城市集团的影响力已经从发达国家延展到发展中国家，越南的河内、中国的武汉、印度的德里也都先后加入到这个行动。英国前首相布莱尔发起成立的“气候组织”也是一个在国际上享有盛名的低碳发展非营利机构，它重点关注企业的低碳减排行动，为企业和政府间在低碳领域合作搭建桥梁。英国生态教育学家罗波·霍普金斯发起创建的“转型城镇组织”代表了一种公众参与社会发展事务的新模式，在低碳发展领域利用网络传播的优势快速建立起低碳城市新理念新实践的线上和线下并行组织。“转型城镇组织”主要针对既有城镇和住区进行低碳指导和改造，为加入组织的社区成员进行线上咨询和线下实地指导，从民众最关心的身边生活出发，宣传和实施低碳生活和行为方式，在本地化发展、食物的自给自足、商业废弃物的利用、物物交换等方面推动社区的低碳建设，这样的“草根式”组织与地方政府合作，配合网络和传统传媒的推广实现对社区的“低碳”改进，是一个彻底的具有低碳生活方式与和谐邻里关系的国际社区网络，国际上已经有 400 多个城镇或社区陆续加入该组织。

第六节　中外低碳城市建设的制度建设

政府引导和参与低碳城市建设主要依靠制度工具发挥作用，低碳城市建设制度工具分为法律工具和政策工具，政策工具在广义层面上包含法律工具，即法律在某种程度上也属于广义的公共政策范畴。各国低碳城市建设政策和法律均被视为应对气候变化的治理工具，城市政府在本国应对气候变化立法的框架下制定低碳政策，执行城市层面的减排任务，气候立法所形成的制度环境对各国的低碳城市建设具有根本性的基础作用。发达国家应对气候变化公共政策起步较早，低碳法律法规制度发展得比较完备，不少国家都制定了专门的《气候变化法》或类似法律，最为知名的是英国政府于2008年颁布实施的《气候变化法》，部分发展中国家也出台了关于气候变化的法律，例如菲律宾政府2009年出台2012年修订的《气候变化法》，墨西哥政府2012年颁布的《气候变化基本法》。从气候立法上可以看出很多国家将应对气候变化法律法规作为推动应对气候变化行动的基础性制度工具，这些气候变化立法包括专门型立法模式和分散型立法模式，其中专门型立法分为政策性立法和规制性立法。政策性专门法模式并不规定减排目标，不规定强制性的温室气体减排措施和适应措施等，原则性条文居多，需要借助于其他领域相关法予以落实，主要代表国家是韩国和菲律宾。规制性专门法模式规定强制性的减排目标，同时也会规定相应的执行机构落实减排目标，其他相关法起辅助性作用，主要代表国家是英国、墨西哥、巴西和日本等国。分散型立法国家的气候政策法规散布于相关的能源法、税法以及气候变化战略等法规和政策性文件之中，没有制定专门的气候变化法，例如印度、南非等国家。德国和美国属于分散型立法国家，它们以联邦立法和州县立法相结合，主要由能源领域法规来调整气候变化行动，辅之以其他气候变化战略和行动计划。综观各国应对气候变化立法具有各自的特点，有些发展中国家的气候政策仅仅是一种政策倡导，立法目标包含在“政策宣示”中，有些国家的气候变化立法则更加具体和广泛，很多国家在自然资源法和能源法之中引入应对气候变化内容。例如英国《气候变化法》立法直接将温室气体减排阶段目标和碳预算制度作为立法内容，菲律宾、巴西和墨西哥等发展中国家的气候法规呈现分散和多元化特征，菲律宾强调应对气候变化导致的自然灾害，气候变化立法针对气候变化脆弱性、适应和灾害管控等内容，韩国和日本的气候变化立法内容则更加具有针对性，韩国结合自身国情将其气候立法融合于绿色经济之中，着重强调绿色技术和绿色产业内涵。

应对气候变化政策工具可细分为管制类工具、激励类工具、沟通类工具和组织类工具。发达国家应对气候变化政策工具以管制类工具为主，温室气体排放类管制工具包括温室气体排放目标管理制度、温室气体排放标准制度、温室气体排放的报告和登记制度、温室气体排放清单制度。能源管制类工具包括能效标准、能耗标准、可再生能源制度、生物燃料优先制度等。德国为贯彻欧盟生态标签指令创设低碳类技术、产品的认证和生态标签制度，建立建筑能耗证书、能效标识与生态设计要求制度，日本建立低碳产品生态标志制度，韩国建立绿色技术与产品的认证制度，英国建立可再生能源发电绿色证书和标识制度。为调动社会各方主体积极参与气候变化的应对活动之中，各国不断创设各种激励类工具鼓励各主体参与低碳行动，激励类工具的核心在于运用财政杠杆撬动市场化机制实现低碳目标。各国采取的绿色补贴和绿色采购制度刺激企业、公民和政府机关选择低碳产品和服务，起到鼓励低碳行动杠杆作用。很多国家设立专门的气候变化基金激励低碳行动，韩国设立绿色中小企业专门气候基金，菲律宾设立专用于气候变化适应项目的人民生存基金，碳排放交易制度是最典型的应对气候变化市场机制，以市场化交易机制促使各方主体积极参与温室气体减排活动。各国还采取气候变化税或者碳税等财政方式提高高碳成本，促进低碳转型，如日本碳税、英国气候变化税、韩国的环境友善租税政策以及菲律宾和美国可再生能源和生物燃料的免税、减税政策都属于激励类政策工具。建立气候变化信息共享机制是各国气候政策工具中普遍采用的沟通类工具，如南非的《南非灾害管理法》建立天气和气候与邻国信息共享和预警机制，共享气候变化信息的监测、评估，墨西哥建立由风险地图册和气候变化信息系统构成的气候变化信息平台，菲律宾建立的气候变化信息发布、报告制度和自然灾害预警机制。低碳教育信息平台也是沟通工具的重要内容，教育平台可以提升全民应对气候变化的共识，如日本和菲律宾分别在各自的《环境教育法》和《气候变化法》中对此做出规定，起到了提高低碳认知、凝聚社会共识的重要作用。

各国的低碳政策种类主要包括：（1）将低碳发展融入经济社会统筹性战略和计划，如韩国制定的绿色增长战略和计划。（2）制定专门的应对气候变化战略和低碳减排行动计划，如日本的全球气候变暖推进政策和英国的碳预算规划。(3) 以应对气候变化为目标制订具体的专门行动计划，如巴西的防止并控制森林砍伐的计划、德国的能源与气候一体化战略、菲律宾的国家灾害风险控制计划、印度的国家气候变化行动计划等。

中国政府制定国家气候变化战略、规划、计划和方案，就碳排放自愿减排和减排交易制定了相应的政策、法律，并且针对相关部门法进行了修订，如《大气污染防治法》提出将温室气体和大气污染物进行协同管控。组织类工具和管制类工具运用的相对较多，而经济激励类工具和沟通类工具运用的相对较少，经济激励类工具仅限于碳排放交易和补贴，沟通类工具仅有刚刚起步的低碳产品认证制度，不同类型制度工具之间欠缺衔接、配合，例如侧重于碳排放交易工具而忽略碳税工具与碳排放交易工具间的分工配合，侧重于政府机构和社会企业两方参与的管制类工具和经济激励类工具，忽略社会大众参与的沟通类工具。目前中国正在全面深入地进行应对气候变化的制度工具体系建设，完善的制度工具体系可以为低碳城市建设提供更加坚实的法律制度和政策支撑。

落实低碳城市建设行动不仅要有法律法规和政策基础，也要有社会各主体的积极参与，推进低碳城市建设是一个多层次多主体的协同推进过程，需要有效的社会组织管理体系对低碳城市建设行动提供社会组织保障，这种社会组织保障根植于低碳城市建设的管理体制。发达国家应对气候变化管理体制主要有三种类型：第一种并未设立相应的应对气候变化主管部门，而是由应对气候变化政策中指定相关部门单独或联合负责具体的低碳政策实施，如德国和美国。第二种将应对气候变化归属于环境部门负责，如南非在环境事务部下设气候变化和空气质量分部门来负责气候变化相关事项，印度则将应对气候变化工作由环境、森林和气候变化部负责，其他相关部门在各自职责范围配合环境、森林和气候变化部工作，共同落实应对气候变化行动。第三种是设立专门的应对气候变化机构，韩国将应对气候变化工作由总理直接负责的全国绿色增长委员会负责，各级政府部门设置相应的绿色增长委员会，在绿色经济、低碳社会的发展框架下推动应对气候变化行动。菲律宾由总统担任主席设立高级别的专门性的气候变化委员会落实应对气候变化工作。墨西哥根据《气候变化基本法》设立四个专门性的气候变化委员会（CICC、CCC、INECC 和 EC）和一个协调各级政府的气候变化国家系统（SNCC）。

英国应对气候变化管理体制设立了独立的应对气候变化委员会，接受政府管理机构的资金输入以及决策指导。

中国成立了国家应对气候变化及节能减排工作领导小组，通过它在最高决策层做出应对气候变化重大决策，而生态环境部负责应对气候变化和温室气体减排领域的具体工作的开展，该部门主要综合分析气候变化对经济社会发展的影响，组织实施积极应对气候变化国家战略，牵头拟定并协调实施我国控制温室气体排放、推进绿色低碳发展、适应气候变化的重大目标、政策、规划、制度，指导部门、行业和地方开展相关实施工作。与应对气候变化工作相对应，中国政府部门在经济社会发展中处于组织的核心地位，也就处于推动低碳城市建设的主导地位，中国的低碳城市建设主要是上级政府统一部署下有计划按步骤稳健推进的，地方政府的发展动机更偏于促进经济增长，减碳的主动性较弱，推动低碳城市建设的主要动力来自于国家政策和上级政府推动。相比而言，西方发达国家城市具有很高的自觉性和主动性，城市着眼于人类应对气候变化的责任，主动选择自己的低碳发展道路，同时为了提升城市竞争力而主动选择低碳发展，低碳城市建设目标往往更加雄心勃勃。

中外低碳城市管理范围的内容和对应的政府管理职能存在很大不同。在中国，城市不仅包括城市城区还包括城区以外的广大乡镇和农村，低碳城市建设的管理内容更为全面和复杂，产业是中国城市的经济社会发展的支撑，中国低碳城市发展中产业低碳发展处于核心地位，因此产业低碳转型、产业能源结构低碳化、在提升低碳水平的同时促进经济发展是低碳城市建设首先要考虑的内容，因此比较多地运用管制类工具和管制类与激励类混合性工具。西方国家的城市政府以市政管理为基本职能，推动低碳城市建设的作用集中在对土地、建筑、交通、基础设施、废弃物管理等方面。由于上述差别，国内低碳城市建设较多使用强制性政策工具，政策工具类型较为单一，而国外城市在政策工具的选择和组合上更加灵活，除了强制性政策工具以外，还积极运用激励类、信息类和组织类政策推进低碳城市建设，同时发挥NGO 等社会组织的自愿性工作，使低碳城市建设得更加丰富多元。我国已经开展了三批低碳发展试点工作，在低碳城市试点中应特别注意吸取国内外低碳城市建设政策经验，更多地采用激励措施和市场手段，改变过多依靠政府推动低碳城市建设的局面。

第七节　主要评价指标和方法

西方发达国家低碳城市建设不仅注重政策法规建设而且注重指标体系建设，在提出低碳城市建设规划和方案中都会提出严格的量化目标、相关的指标体系和评价方法。美国、加拿大、澳大利亚、欧洲、瑞士、英国等国家围绕城市建设建立过多达20种以上的与低碳相关的指标体系，这些指标体系借鉴生态环境和可持续发展评价系统，主要包括可持续发展指标、人类发展指数、人类可持续发展指数等，主要参照的指标体系包括联合国人居署的城市指标（1993），全球城市指标（2007），欧洲绿色城市指数（2009），亚洲绿色城市指数（2011）（见表9－1）。

表9－1　国外低碳城市相关指标体系

名称	机构	制定时间	框架	指标数量	应用情况
城市指标	联合国人居署	1993	住房、社会发展和消除贫困、环境管理、能源管理	42	用于测度城市的可持续发展目标
全球城市指标	城市指标基金组织	2007	城市服务，生活质量	74	10万以上人口城市，启动于拉美和加勒比海地区
欧洲绿色城市指数	经济学人智库和西门子公司	2009	CO_2排放，能源、建筑、交通、水、废弃物和土地利用、空气质量、环境治理	30	欧洲30座主要城市
亚洲绿色城市指数	经济学人智库和西门子公司	2011	能源和CO_2、土地利用、建筑、交通、废弃物处理、水、环境卫生、空气质量和环境治理	29	亚洲地区主要城市

发达国家建立的比较有代表性的可以用于低碳城市建设的指标体系主要有：（1）欧洲能源奖通过标准的审计手段开展综合能源政策项目，对目标城

市能源政策效果进行评价。欧洲能源奖包含定性指标和定量指标两大类，定性指标分为 79 个具体指标，涉及发展与空间规划、市政建筑设施、供给和配置、流动性、内部组织、沟通与合作六大领域；定量指标包含城市碳排放量、能源消费总量、注册汽车总量和绿色电力消耗量占电力总耗电量的比重，参与该项目的国家包括奥地利、法国、德国、意大利、卢森堡、摩纳哥、瑞士七个常定国以及摩洛哥、罗马尼亚和乌克兰三个试点国家，包括 145 个城市，涉及人口总量 4600 万。（2）欧洲绿色城市指数是由西门子公司资助经济学人智库开发的绿色城市指数，在全球超过 120 个城市得到应用，指标体系包括二氧化碳，能源，建筑，交通，水，废弃物和土地利用，空气质量，环境治理 8 个领域 30 个指标。（3）欧洲绿色首都奖是在欧盟委员会支持和鼓励下的评价体系，15 个欧洲城市提出建立一个奖励生活环保领先的城市。包括 12 个评价指标，已经先后有 9 个城市获得了欧洲绿色首都奖。欧盟低碳城市项目“欧洲未来的后碳城市”开发了后碳城市指数，并对欧洲十几个案例城市进行了分析和评价，该指标体系为 4 层结构，社会、环境和经济三大领域，共 25 个指标，包括 6 个社会指标，12 个环境指标和 7 个经济指标。（4）全球绿色经济指数（GGEI）是美国咨询机构 Dual Citizen LLC 编制的，通过领导力与气候变化、效率部门、市场投资以及环境状况这四个方面的 19 项指标，对全球 80 个国家和 50 个城市的绿色经济水平进行了评价，根据各个城市的具体市情，构建不同的指标体系，通过环境、经济、社会三大类指标，剖析了 9 个不同类型城市的可持续发展状况。比较上述典型低碳城市建设相关指标体系，可以发现发达国家的低碳城市指标体系是开放多元的，评价指标涉及领域多，综合性强，如绿色城市指数包括 8 个领域的 30 个指标。发达国家低碳城市建设评价指标建设政府参与少，社会组织和企业是编制低碳城市指标体系的主要力量。发达国家的低碳城市指标体系建设工作起步时间早，宣传影响面很大，参与人员多，有些指标体系已经从地方城市逐渐扩展到全球城市。多数指标采用定量和定性指标相结合的方式，并且强调评价对象之间要有可比性，增加不同地区城市指标的弹性空间。

为了推进低碳城市建设，中国有关部门也进行了大量指标体系建设的研究，编制和推出了很多相应的低碳城市建设指标体系，包括中国科学院研制的可持续发展评估指标体系、国家气候战略中心构建的低碳试点城市评价指标体系、绿色创新发展中心开发的绿色低碳发展指数、城市中国计划制定的城市可持续发展指数、北京师范大学构建的人类绿色发展指数、中国城市科学研究会提出的中国低碳生态城市指标体系、中国社科院生态文明研究所开发的城市低碳发展水平指标体系、UNDP 城市可持续发展前景评估指标体系。国内的低碳城市指标体系多数与生态城市、可持续发展、绿色发展相互融合，综合评价，其中国家气候战略中心构建的低碳试点城市评价指标体系和中国社科院生态文明研究所开发的城市低碳发展水平指标体系具有较强的低碳针对性。我国的低碳城市指标体系研究和建设起步较晚，尚未形成具有时间序列特征的数据积累，评价指标只具有横向比较作用，难以反映阶段性改进成果。我国各城市自然地理条件和资源禀赋差别较大，地区发展不平衡在城市之间反映明显，降低了指标的可比性。国家发改委 2013 年以来先后批准了三批低碳试点城市，为了对低碳试点示范城市的发展状况进行总结和评价，2018 年在世界银行资助下，国家发改委委托中国社会科学院城市发展与环境研究所在总结国内外已有低碳城市指标得失的基础上构建了中国绿色低碳城市建设评价体系，以第三方的视角对于 2017 年全国 169 个地级及以上城市进行了多维度的评估，对于 2010 年、2015 年和 2016 年 70 个低碳试点城市（地级市）做了绿色低碳发展绩效评估。并比较了低碳试点城市从 2010 年启动以来绿色低碳发展的成效变化。此外，部分中国城市自发编制了低碳发展指标，例如江苏省 2018 年发布了国内首个自主制定的低碳城市评价体系——《江苏省低碳城市评价指标体系》，指标体系由低碳经济、低碳能源、低碳社会、生态环境、低碳管理 5 方面 40 项定量指标组成，并对低碳试点城市镇江市的低碳发展做出评价。（见表 9 –2）

表 9 –2　　　　中外低碳城市建设对比

对比内容	共同点	不同点	
		西方发达国家	中国
思想基础	由哲学家或环境学家等精英主义者提出原始思想基础，继而影响到国家政权管理者形成发展和治理要求	原始思想基础是以扩张求发展，从自然攫取资源，征服自然禀赋好的地方以满足自身发展需求。20 世纪六七十年代发展遇到问题后开始重视可持续发展，转而提出低碳发展概念，形成一系列的低碳发展思想	原始思想基础即为人与自然和谐发展，秉承根据自身资源条件有限发展理念，凡事以节约为本。最近 40 年短暂受到西方高碳发展思想影响，但及时调整，回归本源

续表

对比内容	共同点	不同点	
		西方发达国家	中国
发展阶段	目前均处在从高碳发展阶段转型为低碳发展阶段的过渡期	从人类进入工业社会以后的200多年来衡量，西方社会持续高碳发展，从2000年以后逐步进入低碳发展阶段	工业化初期中国走上高碳发展之路，20世纪80年代开始，随着改革开放和经济发展，中国经历了大约40年的高碳发展阶段，但在21世纪的第二个十年，已经进入低碳发展阶段
发展案例	低碳城市发展均融入到生产、生活、消费等各领域中，包括低碳建筑、低碳交通、低碳生活方式、低碳能源（可再生能源）和城市碳汇等	发达国家低碳城市通常在有一定低碳发展基础的城市开展，企业和市民的参与度和低碳城市建设质量普遍较高	国内的低碳城市示范试点，基础参差不齐，低碳城市建设质量把控有一定局限性
发展动力	低碳城市建设都寻求低碳生态绿色可持续发展协同发展的内在动力，谋求城市低碳生态绿色目标和可持续发展目标的综合协同发展	发达国家在推进低碳城市建设中普遍遵循可持续发展理念，发展动力来自于政府的强力推动和民众的自觉执行意识	中国的低碳发展动力主要来自国家自身发展需求，政府推动力较强，具有较高的组织协同和计划性，但是其他社会主体的参与动力和自主性在现阶段还显不足
主要途径和重点领域	低碳城市建设领域普遍划分为工业、能源、建筑、交通、农林等部门，城市的低碳发展通过上述领域的具体低碳发展措施和手段来实现。西方发达国家和中国都将建筑、交通、能源作为自身的重点减碳领域	西方发达国家低碳城市建设一般不包括产业部门，减排重点集中在建筑、交通和市民生活等领域，因此发达国家低碳城市减排任务主要集中在消费性部门，对和城市消费最相关的建筑、交通与居民生活的减碳，提出了明确的低碳城市建设量化减排目标	发展经济仍然是中国当前最重要的任务之一，节能减排的重点也在于产业，产业低碳化是发展中国家低碳城市建设的主要矛盾，因此中国低碳城市减排的重点集中在生产性部门，侧重于产业结构调整、能源结构优化和节能技术改造，强调碳排放增长速度低于城市经济增长速度，注重经济增长与碳排放的脱钩
推动机制	城市政府、社会组织、企业和个人都在低碳城市建设中发挥作用。在民众共识和政府引导下设定低碳发展目标，制定政策纲领和行动计划，建立指标体系引导和评价低碳城市建设绩效	在西方发达国家，低碳城市建设的初期虽然由政府承担了重要的引导作用，随着社会组织的逐渐壮大和积极参与，低碳城市建设的主要推动力转移到各种非政府组织、企业和公众参与上，政府作用主要集中在制定低碳城市发展政策，规范低碳城市建设的市场环境，不会参与更多的具体工作	在中国，各级政府部门发挥着宏观统筹、引导鼓励和具体推动等多重作用，普遍在政府组织下开展低碳城市的规划、建设、评价和监督工作。目前推行的低碳试点城市的选定、实施、验收等工作都由国家部门具体组织实施

续表

对比内容	共同点	不同点	
		西方发达国家	中国
制度环境	均在可持续发展和应对气候变化的法律法规和政策框架下设定制度工具推进低碳城市建设	发达国家低碳发展制度建设起步较早，低碳相关法律制定比较完备，不少国家都制定了本国专门的《气候变化法》或类似法律。政策工具方面，四类政策工具中，管制类工具、经济激励类工具、沟通类工具和组织类工具使用相对成熟均衡，但以管制类工具最为常见	中国政府尚未出台专门的气候变化法或类似法律，但先后制定了相应的国家气候变化战略、规划、计划和方案，就碳排放自愿减排和减排交易制定了相应的政策、法律，同时借用既有的《大气污染防治法》等提出将温室气体和大气污染物进行协同管控
管理体制	有不设立专门机构，由相关部门单独或联合负责的方式。有建立专门机构统一协调的方式	多数发达国家采用成立专门部门在应对气候变化机制下推动低碳城市发展	中国既有在国家应对气候变化及节能减排工作领导下统一部署的低碳城市建设，也有分散在各部门对城市低碳发展有所贡献的工作
评价指标和方法	都把低碳城市建设指标体系作为推进低碳城市建设的重要工具	在低碳城市建设之初都会提出严格的量化目标，如阶段性减碳量及最终零碳目标实现，缺少在达标途径上的具体指标分解	从国家部门、科研院所到地方政府都进行了大量低碳城市指标体系的研究和编制工作，指标体系的应用在全面展开

第八节　中外低碳城市合作

应对气候变化是全人类共同的责任和义务，中国的低碳城市建设始终与西方发达国家展开紧密的国际合作，在城市低碳发展理念、治理技术和管理经验等领域密切交流。中外低碳城市合作共同致力于低碳城市可再生能源利用、低碳城市技术转让与合作、低碳城市节能及能源产业投资平台建设、促进公众低碳意识和提高减排参与程度，例如国际气候组织推出的城市低碳领导力项目，在促进中国城市政府、企业、科研机构和新闻媒体共同构建中国城市低碳领导力体系，参加低碳城市联盟等方面发挥了积极作用，通过低碳领导力项目建立中外城市间合作伙伴关系提高城市低碳领导力，探索共同的城市低碳解决方案，推动低碳城市发展等。2012 年，中欧低碳生态城市合作项目通过建立生态城市工具箱、搭建知识平台、选取城市试点示范、完善投融资机制、制定低碳城市规划等内容，实现中欧低碳城市政策技术和经验的共享，为城市相关领域低碳从业者提供专业化培训，从而全面提高中国建设低碳城市的能力。中国珠海和洛阳被列为中欧低碳生态城市合作项目综合试点城市，常州、合肥、青岛、威海、株洲、柳州、桂林和西咸新区、梦溪新城等被列为中欧低碳生态城市合作项目专项试点城市，试点城市围绕紧凑型城市清洁能源利用、绿色建筑、绿色交通、水资源和水系统改善、垃圾处理，城市更新与历史文化风貌保护等内容在城市建设、投融资机制、绿色产业等领域进行试点项目的规划与建设的中外试点合作。2015 年，中美召开了气候智慧型低碳城市洛杉矶峰会，为促进两国城市领域绿色低碳发展的交流和合作搭建了共同推进低碳城市发展的合作平台，北京、洛杉矶等 14 个中美城市就推动绿色低碳城市发展联合签署了中美气候领导宣言，并且设立低碳目标，提出报告温室气体排放清单，建立气候行动方案以及加强双边减排伙伴关系等具体措施，还围绕低碳城市规划、碳市场、低碳交通、低碳建筑、低碳能源和适应气候变化等主题探讨低碳合作路径，推动中美在低碳城市发展领域的务实交流与合作。2016 年，第二届中美气候智慧型低碳城市峰会在北京召开，中美地方政府研究机构，非政府组织和企业等在签署了 27 项低碳发展合作协议及谅解备忘录后，峰会围绕城市达峰和减排的最佳实践、绿色金融与低碳城市投融资、构建气候韧性城市、碳排放权交易等主题举行了多场分论坛，政府、企业、研究机构等社会各界人士共同探讨气候智慧型低碳型城市建设相关问题，举办低碳城市成就展和低碳技术与产品展，宣传展示中美在低碳城市建设和技术领域的突出成就，标志着中美携手应对气候变化的合作机制逐步走向常态化，为构建中美新型大国关系，推动两国可持续发展和全球气候变化多边进程做出了积极贡献。2018 年，世界自然基金会在北京启动中国低碳城市发展项目，在保定、上海和深圳等城市在低碳政策和机制、低碳城市能力建设和国际经验交流等方面展开合作，探索城市减排和低碳转型的实践路径。

延伸阅读

1. 李超骕、马振邦等：《中外低碳城市建设案例比较研究》，《城市发展研究》2011 年第 1 期。

2. 陈建国：《低碳城市建设：国际经验借鉴和中国的政策选择》，《能源应用》2011 年第 2 期。

3. 任泽平：《美国低碳城市建设的基本经验》，《中国经济时报》2014 年 2 月 10 日第 5 版。

练习题

1. 发达国家低碳城市建设的思想基础是什么？
2. 中外低碳城市建设所处的发展阶段差异是什么？
3. 简述发达国家低碳城市建设的推动机制。
4. 试点示范方法在中外低碳城市建设中应用的差别是什么？

第十章

发展创新与低碳城市的未来

促进应对气候变化和经济社会发展的有机统一，已成为各个国家和地区发展的共识。城市是应对气候变化的重要行动单元，把生态文明理念融入城市发展的各方面和全过程，推动城市绿色循环低碳发展，是提高城市可持续发展能力的三大基本途径，也是引领全球生态文明建设的重要举措。高质量建设低碳城市，使城市成为承载人民对美好生活向往的基本空间之一，不仅需要以碳生产力、人文发展水平的不断提高为主线重新思考和设定城市可持续发展目标，还需要从发展理念和基础范式方面推动城市发展模式的变革，从而不断实现更有效率、更加公平、更为包容与更可持续的发展，使得新型城镇化的成果普遍惠及全体居民。

第一节　低碳城市引领新型城镇化建设新阶段

城镇化是人类文明进步的产物和国家现代化的重要标志。新型城镇化建设是我国现代化建设中的一项核心内容，是建设现代化经济体系的重要载体和平台。积极稳妥有序推进新型城镇化建设，对于实现“两个一百年”奋斗目标，实现中华民族伟大复兴的中国梦具有重大现实意义和深远的历史意义。党的十九大对我国发展的历史方位和主要矛盾作出了重大论断，“中国特色社会主义进入新时代，我国社会主要矛盾已经转化为人民日益增长的美好生活需要和不平衡不充分的发展之间的矛盾”，经济发展“已由高速增长阶段转向高质量发展阶段”。[1] 这一历史性、全局性变化，给研究和认识我国新型城镇化建设提出了从发展理念、发展要求，到发展路径、制度和政策创新方面的新的要求。中央经济工作会议进一步指出，我国经济发展也进入了新时代，“由高速增长阶段转向高质量发展阶段”[2] 成为新时代中国经济发展的基本特征，并对当前和今后一个时期如何推动高质量发展作出了明确部署，推动高质量发展、建设现代化经济体系、更好满足人民日益增长的美好生活需要，成为新时代中国经济转向高质量发展的战略目标和基本任务。

高质量发展是全面体现新发展理念、适应我国社会主要矛盾变化和全面建成小康社会、全面建成社会主义现代化强国内在要求的发展形态。[3] 从经济学基础理论看，高质量发展体现了经济发展的本真性质，其本质在于在一定经济发展质量状态条件下以“各种有效和可持续方式”满足人民日益增长的美好生活需要。[4] 其政策重点在于，通过对“美好生活需要的使用价值面”的关注，推动高质量发展动力机制的转换；通过深化供给侧结构性改革等工作重点和保障支撑体系建设，探索实现高质量发展和建设现代化经济体系的基本途径。[5] 在这样的发展形势和发展需求导向下，面对推动经济朝着更高质量发展、建设现代化经济体系的新时代要求，[6] 需要深刻理解我国社会主要矛盾变化、深刻认识新时代城镇化建设的内外部环境和条件变化，对我国低碳城市转型发展的理论内涵、外延和实践创新进行高质量导向下的新的考察，以精准把握新型城镇化建设蕴含的碳生产力机遇，提升新型城市建设的发展质量和效益。

---

① 习近平：《决胜全面建成小康社会　夺取新时代中国特色社会主义伟大胜利——在中国共产党第十九次全国代表大会上的报告》，人民出版社 2017 年版，第 10—12、29—35 页。

② 《中央经济工作会议在北京举行》，《人民日报》2017 年 12 月 21 日第 1 版。

③ 《中央经济工作会议在北京举行》，《人民日报》2017 年 12 月 21 日第 1 版；何立峰：《大力推动高质量发展 建设现代化经济体系》，《学习时报》2018 年 6 月 22 日第 1 版。

④ 金碚：《关于高质量发展的经济学研究》，《中国工业经济》2018 年第 4 期。

⑤ 张卓元：《中国经济转型：从追求数量粗放扩张转变为追求质量提高效率——中共十八大后十年经济走势》，《当代经济研究》2013 年第 7 期；杨伟民：《深入学习习近平新时代中国特色社会主义经济思想　推动高质量发展建设现代化经济体系》，《时事报告（党委中心组学习）》2018 年第 2 期；何立峰：《深入贯彻新发展理念推动中国经济迈向高质量发展》，《宏观经济管理》2018 年第 4 期；任保平：《新时代中国经济从高速增长转向高质量发展：理论阐释与实践取向》，《学术月刊》2018 年第 3 期。

⑥ 习近平：《决胜全面建成小康社会　夺取新时代中国特色社会主义伟大胜利——在中国共产党第十九次全国代表大会上的报告》，人民出版社 2017 年版，第 10—12、29—35 页；《中央经济工作会议在北京举行》，《人民日报》2017 年 12 月 21 日第 1 版。

城市是全球生产力最为活跃、经济社会活动最为密集的地区，低碳城市已成为我国加速推进新型城镇化建设、提高城市可持续发展能力方面的一项重要实践内容。从发展的功能维度上看，城市作为国家和地区“形成绿色低碳的生产生活方式和城市建设运营模式”① 的基本空间，乃至全球范围内“加强全球气候治理，保障全球气候安全”② 行动政策制定、协调的重要行政单元，已成为全球气候变化治理中的共识。按照“走中国特色新型城镇化道路、全面提高城镇化质量”的发展新要求，与时俱进完善低碳城市建设目标，以高质量发展为政策导向，统筹城市低碳发展政策和制度创新，推动低碳城市建设向经济社会环境效益协同创造的纵深发展，成为新时代“以提升质量为主”建设新型城镇化的一项重要课题。本章拟在高质量发展视角下，梳理低碳城市转向高质量发展的历史逻辑与发展形势；通过对关键概念内涵解析和关联分析，构建低碳城市高质量发展的“效率—公平—质量”分析框架，对低碳城市转向高质量发展的理论内涵和政策机理进行经济学分析；探讨高质量建设低碳城市的主要维度、关键领域和技术路径。

第二节　低碳城市发展的历史节点与特征事实

高质量建设低碳城市，是在推动传统粗放的城镇化模式转型的基础上，通过推动低碳城市建设的质量变革、效率变革和动力变革，重塑新型城镇化建设形态和区位均衡格局，以不断增强我国城市地区低碳经济创新力、竞争力和可持续发展能力。高质量建设低碳城市，既有低碳城市建设内部环境和条件的深刻变化因素，也有我国发展阶段、全球供给需求结构调整的历史变革因素，在当前和未来的结合上主要表现为低碳城市建设与我国“两个阶段”安排和建设美丽中国的发展要求、共同促进全球绿色低碳新动能培育和发展路径创新的发

---

① 中共中央、国务院：《国家新型城镇化规划（2014—2020 年）》，《农村工作通讯》2014 年第 6 期。

② 国家发展和改革委：《强化应对气候变化行动——中国国家自主贡献》，2015 年；Seto K. C., Dhakal S., Bigio A., et al., “Human Settlements, Infrastructure and Spatial Planning”, *Climate Change 2014: Mitigation of Climate Change. Contribution of Working Group III to the Fifth Assessment Report of the Intergovernmental Panel on Climate Change*, Cambridge University Press, Cambridge, United Kingdom and New York, NY, USA, 2014, pp. 935 –936。

展需求，形成历史性交汇，展现出了以低碳的路径推动生态文明建设迈上新台阶、提升城市可持续发展水平的关键节点和特征事实。

一　不平衡不充分问题与低碳城市建设

根据城镇化的一般规律，中国仍处于城镇化率30%—70%的快速发展区间。2017年我国常住人口城镇化率增长至58.52%，[①] 超过了世界城市化平均水平，城镇化逐渐进入减速增长（城镇化率加速度趋于衰减）的高质量发展阶段，这一增速的变化为城市摆脱传统粗放外延的城镇化模式提供了历史窗口。面向未来，我国已确立了新型城镇化发展目标[②]和2035年、21世纪中叶建设美丽中国的两个阶段目标，细化了2020年与全面建成小康社会相适应的生态环境质量改善指标。根据城镇化的一般规律和我国经济转向高质量发展的大逻辑，在继续推动城镇化深入发展的基础上，通过推动城镇化发展模式的转变带动经济发展模式的转型，需要以解决新型城镇化建设中的不平衡不充分问题为着力点，提升低碳城市建设的质量和效率。

在碳排放刚性约束下，低碳城市建设中的不平衡不充分问题主要表现为：(1)城镇居民对物质文化生活水平有了更高的要求，从过去的“盼温饱”“求生存”“吃穿用”转向“盼环保”“求生态”“住行学”以及住房、医疗、卫生等公共服务领域。传统粗放低效的生产要素消耗方式和外延型的城镇化发展模式不仅已不能很好适应城镇居民日益广泛的美好需求，还在一定程度上加剧了全球能源资源供需矛盾和各国家与地区碳排放权的争夺。(2)非均等化的基本公共服务、低成本驱动的城镇化不可持续，亟需转向“以人为本、公平共享”的城镇化发展模式。围绕人的城镇化这一核心要求，这在低碳城市建设维度上主要表现为，在合理引导人口流动的同时，既需要优化和满足农业转移人口市民化带来的碳排放社会成本，也需要稳步推进低碳公共服务和基础设施的全覆盖，不断提高城镇居民低碳人文发展水平，使本地区常住人口共享低碳发展带来的现代化建设成果。(3)作为平台和载体，城镇化和工业化、信息化、农业现代化、绿色化发展不同步。集约高效、推动低碳城市高质量发

---

① 根据国家统计局数据，按照户籍人口统计，2017年我国的城镇化率是42.35%，常住人口城镇化率和户籍人口城镇化率之间有16.17个百分点的差额，其主要构成是2.2亿人左右的农业转移人口。

② 中共中央、国务院：《国家新型城镇化规划（2014—2020年）》，《农村工作通讯》2014年第6期。

展，需要把生态文明理念融入新型城镇化的各方面，以绿色制造为发展导向推动工业化和信息化的深度融合，加强低碳工业园区和低碳试点城市建设之间的衔接与良性互动，为农业现代化发展提供绿色低碳装备等生产工具和生产资料，促进绿色低碳公共资源和生产生活要素平等交换与均衡配置，探索建立具有绿色、低碳、集约、智能的产业体系、生产体系和经营体系，以低碳的路径重塑新型工农和城乡关系，形成绿色低碳的生产生活方式，以及具有本地区特色和比较优势的低碳城市建设模式。

专栏 10－1　国家新型城镇化规划关于“生态文明，绿色低碳的”的基本原则

城镇化是现代化的必由之路。推进城镇化是解决农业、农村、农民问题的重要途径，是推动区域协调发展的有力支撑，是扩大内需和促进产业升级的重要抓手，对全面建成小康社会、加快推进社会主义现代化具有重大现实意义和深远历史意义。

在我们这样一个拥有 14 亿人口的发展中大国实现城镇化，在人类发展史上没有先例。城镇化目标正确、方向对头，走出一条新路，将有利于释放内需巨大潜力，有利于提高劳动生产率，有利于破解城乡二元结构，有利于促进社会公平和共同富裕，而且世界经济和生态环境也将从中受益。

要紧紧围绕提高城镇化发展质量，稳步提高户籍人口城镇化水平；大力提高城镇土地利用效率、城镇建成区人口密度；切实提高能源利用效率，降低能源消耗和二氧化碳排放强度；高度重视生态安全，扩大森林、湖泊、湿地等绿色生态空间比重，增强水源涵养能力和环境容量；不断改善环境质量，减少主要污染物排放总量，控制开发强度，增强抵御和减缓自然灾害能力，提高历史文物保护水平。

要以人为本，推进以人为核心的城镇化，提高城镇人口素质和居民生活质量，把促进有能力在城镇稳定就业和生活的常住人口有序实现市民化作为首要任务。要优化布局，根据资源环境承载能力构建科学合理的城镇化宏观布局，把城市群作为主体形态，促进大中小城市和小城镇合理分工、功能互补、协同发展。要坚持生态文明，着力推进绿色发展、循环发展、低碳发展，尽可能减少对自然的干扰和损害，节约集约利用土地、水、能源等资源。要传承文化，发展有历史记忆、地域特色、民族特点的美丽城镇。

城市建设水平，是城市生命力所在。城镇建设，要实事求是确定城市定位，科学规划和务实行动，避免走弯路；要体现尊重自然、顺应自然、天人合一的理念，依托现有山水脉络等独特风光，让城市融入大自然，让居民望得见山、看得见水、记得住乡愁；要融入现代元素，更要保护和弘扬传统优秀文化，延续城市历史文脉；要融入让群众生活更舒适的理念，体现在每一个细节中。

资料来源：中共中央文献研究室编：《十八大以来重要文献选编（上）》，中央文献出版社2014年版，第589页。

二　社会主要矛盾与低碳发展新要求

聚焦高质量发展，我国生态文明建设已进入“提供更多优质生态产品以满足人民日益增长的优美生态环境需要的攻坚期”和“有条件有能力解决生态环境突出问题的窗口期”。[①] 预期2020年中国常住人口城镇化率达到60%左右，户籍人口城镇化率达到45%左右；在长远期内，2030年中国城镇化率提高至70.6%左右，2050年中国城镇化率达到80%左右，[②] 整体上趋向于一个有着稳定的人口结构、功能区位和国土空间结构的发展形态。高质量建设低碳城市，需要从经济、政治、文化、社会、生态等方面更好满足人民日益增长的美好生活需要。

在经济上，主要表现为推动城市低碳发展向经济效益创造和新增绿色低碳就业岗位转变，由单一的经济领域（部门）向城镇化建设的全经济领域转变，

① 《坚决打好污染防治攻坚战　推动生态文明建设迈上新台阶》，《人民日报》2018年5月20日；中共中央、国务院：《关于全面加强生态环境保护　坚决打好污染防治攻坚战的意见》（2018年6月16日），《中国生态文明》2018年第3期。

② 中华人民共和国国家统计局：《中华人民共和国2017年国民经济和社会发展统计公报》（2018年2月28日），2018年3月1日第10版；United Nations，Department of Economic and Social Affairs，Population Division，“World Urbanization Prospects：The 2018 Revision，Highlights”，United Nations，New York，2018。

为市场经济的参与主体赢得节能减碳、低碳发展的比较成本优势和市场竞争力；在政治方面主要表现为，低碳城市成为解决新型城镇化建设中城市化经济与生态环境保护之间不平衡不充分问题、统筹推进“五位一体”总体布局和协调推进“四个全面”战略布局的主要工作着力点之一；在文化上主要表现为，充分吸收中华文化中的生态智慧和有益因子，推动人与自然和谐发展的中华文化基因与社会主义现代化经济体系相适应、与现代社会低碳发展的时代需求相协调，同时着力打造和提炼中国特色新型城镇化建设背景下表征城市低碳发展的“新概念新范畴新表述”，加强低碳发展的传播能力建设和话语体系建设；在社会治理方面主要表现为，把改善民生作为开展低碳城市建设、推动低碳城市高质量发展的根本目的，建立在劳动生产率提高的基础上，通过民生的改善和消费模式的重塑，释放城镇居民低碳消费潜力，通过低碳城市发展治理机制创新与改进，推动低碳城市建设中碳管理的精细化，为城市化经济低碳发展转型创造更多的有效市场需求、提供新的内生增长动力；在生态方面主要表现为，把低碳发展作为全面推进生态文明建设的基本路径之一，“以自然为美”建设低碳城市，把城市“放在大自然中”，让城市“再现绿水青山”。①

专栏 10－2　把城市放在大自然中推动低碳城市迈向高质量发展

a. 积极稳妥推进城镇化，着力提高城镇化质量。城镇化是我国现代化建设的历史任务，也是扩大内需的最大潜力所在，要围绕提高城镇化质量，因势利导、趋利避害，积极引导城镇化健康发展。要构建科学合理的城市格局，大中小城市和小城镇、城市群要科学布局，与区域经济发展和产业布局紧密衔接，与资源环境承载能力相适应。要把有序推进农业转移人口市民化作为重要任务抓实抓好。要把生态文明理念和原则全面融入城镇化全过程，走集约、智能、绿色、低碳的新型城镇化道路。

资料来源：《中央经济工作会议在北京举行》，《人民日报》2012 年 12 月 17 日。

① 中共中央文献研究室：《习近平关于全面深化改革论述摘编》，中央文献出版社 2014 年版，第 107—111 页；《中央城市工作会议在北京举行》，新华社，2015 年 12 月 22 日。

b. 我们要认识到，在有限的空间内，建设空间大了，绿色空间就少了，自然系统自我循环和净化能力就会下降，区域生态环境和城市人居环境就会变差。要学习借鉴成熟经验，根据区域自然条件，科学设置开发强度，尽快把每个城市特别是特大城市开发边界划定，把城市放在大自然中，把绿水青山保留给城市居民。

城市规划建设的每个细节都要考虑对自然的影响，更不要打破自然系统。为什么这么多城市缺水？一个重要原因是水泥地太多，把能够涵养水源的林地、草地、湖泊、湿地给占用了，切断了自然的水循环，雨水来了，只能当作污水排走，地下水越抽越少。解决城市缺水问题，必须顺应自然。比如，在提升城市排水系统时要优先考虑把有限的雨水留下来，优先考虑更多利用自然力量排水，建设自然积存、自然渗透、自然净化的“海绵城市”。许多城市提出生态城市口号，但思路却是大树进城、开山造地、人造景观、填湖填海等。这不是建设生态文明，而是破坏自然生态。

资料来源：习近平：《在中央城镇化工作会议上发表重要讲话》，载中共中央文献研究室编《十八大以来重要文献选编（上）》，中央文献出版社 2014 年版，第 589 页。

三　以新发展理念引领低碳城市建设

创新、协调、绿色、开放、共享的新发展理念的提出为推动低碳城市高质量发展提供了战略指引。新发展理念是经济发展新常态下党对我国发展规律的新认识，[①] 以新发展理念引领新型城镇化建设工作，推动低碳城市高质量发展，需要科学认知我国城镇化“人口多、资源相对短缺、生态环境比较脆弱、城乡区域发展不平衡”[②] 的建设背景，从社会主义初级阶段这个最大实际出发，认识、尊重和顺应城市自身发展规律，走中国特色新型城镇化道路。

在推动低碳城市高质量发展中，创新的目的在于解决城市低碳发展动力问

① 中共中央宣传部：《习近平总书记系列重要讲话读本》，学习出版社、人民出版社 2016 年版，第 127—139、230—236 页。

② 中共中央、国务院：《国家新型城镇化规划（2014—2020 年）》，《农村工作通讯》2014 年第 6 期。

题，通过形成重塑城市低碳发展的体制和架构，为城市发展赢得碳排放约束下的先发优势和比较优势。协调推进低碳城市高质量发展的关键在于坚持“五位一体”总体布局，不断增强低碳城市建设的整体性，既注重低碳城市各部门（领域）传统发展优势的转型升级，也注重各关键部门之间的低碳协调发展新优势的培育，以及注重通过区域低碳发展协同，拓展城市低碳发展空间，重构城市的经济地理区位优势。在低碳城市高质量发展中倡导绿色，其关键在于面对城镇化建设的碳排放刚性约束，如何以低碳的路径促进人与自然和谐发展、为城镇居民提供更多的生态产品和服务。在高质量建设低碳城市中厚植开放，其关键在于解决低碳城市建设的内外联动问题，通过不断丰富目标城市对外开放的绿色低碳发展内涵和制度优势，促进绿色低碳产能合作，培育城市国际绿色低碳合作和竞争新优势。推进共享、高质量建设低碳城市，其关键在于解决低碳城市建设中的公平问题，通过有效的共建共享制度安排，使城市居民在低碳城市建设中享有更多的获得感和低碳发展权益，这既是新型城镇化建设的本质要求，也是低碳城市建设的根本目的。

专栏10－3　我国新型城镇化建设和经济社会发展必须长期坚持的重要遵循

实现“十三五”时期发展目标，破解发展难题，厚植发展优势，必须牢固树立并切实贯彻创新、协调、绿色、开放、共享的发展理念。这是关系我国发展全局的一场深刻变革。

坚持创新发展，必须把创新摆在国家发展全局的核心位置，不断推进理论创新、制度创新、科技创新、文化创新等各方面创新，让创新贯穿党和国家的一切工作，让创新在全社会蔚然成风。必须把发展基点放在创新上，形成促进创新的体制架构，塑造更多依靠创新驱动、更多发挥先发优势的引领型发展。培育发展新动力，优化劳动力、资本、土地、技术、管理等要素配置，激发创新创业活力，推动大众创业、万众创新，释放新需求，创造新供给，推动新技术、新产业、新业态蓬勃发展。

坚持协调发展，必须牢牢把握中国特色社会主义事业总体布局，正确处理发展中的重大关系，重点促进城乡区域协调发展，促进经济社会协调发展，促进新型工业化、信息化、城镇化、农业现代化同步发展，在增强国家硬实力的同时注重提升国家软实力，不断增强发展整体性。增强发展协调性，必须在协调发展中拓宽发展空间，在加强薄弱领域中增强发展后劲。推动区域协调发展，塑造要素有序自由流动、主体功能约束有效、基本公共服务均等、资源环境可承载的区域协调发展新格局。

坚持绿色发展，必须坚持节约资源和保护环境的基本国策，坚持可持续发展，坚定走生产发展、生活富裕、生态良好的文明发展道路，加快建设资源节约型、环境友好型社会，形成人与自然和谐发展现代化建设新格局，推进美丽中国建设，为全球生态安全作出新贡献。促进人与自然和谐共生，构建科学合理的城市化格局、农业发展格局、生态安全格局、自然岸线格局，推动建立绿色低碳循环发展产业体系。

坚持开放发展，必须顺应我国经济深度融入世界经济的趋势，奉行互利共赢的开放战略，发展更高层次的开放型经济，积极参与全球经济治理和公共产品供给，提高我国在全球经济治理中的制度性话语权，构建广泛的利益共同体。开创对外开放新局面，必须丰富对外开放内涵，提高对外开放水平，协同推进战略互信、经贸合作、人文交流，努力形成深度融合的互利合作格局。完善对外开放战略布局，推进双向开放，支持沿海地区全面参与全球经济合作和竞争，培育有全球影响力的先进制造基地和经济区，提高边境经济合作区、跨境经济合作区发展水平。

坚持共享发展，必须坚持发展为了人民、发展依靠人民、发展成果由人民共享，作出更有效的制度安排，使全体人民在共建共享发展中有更多获得感，增强发展动力，增进人民团结，朝着共同富裕方向稳步前进。按照人人参与、人人尽力、人人享有的要求，坚守底线、突出重点、完善制度、引导预期，注重机会公平，保障基本民生，实现全体人民共同迈入全面小康社会。

资料来源：《中国共产党第十八届中央委员会第五次全体会议公报》，《求是》2015 年第 21 期。

第三节　低碳城市的形态演进与理论内涵

低碳城市作为生产和交换的载体和集聚平台，在不同国家和地区有着不同的实践体现和发展需求。正确处理经济发展同生态环境保护关系、高质量建设低碳城市的决策，也往往与各国家和地区的国情（区情）、发展阶段、发展政策导向、发展任务与目标体系等密切相关，从而使得各国家城市在从高速增长的城镇化阶段向高质量发展的城镇化阶段发展时，具有把本地区城市发展特色、优势和潜力，转化聚合为本地区城市系统可持续发展优势的不同演进形态，使得低碳城市建设在效率、质量等维度形成了多样的理论内涵。

一　低碳城市发展阶段与形态

碳排放刚性约束下城市系统商品和服务的使用价值和质量合意性的经济实现，构成了低碳城市高质量发展的微观动力，为构建低碳发展导向下政府引导、市场主导的激励相容机制提供了政策上的可行性。[①] 城市系统碳生产力和城市居民低碳人文发展水平的提高，则从宏观发展模式上不断推动低碳城市迈向更高质量的发展形态。从可持续发展的视角看，推动低碳城市高质量发展一般经历三个阶段：追求单一领域（经济）的发展目标（初始形态）、多领域融合发展（过渡形态）、实现人与自然和谐共生（高质量发展形态），如图 10－1 所示。

第一，低碳城市高质量发展的初始形态。在这一阶段，低碳城市建设起步于经济领域。以低碳的路径推动城市增长，建设低碳城市，主要是效率导向下的城市低碳发展转型。通过对集聚经济带来的碳排放锁定效应建立节能减碳的约束与激励机制，推动地方化经济和城市化经济的低碳发展转型，主要表现为城市内部与区域内城市之间区位均衡条件下生产方式的转型，劳动、资本、能源资源等生产要素使用效率的提高，绿色低碳技术的进步引致经济增长贡献率的提高；通过优化能源资源等生产要素的供给体系、调整城市“生产—分配—交换—流通—消费”系统再生产结构和空间结构、重塑区域和城市化经

① 蔡昉、都阳、王美艳：《经济发展方式转变与节能减排内在动力》，《经济研究》2008 年第 6 期。

济的微观基础,[①] 推动低碳城市发展动力机制的变革，主要表现为生产要素（包括中间投入品）的分享、绿色低碳就业人口储备、劳动力技能的匹配、城市功能的专门化和知识溢出效应等带来的低碳城市高质量发展驱动力。

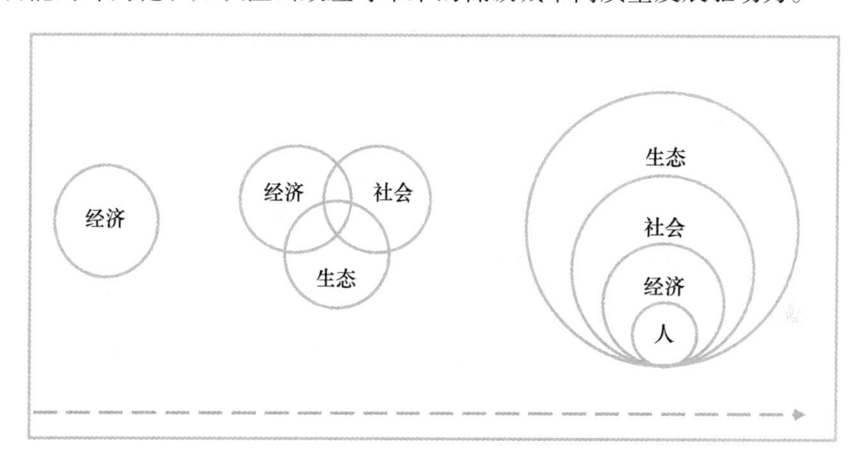

图 10－1　低碳城市高质量发展形态图示

资料来源：笔者绘制。

第二，低碳城市高质量发展的过渡形态。在这一发展阶段，低碳城市作为一种新的城市形态，与社会治理、生态环境建设与保护紧密联系。高质量建设低碳城市、推动低碳城市可持续发展，需要在获得城市化经济低碳转型的经济效益基础上，对特定地区城市的生态环境容量、生产端能源资源使用效率、消费端城镇居民的生活质量进行整合，以与全面建成小康社会的发展质量目标需求相适应。在经济上主要表现为以低碳的路径拓展城市化经济的发展空间，提升碳排放约束下城市化经济的效率和韧性发展水平，以及全要素生产率水平的提高。在社会治理方面保障公平发展，通过推动城市低碳发展推动人与人、人与自然之间的和谐发展，以及通过政策托底满足贫困人口的低碳人文发展福利需求。在生态环境方面则主要表现为城镇开发边界的划定，本地区生态环境质量得到总体改善，以及生态保护红线、环境质量底线、资源利用上线硬约束条件下城市低碳发展效率的进一步改善。然而在这一发展形态上，城市发展与碳

① ［日］藤田昌久、［比］雅克－弗朗斯瓦·蒂斯：《集聚经济学：城市、产业区位与全球化（第2版）》，石敏俊等译，格致出版社2016年版，第76—91页；孙久文：《从高速度的经济增长到高质量、平衡的区域发展》，《区域经济评论》2018年第1期。

排放尚未完全脱钩，总体处于弱脱钩状态。

第三，低碳城市高质量发展的完成形态。在此发展阶段，低碳城市建设转向高质量发展，形成了人与自然和谐发展现代化建设新格局。通过开展质量提升行动、加强全面质量管理，以低碳的路径加强生态文明建设，解放和发展社会生产力，完善碳排放约束下的生产关系，生态环境质量实现根本好转，低碳城市建设的效率、公平、质量要求实现了有机统一，与更好满足人民日益增长的美好生活需要相适应，总体形成了节约资源和保护生态环境的空间格局、产业结构、生产方式、生活方式。低碳城市高质量发展的实现，使得气候总体安全得到保障，为生态环境和能源资源恢复其再生能力和自我净化能力提供了稳定的地球物理化学系统支持，绿色低碳、清洁美丽成为人民生活质量的增长点，低碳城市经济发展与民生改善之间实现了良性循环，社会包容性发展体系和能力得以实现，未来城市对碳循环（排放/吸收）的平衡能力和生态环境需要的能力得到保障。

二　低碳城市的转型发展内涵

推动低碳城市高质量发展，其本质在于以低碳的路径推动城市高质量发展。从发展的驱动要素方面看，高质量建设低碳城市，既具有传统上、非经济地理意义上的经济增长的普遍特征，也具有城市化经济和本地化经济意义上城市增长的一般特征，[①] 以及碳排放刚性约束下城市低碳增长的个别特征。在新时代我国社会主要矛盾发生转化的历史条件下，建设现代化经济体系，推动新型城镇化建设由速度型转向质量型发展，其核心是在碳排放的刚性约束下，实现更高质量、更有效率、更加公平、更可持续的发展。其中，效率、公平、质量则构成了理解和阐释高质量建设低碳城市理论内涵的一组核心概念。

（一）低碳城市建设与发展效率

发展是解决城镇化建设中不平衡不充分问题的基础和关键。推动低碳城市发展创新、提高低碳城市建设的质量和效率，关键在于推动低碳城市发展模式由生产要素投入、规模扩张驱动的速度型城市化，向依靠生产要素升级、创新要素集聚、技术进步、知识传播扩散和体制机制创新驱动的质量效率型城市化

---

① ［美］阿瑟·奥沙利文：《城市经济学（第6版）》，周京奎译，北京大学出版社2008年版，第17—50页。

转型。从驱动城市形成与发展的市场力量方面看，城市发展是技术进步和社会治理变革等因素共同作用下的自然历史过程，既包括了生产上的比较优势，生产要素、商品与服务交换的规模经济效应，产业内部的集聚经济效应，也包括了关联产业之间的集聚经济效应。在效率变革上主要表现为，从经济效率和土地使用结构上为经济发展方式转变、经济结构转型升级和增长动力转换赢得战略机遇和空间支持，通过提高城市低碳发展转型中劳动参与率、资源配置效率和全要素生产率，驱动城市系统碳生产力提高、建设用地利用效率的提高，进而带动劳动生产率的增长、人均收入的增长和城市总就业人数的增长，以及长期中潜在增长率提高，使得城市成为经济增长的动力源。

（二）低碳城市建设与公平发展

良好生态环境是“最公平的公共产品”和“最普惠的民生福祉”[①]。我国经济发展进入新时代，社会发展和人民生活水平的提高，不仅使人民群众对“干净的水、清新的空气、安全的食品、优美的环境”等生态环境方面的需求愈来愈高，[②] 还带来有序引导增量人口流向、优化新增农业转移人口碳排放的社会成本，以及提高城市常住居民均等化享有公共基础设施、基本公共服务质量和覆盖水平的新需求。顺应人民群众对发展新期待，高质量的低碳城市建设意味着，城市低碳经济技术水平的提高和体制机制创新不仅能够促进区域生态环境和城市人居环境的改善，带动城市居民效用水平的提高，为更多人口融入城市、共享城市经济增长和现代化建设成果提供制度安排支持和基础设施、公共产品和服务供给方面的便利；同样能够通过共建共创共享，打好防范化解重大风险、精准脱贫、污染防治三大攻坚战，为缩小区域内城市之间居民效用水平差距创造有利条件，为“全体居民共享现代化建设成果”、不断提高全体居民低碳人文发展水平，提供更高质量的发展平台和更高水平的发展载体。

（三）低碳城市建设与发展质量

高质量发展的经济学内涵主要在于特定系统供给产品和服务的使用价值特性及其质量合意性。其政策意蕴在于坚持“质量第一、效益优先”，以低碳城市建设为深化供给侧结构性改革的行动平台，推动本地区城市生产—消费系统的发展质量变革。从推进城市系统供给侧结构性改革的视角看，提高城市低碳

① 中共中央文献研究室：《习近平关于全面深化改革论述摘编》，中央文献出版社 2014 年版，第 107—111 页。

② 中共中央宣传部：《习近平总书记系列重要讲话读本》，学习出版社、人民出版社 2016 年版，第 127—139、230—236 页。

发展质量和效益，重点是在使城市规模同本地区资源环境承载能力相适应的基础上和新的区位均衡条件下，关注城市系统供给质量、扩大有效供给和中高端供给的同时，形成绿色低碳的空间结构、生产方式和生活模式，合理引导潜在需求的实现，从而增强城市系统供给结构和能力对不断升级的多样化、个性化需求的适应性，使得消费升级和有效投资相促进，推动城市系统供需结构向高层次的动态均衡效用水平跃迁。其中，从空间布局方面提高低碳城市发展质量，意味着要以人为核心，按照促进“生产空间集约高效、生活空间宜居适度、生态空间山清水秀”的总体要求，形成布局优化、集约高效的城镇体系与规模和城市内部空间结构，实现城市让生活更加幸福美好的现代化价值。

专栏 10 -4　保护生态环境就是保护生产力统筹生产、生活、生态三大布局

（一）建设生态文明，关系人民福祉，关乎民族未来。党的十八大把生态文明建设纳入中国特色社会主义事业五位一体总体布局，明确提出大力推进生态文明建设，努力建设美丽中国，实现中华民族永续发展。这标志着我们对中国特色社会主义规律认识的进一步深化，表明了我们加强生态文明建设的坚定意志和坚强决心。

要正确处理好经济发展同生态环境保护的关系，牢固树立保护生态环境就是保护生产力、改善生态环境就是发展生产力的理念，更加自觉地推动绿色发展、循环发展、低碳发展，决不以牺牲环境为代价去换取一时的经济增长。

资料来源：《坚持节约资源和保护环境基本国策　努力走向社会主义生态文明新时代》，2013 年 5 月 25 日。

（二）统筹生产、生活、生态三大布局，提高城市发展的宜居性。城市发展要把握好生产空间、生活空间、生态空间的内在联系，实现生产空间集约高效、生活空间宜居适度、生态空间山清水秀。城市工作要把创造优良人居环境作为中心目标，努力把城市建设成为人与人、人与自然和谐共处的美丽家园。要增强城市内部布局的合理性，提升城市的通透性和微循环能力。要深化城镇住房制度改革，继续完善住房保障体系，加快城镇棚户区和危房改造，加快老旧小区改造。要强化尊重自然、传承历史、绿色低碳等理念，将环境容量和城市综合承载能力作为确定城市定位和规模的基本依据。城市建设要以自然为美，把好山好水好风光融入城市。要大力开展生态修复，让城市再现绿水青山。要控制城市开发强度，划定水体保护线、绿地系统线、基础设施建设控制线、历史文化保护线、永久基本农田和生态保护红线，防止“摊大饼”式扩张，推动形成绿色低碳的生产生活方式和城市建设运营模式。要坚持集约发展，树立“精明增长”“紧凑城市”理念，科学划定城市开发边界，推动城市发展由外延扩张式向内涵提升式转变。城市交通、能源、供排水、供热、污水、垃圾处理等基础设施，要按照绿色循环低碳的理念进行规划建设。

资料来源：《习近平出席中央城市工作会议并发表重要讲话》，《共产党员》2016年第2期。

综上所述，从经济学视角看，低碳城市高质量发展是一个以人为核心，以城市系统供给侧结构性改革为主线，城市发展与碳排放总量（强度）从耦合到脱钩发展，就业人口的均衡效用、城市系统潜在增长率和全要素生产率不断得到提高，以及不断适应全体居民日益增长的美好生活需要的动态可持续过程。从低碳城市高质量发展的初始形态、转型形态到低碳城市高质量发展的完成形态，推动低碳城市高质量发展的根本目的在于民生的改善，主要表现为城市碳生产力和人文发展水平的不断提高。围绕质量变革、效率变革和动力变革，对低碳城市建设中的经济、社会、生态维度进行基于产出效率、发展韧性、增长动力和生活质量的整合，是推动低碳城市高质量发展的基本方法，主要表现为“经济—社会—生态”系统碳循环的平衡、为城市生产—消费系统的输入—输出提供支撑的自然生态系统的可持续，以及经济的发展、社会的发展和人的自由而全面的发展。

第四节　低碳城市的发展政策导向和路径

在积极应对气候变化成为我国经济社会发展的重大战略的发展格局下，高质量建设低碳城市作为我国新型城镇化建设的一项生动实践，不仅丰富了中国特色新型城镇化道路的实现形式，还为大力度推进生态文明建设开辟了新的经济技术路径，为形成世界环境保护和可持续发展的中国方案、共谋全球生态文明建设提供了有力支撑。在中国城镇化转向高质量发展的新阶段，低碳城市等新型城市建设形态的提出，在一定程度上反映了城市这一“经济—社会—环境”复杂系统的特征、发展理念、建设目标、动力机制等发生了广泛而深刻的变革，为优化提升城市各部门（领域）发展质量、重塑城市发展新动能提供了新的政策选择。

一　城市低碳发展的目标领域

高质量建设低碳城市，需要在继续推动新型城镇化深入发展的基础上，以低碳的路径，促进城市化经济向低碳发展转型。从低碳城市建设的一般意义上看，作为我国社会主义现代化建设的一项核心内容，高质量的低碳城市建设，不仅包括城市化地区的现代化经济体系建设，增强其质量优势，还包括了生态环境建设的现代化、发展面向人与自然和谐共生现代化的社会主义文化，以及城市社会治理体系与能力的现代化；不仅承载了新型工业化和信息化的发展空间，拓展了工业化和信息化的应用领域，为农业现代化提供绿色低碳的生产资料、生产装备以及宝贵的空间和市场支持，为产业结构的绿色低碳转型与升级、生活性服务业和生产性服务业创新发展提供了基于生产与交换的规模经济效应和市场激励，还为新的经济技术条件下绿色低碳发展政策与制度创新、既有增长极绿色低碳新动能的培育和新区域增长极的形成提供了有力支撑，在建设内容、发展目标和现代化城市治理体系与能力维度上，全面拓展了城市发展的政策实践广度与深度。

高质量建设低碳城市，要注重城市经济系统、生态环境质量和其稳定性、公共基础设施和服务网络之间的低碳发展关联性。推动城市低碳发展效率变革，要注重在保障职住平衡的前提条件下提高城市建成区人口密度，同时稳步减少建成区能源消费和碳排放强度，促进土地、水、能源等生产消费资源的节约与集约利用。从低碳城市规划建设的自然支撑系统方面看，高质量建设低碳城市要科学划定城市开发边界，注重保障生态安全和城市大气、土壤、水体环境质量的改善，坚持“保护优先、自然恢复”为主的方针加强环境保护和生态修复，提升低碳城市的韧性发展能力；在低碳城市建设中控制各功能区开发强度、扩大绿色空间的比重，还自然以“宁静、和谐、美丽”。从低碳城市发展的公共性方面看，城市作为人口及其社会经济活动与基础设施的集聚载体和平台，高质量建设低碳城市就是要推进城市基础设施的共享和基本公共服务均等化，及其发展质量提高，包括开展基础设施的低碳化改造和韧性水平的提升，① 提升城市保护和管理支撑其发展的自然资源系统及其提供生态服务的能力、应对自然环境风险和气候变化风险给经济社会生态系统与公共基础设施及其服务供给带来的冲击的能力，使得低碳城市发展更为包容、更为安全、更为韧性和可持续。

专栏 10－5　城市经济系统、生态环境、公共基础设施和服务网络之间低碳发展关联

（一）加快转变城市发展方式，优化城市空间结构，增强城市经济、基础设施、公共服务和资源环境对人口的承载能力，有效预防和治理“城市病”，建设和谐宜居、富有特色、充满活力的现代城市。

强化城市产业就业支撑。调整优化城市产业布局和结构，促进城市经济转型升级，改善营商环境，增强经济活力，扩大就业容量，把城市打造成为创业乐园和创新摇篮。优化城市空间结构和管理格局。按照统一规划、协调推进、集约紧凑、疏密有致、环境优先的原则，统筹中心城区改造和新城新区建设，提高城市空间利用效率，改善城市人居环境。

（二）加强市政公用设施和公共服务设施建设，增加基本公共服务供给，增强对人口集聚和服务的支撑能力，提升城市基本公共服务水平。

优先发展城市公共交通。将公共交通放在城市交通发展的首要位置，加快构建以公共交通为主体的城市机动化出行系统，积极发展快速公共汽车、现代有轨电车等大容量地面公共交通系统，科学有序推进城市轨道交通建设。

① 庄贵阳、张伟：《中国城市化：走好基础设施建设低碳排放之路》，《环境经济》2004 年第 5 期；United Nations，Transforming Our World：The 2030 Agenda for Sustainable Development（Resolution Adopted by the General Assembly on 25 September 2015），The General Assembly，2015，pp. 11－22。

完善基本公共服务体系。根据城镇常住人口增长趋势和空间分布，统筹布局建设学校、医疗卫生机构、文化设施、体育场所等公共服务设施。

加强市政公用设施建设。建设安全高效便利的生活服务和市政公用设施网络体系。优化社区生活设施布局，健全社区养老服务体系，完善便民利民服务网络，打造包括物流配送、便民超市、平价菜店、家庭服务中心等在内的便捷生活服务圈。加强无障碍环境建设。合理布局建设公益性菜市场、农产品批发市场。统筹电力、通信、给排水、供热、燃气等地下管网建设，推行城市综合管廊，新建城市主干道路、城市新区、各类园区应实行城市地下管网综合管廊模式。加强城镇水源地保护与建设和供水设施改造与建设，确保城镇供水安全。加强防洪设施建设，完善城市排水与暴雨外洪内涝防治体系，提高应对极端天气能力。建设安全可靠、技术先进、管理规范的新型配电网络体系，加快推进城市清洁能源供应设施建设，完善燃气输配、储备和供应保障系统，大力发展热电联产，淘汰燃煤小锅炉。加强城镇污水处理及再生利用设施建设，推进雨污分流改造和污泥无害化处置。提高城镇生活垃圾无害化处理能力。

资料来源：中共中央、国务院：《国家新型城镇化规划（2014—2020 年）》，2014 年。

二　城市低碳发展的政策导向

围绕城市建设与气候变化治理问题，促进城市低碳发展转型，研究和探索更为深入的低碳城市建设行动方案、发现和推广本地化低碳城市建设实践与创新，[①] 成为开展城市减缓和适应气候变化研究创新的优先领域之一。发达国家和地区的城市及其跨国公司正在进行重构其城市空间形态、产业形态、商业模式的各种尝试，追求绿色低碳的市场机遇和价值，以期在产业和市场竞争格局重塑中再一次赢得城市发展的新优势。对于中国而言，新一轮

① Bai X. M., Dawson R. J. and Ürge-Vorsatz D., et al., "Six Research Priorities for Cities and Climate Change", *Nature*, Vol. 555, 2018, pp. 23 – 25.

全球经济再平衡和重塑产业绿色低碳发展格局的历史瞬间，叠加于新型城镇化建设的历史进程。以“加快推进生态文明建设、绿色发展、积极应对气候变化”为目标，推动低碳城市发展转型，我国已初步形成了“低碳省区—低碳城市—低碳园区—低碳社区”的区域和城市低碳发展格局，共开展了三个批次 87 个低碳省区和城市试点建设。[①] 综合而言，我国幅员辽阔，东部、中部、西部地区城市发展阶段各不相同、资源禀赋迥异，尤其是三个批次的低碳试点工作安排中，各试点省（市）城市低碳发展目标、主要任务、重点行动和实现路径也不尽相同，表现出了从城市内部经济领域（部门），向城市内部多个领域（部门）融合发展，以及向城市地区经济社会生态全局融合发展的多元化建设形态。

从低碳城市创建的程序维度方面看，“十一五”时期的低碳城市建设在试点选择上看重申报试点省市打造本地区城市行业（部门）“最佳实践”的工作意向、先行优势。“十二五”时期，注重通过组织推荐和公开征集，统筹考虑申报城市的工作基础、试点布局的代表性和城市特色、比较优势，组织专家对申报试点省市进行筛选。“十三五”时期，在第一批和第二批低碳城市试点基础上形成了“组织申报—完善方案—评审批复—取得阶段性成果—推广试点经验”的创建程序和推广机制。从低碳城市转向高质量发展的形态方面看，“十一五”时期的低碳城市建设主要聚焦于经济领域，以重点产业（部门）转型升级为主。“十二五”时期低碳发展的理念逐渐融入到城市内部经济社会、资源环境等多个领域（部门），低碳城市建设成为经济新常态下城市地区培育发展新动能的基本行动单元。进入“十三五”时期，则从经济社会发展全局上确立了“实现碳排放峰值目标、控制碳排放总量、探索低碳发展模式、践行低碳发展路径”的高质量发展主线，低碳试点示范得到进一步深化，低碳城市建设成为拓展发展空间、促进经济转向高质量发展的重要抓手，低碳城市作为城市生态文明建设的基本路径之一，融入到了城市经济、社会、文化、生态建设的各方面和全过程，城市地区碳排放统计核算、评价考核制度得到进一步完善，各试点城市推动绿色低碳发展的自觉性和主动性显著增强，低碳城市建设从单纯的经济成本支出开始向经济、社会、生态环境效益的协同创造转变。

---

① 包括 6 个低碳省、81 个低碳城市（区、县）。

专栏 10－6　第三批低碳城市试点：指导思想与工作任务

为推进生态文明建设，推动绿色低碳发展，确保实现我国控制温室气体排放行动目标，国家发展改革委分别于 2010 年和 2012 年组织开展了两批低碳省区和城市试点。各试点省市认真落实试点工作要求，在推动低碳发展方面取得积极成效。按照“十三五”规划《纲要》、《国家应对气候变化规划（2014—2020 年）》和《“十三五”控制温室气体排放工作方案》要求，为了扩大国家低碳城市试点范围，鼓励更多的城市探索和总结低碳发展经验，国家发展改革委组织各省、自治区、直辖市和新疆生产建设兵团发展改革委开展了第三批低碳城市试点的组织推荐和专家点评。经统筹考虑各申报地区的试点实施方案、工作基础、示范性和试点布局的代表性等因素，确定在内蒙古自治区乌海市等 45 个城市（区、县）开展第三批低碳城市试点。

一　指导思想

以加快推进生态文明建设、绿色发展、积极应对气候变化为目标，以实现碳排放峰值目标、控制碳排放总量、探索低碳发展模式、践行低碳发展路径为主线，以建立健全低碳发展制度、推进能源优化利用、打造低碳产业体系、推动城乡低碳化建设和管理、加快低碳技术研发与应用、形成绿色低碳的生活方式和消费模式为重点，探索低碳发展的模式创新、制度创新、技术创新和工程创新，强化基础能力支撑，开展低碳试点的组织保障工作，引领和示范全国低碳发展。

二　具体任务

（一）明确目标和原则。结合本地区自然条件、资源禀赋和经济基础等方面情况，积极探索适合本地区的低碳绿色发展模式和发展路径，加快建立以低碳为特征的工业、能源、建筑、交通等产业体系和低碳生活方式。

（二）编制低碳发展规划。根据试点工作方案提出的碳排放峰值目标及试点建设目标，编制低碳发展规划，并将低碳发展纳入本地区国民经济和社会发展年度计划和政府重点工作。发挥规划的综合引导作用，统筹调整产业结构、优化能源结构、节能降耗、增加碳汇等工作，并将低碳发展理念融入城镇化建设和管理中。

（三）建立控制温室气体排放目标考核制度。将减排任务分配到所辖行政区以及重点企业。制定本地区碳排放指标分解和考核办法，对各考核责任主体的减排任务完成情况开展跟踪评估和考核。

（四）积极探索创新经验和做法。以先行先试为契机，体现试点的先进性，结合本地实际积极探索制度创新，按照低碳理念规划建设城市交通、能源、供排水、供热、污水、垃圾处理等基础设施，制定出台促进低碳发展的产业政策、财税政策和技术推广政策，为全国低碳发展发挥示范带头作用。

（五）提高低碳发展管理能力。完善低碳发展的组织机构，建立工作协调机制，编制本地区温室气体排放清单，建立温室气体排放数据的统计、监测与核算体系，加强低碳发展能力建设和人才队伍建设。

三　时间安排

2017 年 2 月底前：启动试点，修改完善试点方案，推进试点工作；

2017—2019 年：试点任务取得阶段性成果，形成可复制、可推广的经验；

2020 年：逐步在全国范围内推广试点地区的成功经验。

资料来源：《国家发展改革委关于开展第三批国家低碳城市试点工作的通知》（发改气候〔2017〕66 号），2017 年。

三　低碳城市转型发展的路径

由高速增长阶段转向高质量发展阶段，我国经济建设的政策焦点正从转变经济增长方式向创新发展方式转变。遵循我国经济发展新常态的大逻辑，结合城市高质量发展的特征事实与政策经验，统筹政策与制度创新、精准的问题界定、制定（定期修订）城市低碳发展蓝图、开展低碳城市高质量发展绩效评价、对低碳城市高质量发展的内外部环境和条件进行（再）评估构成了解析低碳城市高质量发展机制的核心内容。采用“问题—目标—需求”导向的分析方法，对低碳城市高质量发展的影响机制因素进行系统构建，如图 10－2 所示。

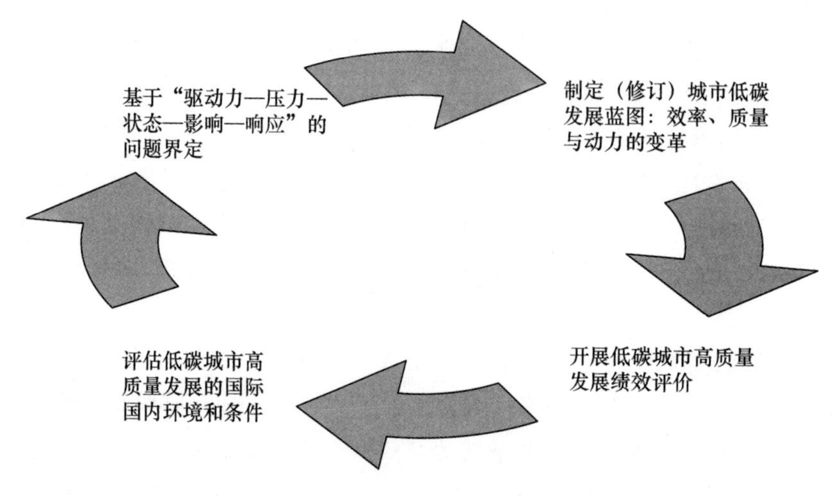

图 10－2　低碳城市高质量发展的建设机制

资料来源：笔者自制。

（一）坚持问题导向，进行科学精准的描述与界定问题

问题的界定、描述及其导向——驱动力、压力、状态、影响、响应机制和激励结构——影响了特定地区和特定主体城市低碳发展治理体系和能力培育的可能性与形成的完备性：虽然碳排放的外部性和碳减排的公共物品属性为低碳发展“集体行动”和政策设计提供了行动依据，然而在缺乏市场边界的情况下低碳发展“集体行动”和政策的效力可能大大减弱。需要在科学研判城市低碳发展现状与潜力基础上，精准选择低碳城市建设的优先领域、部门（行业）和地区，明确建设范围，建立针对性的城市低碳发展治理体系，对经济发展阶段变化所产生的增长方式转型、生态环境质量改善的要求做出积极的政策响应，积极推动低碳城市有序发展。

（二）完善激励相容的政策体系，擘画城市低碳发展蓝图

不完全信息、激励机制的相容性和节能减碳成本的非对称性，是影响城市低碳发展治理体系和能力的重要变量，特定地区城市在完善低碳城市创建参与程序、培育和创新低碳发展治理体系方面需要以下基本工具制定城市低碳发展蓝图：（1）通过激励相容的（正向激励/负向规制）激励机制，加强低碳增长与城市发展之间的耦合度，平衡节能降碳与城市低碳发展之间的成本与收益，

推动目标城市向低碳发展转型，以及低碳城市高质量发展新形态的不断实现；（2）通过碳排放统计和核算能力建设、碳排放总量和碳排放强度目标体系管理，为低碳城市建设和碳排放市场创建提供基本信息，引导市场主体低碳发展“适应性预期”的形成。

（三）聚焦深化改革的制度红利，开展低碳城市建设绩效评价

制定引领低碳城市高质量发展的目标体系，既为低碳城市建设提供了科学的行动指引，也为表征和测度低碳城市高质量发展的绩效水平的改善度提供了基本依据。聚焦制度和政策创新开展基于深化改革的低碳城市建设绩效评价，需要认识到，城市低碳发展治理体系和能力的大小与低碳发展制度和政策设计的完备度密切相关，城市低碳发展制度和政策设计在宏观上愈审慎、具有稳定性和长期信度，微观上程序的严密度、规则的清晰度和适用度、操作的灵活和友好度、应用中的开放与便捷度愈高，其治理体系的效力就愈高。

（四）科学分析、精准研判低碳城市建设的国内外条件与发展环境

城市低碳发展治理体系是否起作用、起作用的大小，和城市所在国家（地区）的国情（区情）、发展阶段和发展战略导向、国际环境因素密切相关，主要包括以下方面：（1）开展绿色低碳发展的关键共性技术、前沿引领技术、现代工程技术的技术预见和创新体系预估，国家和地区的经济技术水平愈高、发展战略的政治动员（制度安排）效力愈高，城市向低碳发展转型的内生增长动力就愈强劲。（2）城市等非国家行为体在应对全球气候变化国际合作中角色和功能的加强，低碳产品、技术市场比较优势，成为提升城市在国际和区域经济贸易竞争中赢得比较优势的关键。（3）形成“公平合理、合作共赢”的全球应对气候变化治理体系，有利于开辟全球绿色低碳转型与发展模式创新的新前景。

第五节　人民对美好生活的向往与低碳城市的未来

在中国特色社会主义新型城镇化建设的不同时期，城镇化发展内外部条件和环境的变化，驱动低碳城市建设理念和理论体系得到不断的发展和完善。以

绿色循环低碳发展为主线，推动低碳城市不断迈向更高质量的发展水平，丰富了中国特色新型城镇化道路的实现形式，为解决我国城镇化中不平衡不充分问题提供了新的选择。

中国生态文明建设已进入“提供更多优质生态产品以满足人民日益增长的优美生态环境需要的攻坚期”和“有条件有能力解决生态环境突出问题的窗口期”的新时代，聚焦2035年和21世纪中叶建设美丽中国的两个阶段目标，探索“生态文明、绿色低碳”的城市高质量发展新路，就需要保持“加强生态文明建设的战略定力”，推动城市系统低碳发展动力变革、质量变革和效率变革，形成新的微观动力机制、区位均衡条件和经济地理优势，构建有利于节能降碳和生态环境保护的低碳城市空间格局、产业结构、生产方式、生活方式和城市建设运营模式，在绿色、集约、人文、智能（智慧）、零碳（碳中和）的维度上，不断适应全体居民日益增长的美好生活需要，推动低碳城市朝着更有效率、富有韧性、更加公平、更为包容、更可持续的方向发展。

专栏10－7　低碳城市的内涵维度与未来实现

推动城市发展方式转型，加快实施“以促进人的城镇化为核心、提高质量为导向”的新型城镇化战略，不断提高城市碳生产力、人文发展水平，主要包括在绿色、集约、人文、智能的内涵维度上，以及气候韧性和零碳（碳中和）的发展目标上实现低碳城市的高质量发展，建设和谐宜居、富有特色、充满活力的现代城市。

低碳城市内涵维度的未来实现。着力于城市品质和魅力提升，把生态文明理念全面融入城市发展，构建绿色生产方式、生活方式和消费模式，推动低碳城市绿色发展，塑造城市生态风貌，推广生态修复城市修补试点经验，鼓励有条件地区打造特色山城水城。提升低碳城市人文魅力，保护传承非物质文化遗产，推动中华优秀传统文化创造性保护、创新性发展，鼓励低碳城市建筑设计传承创新，把城市建设成为历史底蕴厚重、时代特色鲜明的人文魅力空间。统筹城市发展的物质资源、信息资源和智力资源利用，推动物联网、云计算、大数据等新一代信息技术创新应用，优化提升低碳城市智慧能力建设，推动地级以上城市整合建成数字化城市管理平台，增强城市管理综合统筹能力，提高城市科学化、精细化、智能化管理水平。

碳排放达峰先锋城市。是在中国碳排放达峰城市联盟（Alliance of Peaking Pioneer Cities of China，APPC）的行动框架下开展的低碳城市建设行动，在《中美元首气候变化联合声明》中得到确认和加强。其政策背景是中美双方“认同并赞赏省、州、市在应对气候变化、支持落实国家行动、加速向低碳宜居社会长期转型中的关键作用”，两国元首“支持由24个中国和美国的省、州、市、郡签署的中美气候领导宣言以及宣言中所列的气候行动，包括中国省市发起的率先达峰倡议和美国州、郡、市提出的中长期温室气体减排目标”。建设碳排放达峰先锋城市，是在《中美气候变化联合声明》宣布的“中国计划2030年左右二氧化碳排放达到峰值且将努力早日达峰”目标下中国采取的应对气候变化行动，也是中国在美国退出《巴黎协定》之后采取的应对气候变化自主行动。

气候韧性城市。是指特定城市的居民、社区、政府、企业，以及行政、生产和生活系统在经历包括气候变化在内的各种缓慢性变量所产生的压力、气候变化极端事件的紧急风险与灾害冲击下能够存续、适应和成长的城市。中国的浙江义乌、四川德阳、浙江海盐和湖北黄石四座城市入选了“全球100韧性城市”。开展气候韧性城市建设，旨在通过制定和实施低碳城市韧性发展规划，以及气候适应型技术和资源的应用与开发，提升低碳城市应对气候变化等外来冲击和风险的能力。

零碳城市。也称碳中性城市（Carbon neutral city），是低碳城市建设的未来形态。阿布扎比马斯达市致力于通过太阳能和其他可再生能源建设成为第一个零碳零废弃物的城市。根据国家“十三五”规划，中国通过深化各类低碳试点，选择一些城市和地区开展“近零碳排放区示范工程”，推动这些城市和地区碳排放接近于零，致力于创造未来绿色发展的新模式、新道路。中国开展“近零碳排放区示范工程”在全球也是有效应对气候变化的创新方案和控制温室气体排放的积极探索。

资料来源：中共中央、国务院：《国家新型城镇化规划（2014—2020年）》，2014年；国家发展改革委：《2019年新型城镇化建设重点任务》（发改规划〔2019〕617号），2019年3月31日。

作为我国社会主义现代化建设的一项核心内容，以低碳的路径推动我国城镇化发展由速度型向质量型转型，高质量建设低碳城市，要以人的城镇化为核心，围绕城市系统碳生产力和低碳人文发展水平的提升，科学精准界定和描述特定城市低碳建设、治理与发展问题，制定融合了城市碳排放清单、低碳适用技术评估、低碳城市建设规划的低碳城市发展蓝图，以低碳城市高质量发展绩效评价为抓手，完善低碳城市迈向高质量发展的目标体系、政策体系、标准体系、统计监测体系，科学研判城市化地区气候变化治理的国内外条件和环境，引导低碳城市建设的财税资源、行政资源、人力资源和生态环境资源配置和工作方向，探寻不同类型城市行之有效的低碳城市建设路径，积极推动本地区低碳城市高质量发展稳妥有序地转向更高形态的发展，促进人的全面发展和社会和谐进步。

延伸阅读

1. 中共中央文献研究室编：《十八大以来重要文献选编（上）》，中央文献出版社 2014 年版。

2. 中共中央、国务院：《国家新型城镇化规划（2014—2020 年）》，2014 年。

3. 潘家华、庄贵阳、陈迎：《减缓气候变化的经济分析》，气象出版社 2003 年版。

练习题

1. 名词解释：新型城镇化（New type of urbanization）、生态文明与新发展理念（Ecological civilization，the new vision of development）、低碳城市（Low-carbon city）、高质量发展（High-quality development）、低碳城市发展形态（Development patterns of low-carbon cities）、效率、公平与质量（Efficiency，equity，quality）、碳生产力与人文发展水平（Carbon productivity，human development level）、低碳城市政策设计（Policy design of low-carbon city and proper sequence）。

2. 请从国家、区域和全球尺度解析低碳城市迈向高质量发展的历史性变革与发展需求。

3. 加强生态文明建设、推动低碳城市迈向高质量发展，碳排放约束下城市系统产出效率目标和持续发展目标，二者是否统一于低碳城市迈向高质量发展的发展需求？

4. 作为公共产品的城市，请从公共政策的视角解析碳排放约束下提高城市发展质量的主要维度和关键领域。结合以下建设单元选取，拟定其推动低碳城市迈向高质量发展的行动方案，制定目标建设单元高质量发展蓝图。

（1）城市/村镇社区，以及城市新区；

（2）公共机构与公共服务设施（学校、公园、医疗卫生机构、剧院、博物馆、展览馆、体育场/体育馆等）；

（3）大型公共设施（港口、公交、铁路场站、机场等）/市政公用设施；

（4）工业/农业/现代服务业园区；

（5）企业/工厂；

（6）商场/超市/餐厅，等等。

附　　录

英文缩写对照表

AC	Adaptive Cycle	适应周期
BPP	Beneficiary Pays Principle	受益者付费原则
BSSWF	Bergson-Samuelson social welfare function	柏格森—萨缪尔森 社会福利函数
CAS	Complex Adaptive Systems	复杂适应系统
CBA	Cost-Benefit Analysis	成本—效益分析
CE	Climate Econometrics	气候计量经济学
CEA	Climate Econometrics Association	气候计量经济学协会
CGE	Computable General Equilibrium Models	可计算一般均衡模型
CRRA	Constant Relative Risk Aversion	不变相对风险厌恶函数
CS	Complex System	复杂系统
EACC	Economics of Adaptation to Climate Change	适应气候变化的经济学
EMCC	Econometric Models of Climate Change Conference	气候变化计量模型大会
EMs	Econometric Methods	计量经济学方法
GCRI	Global Climate risk index	全球气候风险指数
IAM	Integrated Assessment Model	气候—经济综合评估模型
IAM	Integrated Assessment Model	综合评估模型
IAMC	The Integrated Assessment Modeling Consortium	综合评估模型联盟
ICES	Inter-temporal Compuable Equilibrium Systems	跨期可计算一般均衡模型系统
IPCC	Intergovernmental Panel on Climate Change	联合国政府间气候变化 专门委员会
IRDR	Integrated Research on Disaster Risk	灾害风险综合研究计划

续表

ISSC	The International Social Science Council	国际社会科学理事会
MmF	Maximin Function	最大化最小福利函数
NPP	Net Primary Productivity	净初级生产力
PPP	Polluter Pays Principle	污染者付费原则
RC	Risk Communication	风险沟通
RCPs	Representative Concentration Pathways	典型浓度路径
RI	Risk Interpretation	风险解释
SESs	Social-ecological Systems	社会—生态复合系统
SSPs	Shared Socioeconomic Pathways	共享社会经济发展路径
UNFCCC	United Nations Framework on Climate Change Convention	联合国气候变化框架公约
WEF	World Economic Forum	世界经济论坛